智慧商业
创新型人才培养系列教材

王欣 翟世臣 薛章林 ◎ 主编　邓先春 何翠萍 ◎ 副主编

办公软件

高级应用案例教程

Office 2016 微课版

人民邮电出版社

北京

图书在版编目（CIP）数据

办公软件高级应用案例教程：Office 2016：微课版 / 王欣，翟世臣，薛章林主编. -- 北京：人民邮电出版社，2021.3
智慧商业创新型人才培养系列教材
ISBN 978-7-115-55399-7

Ⅰ. ①办… Ⅱ. ①王… ②翟… ③薛… Ⅲ. ①办公自动化－应用软件－教材 Ⅳ. ①TP317.1

中国版本图书馆CIP数据核字(2020)第230364号

内 容 提 要

本书主要介绍了 Office 2016 的 3 个主要组件 Word、Excel 和 PowerPoint 在行政管理、人力资源、市场营销、物流管理和财务会计方面的应用。本书采用案例驱动，涉及日程管理文档、办公用品管理电子表格、安全生产管理演示文稿、档案管理制度、邀请函、招聘启事文档、员工培训演示文稿、员工档案管理表格、市场调查报告、营销策略演示文稿、销售统计表、电商数据分析表、公司采购手册、库存管理表、运输管理演示文稿、供应链管理演示文稿、员工工资表、固定资产管理表、投资评估表、财务分析演示文稿等文件的制作。

本书可作为高等院校办公自动化专业及其他计算机应用相关专业的教材，也可作为各种计算机培训班的教材，同时适用于办公人员和对办公软件有兴趣的广大读者阅读参考。

- ◆ 主　　编　王　欣　翟世臣　薛章林
  副 主 编　邓先春　何翠萍
  责任编辑　刘　尉
  责任印制　王　郁　焦志炜
- ◆ 人民邮电出版社出版发行　　北京市丰台区成寿寺路 11 号
  邮编　100164　　电子邮件　315@ptpress.com.cn
  网址　https://www.ptpress.com.cn
  北京盛通印刷股份有限公司印刷
- ◆ 开本：787×1092　1/16
  印张：16.5　　　　　　　2021 年 3 月第 1 版
  字数：430 千字　　　　　2025 年 2 月北京第 9 次印刷

定价：55.00 元
读者服务热线：(010)81055256　印装质量热线：(010)81055316
反盗版热线：(010)81055315

前言
PREFACE

Office软件在办公领域的应用十分广泛，办公人员通过它可以快速、高效地完成办公文档的制作，从而实现无纸化办公，提高工作效率。其中，Word、Excel、PowerPoint等组件的应用最为普遍。例如，当需要记录各种资料，制作各种通知、规章和制度等文档时，就可以用Word来实现；当需要制作档案表、工资表和销售统计表等表格时，就可以借助Excel来制作；当需要进行汇报、公开演讲或员工培训时，则可以利用PowerPoint制作各种类型的演示文稿。换句话说，只要掌握了Office三大组件的使用方法，就可以胜任日常办公中几乎所有文档的制作工作，成为真正的办公软件高手和办公专家。

Office软件在经历了多个版本的升级后，其功能越来越完善，得到了更多办公人员的肯定与喜爱。能够使用Office软件进行操作，是当今大学生进入职场的必备技能。精通Office软件操作、实现高效办公则是提升职场竞争力的关键。为此，我们以Office 2016版本为例，编写了本书，旨在帮助更多的人学习并精通Office软件，并能将其快速应用于实际工作当中。

🞂 本书内容

本书以5个具有代表性的办公领域为划分标准，将内容分为5篇，各篇主要内容如下。

- **第1篇 行政管理篇**：通过日程管理文档、办公用品管理电子表格、安全生产管理演示文稿、档案管理制度、邀请函等文件的制作，详细介绍了Word 2016、Excel 2016和PowerPoint 2016的基本操作方法；同时重点讲解了在Word 2016中插入表格、加密文档、创建多级列表、设置页面、创建邮件合并和打印文档的操作，在Excel 2016中填充与计算数据的操作，在PowerPoint 2016中应用主题、添加动画和放映演示文稿的操作。
- **第2篇 人力资源篇**：通过招聘启事文档、员工培训演示文稿和员工档案管理表格等文件的制作，详细介绍了在Word 2016中自定义编号与项目符号、插入SmartArt图形和添加水印的操作，在Excel 2016中设置数据类型、添加数据验证和保护工作表与单元格的操作，以及在PowerPoint 2016中编辑幻灯片母版和插入图片的操作。
- **第3篇 市场营销篇**：通过市场调查报告、营销策略演示文稿、销售统计表、电商数据分析表等文件的制作，详细介绍了在Word 2016中创建样式、目录和封面的操作，在Excel 2016中管理数据、设置条件格式、应用嵌套函数和插入图表的操作，以及在PowerPoint 2016中添加并管理多个图形对象、创建创意形状的操作。
- **第4篇 物流管理篇**：通过公司采购手册、库存管理表、运输管理演示文稿、供应链管理演示文稿等文件的制作，详细介绍了在Word 2016中创建链接、设置页眉与页脚、检查文档拼写与语法错误的操作，在Excel 2016中使用文本函数、进行合并计算的操作，以及在PowerPoint 2016中插入多媒体对象、创建交互对象、添加与管理各种动画效果的操作。
- **第5篇 财务会计篇**：通过员工工资表、固定资产管理表、投资评估表、财务分析演示文稿等文件的制作，详细介绍了在Excel 2016中插入数据透视表和数据透视图、打印工作表，使用折旧函数、日期与取整函数，应用方案管理器和模拟运算表的操作，以及Word 2016、Excel 2016和PowerPoint 2016的协同操作。

本书特色

为便于读者更加轻松、快捷地学习和掌握相关知识，本书在编写时有目的地进行了内容设计，具体包括以下特点。

- **体例新颖：** 本书采用案例式结构进行讲解，每章都围绕一个实用案例的制作进行介绍，通过"核心知识""案例分析""案例制作""强化训练""拓展课堂"等模块，全方位地帮助读者掌握案例的制作以及相关软件的操作。
- **内容全面：** 本书内容涵盖日常办公中常见的领域，无论是行政管理、人力资源，还是市场营销、物流管理和财务会计，都可以通过本书找到相关案例的制作方法，并学会文件的制作思路，为实际办公提供更多的素材和灵感。
- **案例丰富：** 本书不仅涉及多个办公领域的众多案例，而且每章的强化训练中也提供了相关案例进行练习，这使得全书有丰富的案例以供参考、学习。
- **互动性强：** "案例分析"模块可以为读者厘清案例的制作目标和制作思路，"强化训练"模块可以帮助读者提高案例的制作能力和软件的操作水平，"拓展课堂"模块则能让读者吸收更多有用的知识。这些模块的存在，都极大地增加了书稿的互动性和可读性，有效减少了学习时的单调与枯燥。

赠送资源

本书配有丰富的学习资源，能让读者在学习时更方便、更快捷。配套资源的具体内容如下。

- **视频演示：** 本书所有的案例制作均提供了操作视频，读者可扫描二维码进行学习。
- **素材、效果文件：** 本书提供了所有实例需要的素材文件和效果文件，读者可自行下载，以便进行对比操作和学习。
- **海量相关资料：** 本书配套提供Office办公技巧（电子版）、Excel公式与常用函数速查手册（电子版）以及Word、Excel、PowerPoint常用快捷键等有助于进一步提高Word、Excel、PowerPoint应用水平的相关资料。
- **教学资源：** 本书还有配套PPT、教学大纲、教学教案和题库软件等教学资源，读者可通过访问人邮教育社区（https://www.ryjiaoyu.com）搜索书名进行下载。

编者留言

本书由王欣、翟世臣、薛章林任主编，邓先春、何翠萍任副主编。在编写过程中，由于编者水平有限，书中难免存在不足之处，欢迎广大读者、专家给予批评指正。

编者

2020年10月

目录
CONTENTS

第 1 篇　行政管理篇

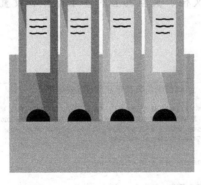

制作日程管理文档

第1章

本章导读

实际工作中，Word是用户普遍首选的文档编辑软件，而Word 2016则是目前使用率较高的版本之一。对行政管理而言，利用Word 2016便可以制作出日程管理文档，实现办公日程的高效管理。本章将通过日程管理文档的编制，对Word 2016的操作界面，以及文档、文本的各种基本操作和设置进行介绍，为后面的案例制作打下基础。

案例效果

峰御学前教育年会及日程安排

为了感谢6年以来所有加入我们和支持我们的峰御家人们，总部将于2019年12月27日—29日举办第一届"不忘初心，砥砺前行"峰御学前教育全国分部年会暨2019 — 2020年度学前教育颁奖盛典，这将是我国学前教育行业的一次盛会，也是峰御大家庭的一次大聚会，我们期待全国加盟分部共聚上海，共襄盛举！

一、年会主题

"不忘初心，砥砺前行"峰御学前教育全国分部年会。

二、年会时间

2019年12月27日—29日。

三、年会地点

中国·上海瑞华大饭店。

四、年会内容

1．2019年公司发展成绩总结，以及2020年度计划、方向、目标等。

2．增强总部与分部凝聚力，增强品牌凝聚力。

3．全国优秀加盟机构及加盟商表彰颁奖盛典。

4．全国峰御人经验交流、理念分享，增强峰御人团结协助的意识，提升公司的综合竞争能力。

五、年会参会人员

峰御学前教育全体员工、全国峰御学前教育分部校长及教师。

六、年会日程安排

2020年峰御学前教育全国分部年会日程安排

日期	时间	会议内容	主讲
12月27日	12:00—20:00	全天签到，入住酒店	
12月28日	09:30—11:30	回顾与展望	徐杰
	12:00—14:00	午餐、午休	
	14:30—16:00	各部门主管年度工作陈述	部门主管
	16:30—17:30	行业现状解读	刘晓婷
	18:00—19:30	晚餐	

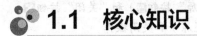

1.1 核心知识

本章将制作一个典型的日程管理文档，其结合了文字与表格等内容，涉及文本的编辑与设置，以及表格的使用。下面首先对Word 2016的操作界面进行介绍，然后重点讲解文本与表格的操作方法。

1.1.1 认识Word 2016的操作界面

Word 2016的操作界面主要由标题栏、功能选项卡、功能区、文本编辑区和状态栏5个部分组成，如图1-1所示。下面分别对这5个部分进行介绍。

图1-1 Word 2016的操作界面组成部分

1. 标题栏

Word 2016的标题栏主要包含快速访问工具栏、标题区、"功能区显示选项"按钮▣和窗口控制按钮组。

- **快速访问工具栏：** 快速访问工具栏位于标题栏最左侧，默认包含"保存"按钮▤、"撤销"按钮↺、"恢复"按钮↻以及"自定义快速访问工具栏"按钮▾。快速访问工具栏的作用是将工作中常用的操作以按钮形式显示在工具栏中，进而提高操作效率。例如，单击"自定义快速访问工具栏"按钮▾，在弹出的下拉列表中选择"电子邮件"选项，即可将"电子邮件"按钮▤添加到快速访问工具栏中，单击该按钮可以快速实现文档的发送操作。
- **标题区：** 标题区位于标题栏中央，用于显示当前编辑的文档名称。
- **"功能区显示选项"按钮▣：** "功能区显示选项"按钮▣位于标题栏右侧，单击该按钮，可在弹出的下拉列表中选择相应的选项来控制功能区的显示方式，包括"自动隐藏功能区""显示选项卡""显示选项卡和命令"3个选项。
- **窗口控制按钮组：** 窗口控制按钮组位于标题栏最右侧，包括"最小化"按钮━、"最大化"按钮▣（操作界面最大化时该按钮会变为"向下还原"按钮▣）和"关闭"按钮▣，它们分别可实现对操作界面的最小化、最大化（向下还原）和关闭操作。

2. 功能选项卡

功能选项卡位于标题栏下方，其中包括若干选项卡、"告诉我您想要做什么..."搜索框、登录按钮和 ⊗共享按钮。单击相应的选项卡，功能区将同步显示对应的操作命令，以实现对文档的各种编辑操作。例如，要保存文档，可单击"文件"选项卡，选择"保存"选项；要调整页边距，可单击"布局"选项卡。

3. 功能区

功能区包含多个组，每个组中又集合了不同的按钮、命令和选项等，有些组的右下角会显示"展开"按钮▣，单击该按钮可在打开的对话框中进行更丰富的设置。本书进行操作介绍时，统一按照"'选项卡名称'→'组名称'"的规范进行表述，如单击"开始"→"字体"组中的"字符底纹"按钮▣，则表示该按钮位于"开始"选项卡的"字体"组中。

4. 文本编辑区

文本编辑区是显示文档内容的区域，在其中不仅可以对文本和段落的内容、格式等进行修改和编辑操作，还可以对文档和页面的参数进行编辑，如调整页面大小和方向等。例如，在"视图"→"显示"组中选中"标尺"复选框，则文本编辑区上方和左侧会显示出标尺，标尺可用于控制文本和段落的位置。

5. 状态栏

状态栏位于操作界面最下方，该区域左侧主要显示了文档的各种状态，如当前文档的页数、总页数、总字数、文档的校错情况、语言状态等，区域右侧的功能按钮则用于切换文档的视图模式和调整文档视图的显示比例。

1.1.2 文本的编辑与格式设置

文本的编辑与格式设置是文档制作的重点环节，用户在操作时不仅要保证内容的正确性，还应该想方设法地提高文本的编辑速度和文档的可读性，从而提高工作效率。

1. 文本的编辑

除文本的输入、修改、删除等基本操作外，文本的编辑还涉及文本的选择、剪切、复制等操作，这些操作能够直接影响文档制作的效率。

- **选择文本**：拖曳鼠标指针选择文本是最常见和最普遍的文本选择方式；此外，还有其他一些实用的选择文本的方法。掌握并灵活运用这些操作，可以有效提高文本的编辑速度，其方法如表1-1所示。

表1-1　选择文本的多种方法

效果	方法
选择任意词组	在要选择的词组处双击鼠标左键
选择整句文本	按住【Ctrl】键不放，在该句文本处单击鼠标左键
选择一行文本	将鼠标指针移至要选择的行文本左侧，当其变为↗形状时单击鼠标左键
选择多行文本	将鼠标指针移至要选择的行文本左侧，当其变为↗形状时按住鼠标左键不放，垂直向上或向下拖曳鼠标指针

续表

效果	方法
选择整个段落	将鼠标指针移至要选择的文本左侧，当其变为形状时双击鼠标左键，或直接在该段文本中连续单击3次鼠标左键
选择所有文本	按【Ctrl+A】组合键
选择不连续的文本	选择部分文本后，按住【Ctrl】键不放，采用其他文本选择方法即可同时选择不连续的文本

- **剪切文本**：剪切文本即将选择的文本移动到另一个位置，其快捷方法为：选择要剪切的文本，按住鼠标左键不放，直接将其拖曳到目标位置后释放鼠标左键即可。
- **复制文本**：复制文本即将选择的文本复制到另一个位置，其快捷方法为：选择要复制的文本，按住【Ctrl】键的同时按住鼠标左键不放，将其拖曳到目标位置后释放鼠标左键即可。

专家指导

　　通过快捷键剪切和复制文本也是常用的一种操作。其方法为：选择文本后，按【Ctrl+X】组合键可剪切文本，按【Ctrl+C】组合键可复制文本，然后将光标定位到目标位置，按【Ctrl+V】组合键即可粘贴文本，实现文本的剪切或复制操作。

2. 文本的格式设置

文本的格式设置主要体现为字符格式与段落格式的设置，操作时主要可以借助以下3种工具来实现。

- **浮动工具栏**：选择文本后若停止移动鼠标指针，则鼠标指针右上方就会出现浮动工具栏，利用其中的功能按钮和选项就能对所选文本进行格式设置。
- **功能区**：选择文本后，可在"开始"选项卡的"字体"组和"段落"组中对所选文本进行格式设置。
- **对话框**：如果浮动工具栏和功能区中的按钮和选项均无法满足对文本格式设置的需求，则可单击"开始"选项卡的"字体"组或"段落"组右下角的"展开"按钮，在打开的对话框中进行更多设置。

1.1.3　表格的使用

在Word中使用表格一般可遵循4个步骤，分别是创建表格、编辑表格内容、设置表格布局，以及美化表格底纹和边框。

1. 创建表格

创建表格时首先需要明确表格的行数和列数，然后将光标定位到需创建表格的位置，在"插入"→"表格"组中单击"表格"按钮，将弹出下拉列表，此时可选择以下两种方法创建表格。

- **移动鼠标指针**：在下拉列表的方格上移动鼠标指针，方格上方将显示对应的行列数，确认后单击鼠标左键即可创建对应行列数的表格，如图1-2所示。
- **设置行列数**：在下拉列表中选择"插入表格"选项，打开"插入表格"对话框，在"列数"和"行数"数值框中输入所需的数字后，单击 按钮即可，如图1-3所示。

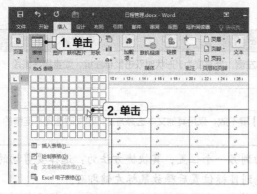
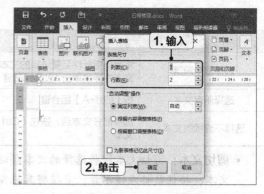

图1-2　移动鼠标指针创建表格　　　　图1-3　创建包含任意行列数的表格

2. 编辑表格内容

创建表格后，只需将光标定位到相应的单元格中，然后输入所需的表格文本即可完成表格内容的编辑。表格中的文本也可按在文档中编辑文本的方法进行修改、删除、剪切和复制等操作。

3. 设置表格布局

在表格中输入文本后，一般会根据实际情况调整表格布局，以使表格中的内容有更好的呈现效果。其中，调整表格布局的操作主要有插入或删除行或列、合并或拆分单元格、调整行高或列宽等，这些操作都可以在功能区中快速实现，其方法为：将光标定位到相应的单元格中，然后利用"表格工具–布局"选项卡中的功能按钮或选项进行操作，如图1-4所示。

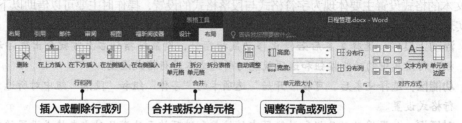

图1-4　设置表格布局的功能按钮和选项

4. 美化表格底纹和边框

完成内容的编辑以及表格的布局调整后，就可以通过美化表格底纹和边框，进一步提高表格的美观性和可读性。

- **美化表格底纹**：选择需设置底纹的单元格，在"表格工具–设计"→"表格样式"组中单击"底纹"按钮下方的下拉按钮，在弹出的下拉列表中选择相应的颜色即可。
- **美化表格边框**：拖曳鼠标指针选择需设置边框的单元格，在"表格工具–设计"→"边框"组中单击"边框"按钮下方的下拉按钮，在弹出的下拉列表中选择相应的边框效果即可。

🎓 专家指导

> 单击"边框"按钮下方的下拉按钮，在弹出的下拉列表中选择"边框和底纹"选项，则可在打开的"边框和底纹"对话框中对表格底纹和边框进行设置，如可以在"边框"选项卡中对边框的样式、颜色、宽度等属性进行设置，如图1-5所示。

图1-5 自定义表格边框

1.2 案例分析

　　日程管理文档是行政管理中经常会用到的文档，其作用是更规范地进行日程控制和提醒办公人员的工作事宜，避免应该办理的公司事务遗漏或混乱。能够成功制作出日程管理文档是办公人员必备的技能之一。

1.2.1 案例目标

　　本案例以峰御公司2019年年底举行的年会为背景，要求制作出一个年会及日程安排的文档，目的是让公司各分部的负责人知晓年会的情况并及时参加。具体需要告知的内容包括年会主题、年会时间、年会地点、年会内容、年会参会人员和年会日程安排等。

1.2.2 制作思路

　　本案例首先应该保证将需要告知的内容准确无误地展现在文档中，然后将年会日程安排的内容以表格的形式呈现，让各分部负责人更方便地了解整个年会的过程。因此，本案例的制作思路可以归纳为5个环节，如图1-6所示。

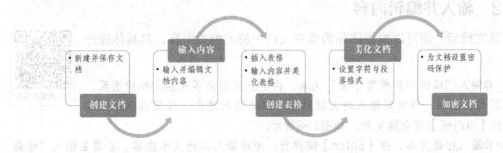

图1-6 日程管理文档的制作思路

1.3 案例制作

根据案例目标和制作思路，下面开始案例的制作。

1.3.1 创建日程管理文档

创建日程
管理文档

下面首先新建空白Word文档，并将其以"日程管理"为名进行保存，其具体操作如下。

STEP 01 ▶单击桌面左下角的"开始"按钮，在弹出的"开始"菜单中选择"Word 2016"选项启动Word 2016，然后单击界面中的"空白文档"缩略图，创建一个空白的Word文档。

STEP 02 ▶按【Ctrl+S】组合键，或单击"文件"选项卡，选择左侧的"保存"选项，此时都将显示"另存为"界面，选择下方的"浏览"选项，打开"另存为"对话框。

STEP 03 ▶在"另存为"对话框中设置文档的保存位置和名称，这里将文档以"日程管理"为名保存在D盘的"公司文件"文件夹中，单击 保存(S) 按钮，如图1-7所示。

🎓 **专家指导**

打开目标文件夹，在空白区域单击鼠标右键，在弹出的快捷菜单中选择"新建"→"Microsoft Word文档"选项，输入名称，按【Enter】键也可实现创建并保存空白文档的操作。

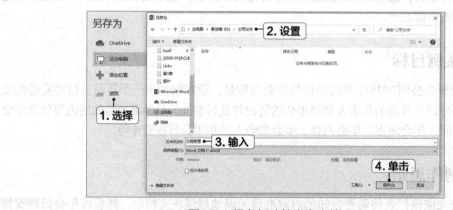

图1-7 保存新建的空白文档

1.3.2 输入并编辑内容

新建文档后，便可以根据实际需要在文档中输入相关内容，其具体操作如下。

输入并编辑内容

STEP 01 ▶输入"峰御学前教育年会"文本，由于此文本会多次在文档中出现，因此可以将其复制，待需要输入时直接粘贴以提高输入速度。这里选择输入的文本，按【Ctrl+C】组合键复制，如图1-8所示。

STEP 02 ▶输入标题文本，按【Enter】键换行。继续输入其他文本内容，当需要输入"峰御学前教育年会"时，直接按【Ctrl+V】组合键快速粘贴即可，如图1-9所示。

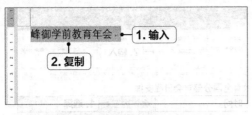

图1-8 输入并复制文本

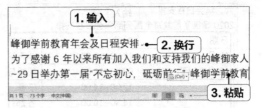

图1-9 输入并粘贴文本

STEP 03 �}输入文档其他内容，完成后按【Ctrl+S】组合键或单击标题栏"保存"按钮 及时保存，如图1-10所示。

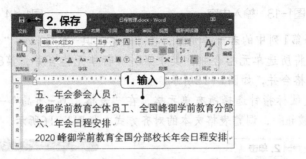

图1-10 输入其他内容

1.3.3 插入并编辑日程表

插入并编辑日程表

为更好地体现年会每天的日程安排，需要在文档中插入表格并制作成日程表，其具体操作如下。

STEP 01 �}在文档末尾按【Enter】键换行，在"插入"→"表格"组中单击"表格"按钮 ，在弹出的下拉列表中选择"插入表格"选项，如图1-11所示。

STEP 02 �}打开"插入表格"对话框，在"列数"和"行数"数值框中分别输入"4"和"13"，单击 确定 按钮，如图1-12所示。

STEP 03 �}在插入的表格中将光标定位到目标单元格中，输入需要的文本内容即可，如图1-13所示。

STEP 04 �}拖曳鼠标指针选择每一列单元格，在"表格工具-布局"→"单元格大小"组的"宽度"数值框中设置各列的宽度。各列宽度从左到右依次为"2.5厘米""3.5厘米""5.5厘米""3厘米"，如图1-14所示。

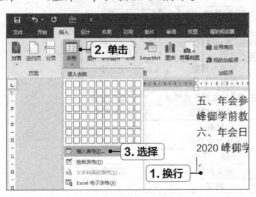

图1-11 插入表格

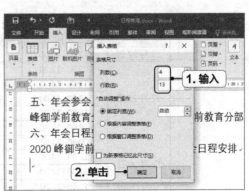

图1-12 指定表格行列数

六、年会日程安排 　输入

2020峰御学前教育全国分部年会日程安排

日期	时间	会议内
12月27日	12:00—20:00	全天签
12月28日	09:30—11:30	回顾与
	12:00—14:00	午餐
	14:30—16:00	各部门
		作陈述
	16:30—17:30	行业现
	18:00—19:30	晚餐
12月29日	09:30—11:30	未来发

图1-13　输入内容

图1-14　设置列宽

STEP 05 ▶ 选择第1列中的若干单元格，在"表格工具-布局"→"合并"组中单击"合并单元格"按钮将所选单元格合并，其中第3~7行单元格合并，第8~11行单元格合并，第12~13行单元格合并，如图1-15所示。

STEP 06 ▶ 拖曳鼠标指针选择所有单元格，在"表格工具-布局"→"对齐方式"组中单击"水平居中"按钮，调整表格文本的对齐方式，如图1-16所示。

图1-15　合并单元格

图1-16　设置文本对齐方式

STEP 07 ▶ 拖曳鼠标指针选择第1行单元格，在"表格工具-设计"→"表格样式"组中单击"底纹"按钮下方的下拉按钮，在弹出的下拉列表中选择第1列第2行对应的颜色选项，如图1-17所示。

2020峰御学前教育全国分部年会日程安排

日期	时间	会议内容	主讲
12月27日	12:00—20:00	全天签到，入住酒店	
	09:30—11:30	回顾与展望	
	12:00—14:00	午餐、午休	杰
12月28日	14:30—16:00	各部门主管年度工作陈述	部门主管
	16:30—17:30	行业现状解读	刘晓婷
	18:00—19:30	晚餐	
	09:30—11:30	未来发展规划	徐杰
12月29日	12:00—14:00	午餐、午休	
	14:30—17:30	颁奖典礼	部门主管
	19:00—22:00	晚宴	

图1-17　添加单元格底纹

1.3.4 美化日程管理文档

　　文本和段落的格式设置是提升文档可读性必不可少的操作，完成日程管理文档内容的制作后，下面就应该着手进行美化设置了，其具体操作如下。

美化日程管理文档

STEP 01 ▶选择第1段文本段落（包括段末的段落标记），在"开始"→"字体"组的"字体"下拉列表中选择"方正黑体简体"选项，在"字号"下拉列表中选择"三号"选项，然后在"段落"组中单击"居中"按钮 ≡ ，如图1-18所示。

STEP 02 ▶保持段落的选择状态，单击"段落"组右下角的"展开"按钮 ，打开"段落"对话框，将"段后"数值框中的数据设置为"0.5行"，单击 确定 按钮，如图1-19所示。

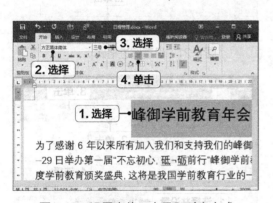

图1-18 设置字体、字号和对齐方式

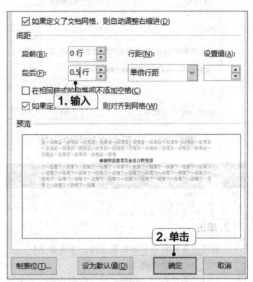

图1-19 设置段后距离

STEP 03 ▶选择第2段段落至"六、年会日程安排"段落的所有文本，单击"字体"组右下角的"展开"按钮 ，打开"字体"对话框，在"中文字体"下拉列表中选择"方正仿宋简体"选项，在"西文字体"下拉列表中选择"Times New Roman"选项，单击 确定 按钮，如图1-20所示。

STEP 04 ▶单击"段落"组右下角的"展开"按钮 ，打开"段落"对话框，将所选文本段落的特殊格式设置为"首行缩进"，单击 确定 按钮，如图1-21所示。

STEP 05 ▶按住【Ctrl】键同时选择"一、"至"六、"所在的文本段落，将其段前和段后距离均设置为"0.2行"，然后在"字体"组中单击"加粗"按钮 в 加粗文本，如图1-22所示。

STEP 06 ▶选择表格上方的一段文本段落，将其字符格式设置为"中文字体-方正仿宋简体、西文字体-Times New Roman、加粗"，将其对齐方式设置为"居中"，然后单击"段落"组中的"行和段落间距"按钮 ≡ ，在弹出的下拉列表中选择"1.5"选项，如图1-23所示。

STEP 07 ▶选择表格中的所有文本，将字符格式设置为"中文字体-方正仿宋简体、西文字体-Times New Roman"，效果如图1-24所示。

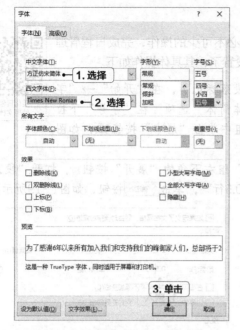

图1-20 设置中文和西文字体

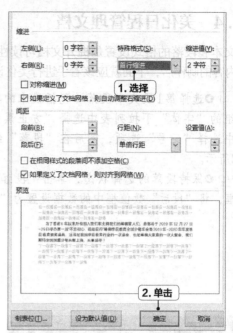

图1-21 设置缩进格式

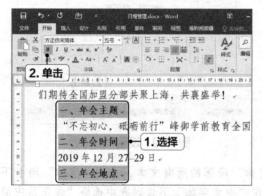

图1-22 设置段落间距和字形

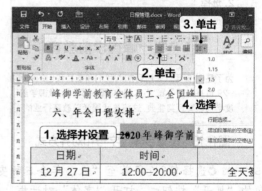

图1-23 设置字符和段落格式

2020年峰御学前教育全国分部校长年会日程安排			
日期	时间	会议内容	主讲
12月27日	12:00—20:00	全天签到，入住酒店	
12月28日	09:30—11:30	回顾与展望	徐杰
	12:00—14:00	午餐、午休	
	14:30—16:00	各部门主管年度工作陈述	部门主管
	16:30—17:30	行业现状解读	刘晓婷
	18:00—19:30	晚餐	
12月29日	09:30—11:30	未来发展规划	徐杰
	12:00—14:00	午餐、午休	
	14:30—17:30	颁奖典礼	部门主管
	19:00—22:00	晚宴	

图1-24 设置表格文本的字符格式

1.3.5　加密文档

加密文档可以更好地保证文档不被他人非法篡改。下面对制作的日程管理文档进行加密设置，其具体操作如下。

STEP 01 ▶单击"文件"选项卡，打开"信息"页面，单击"保护文档"按钮🔒，在弹出的下拉列表中选择"用密码进行加密"选项，如图1-25所示。

STEP 02 ▶打开"加密文档"对话框，在"密码"文本框中输入密码内容，如"123456"，单击 确定 按钮，如图1-26所示。

加密文档

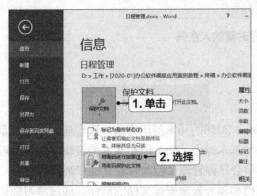

图1-25　选择加密文档的方式

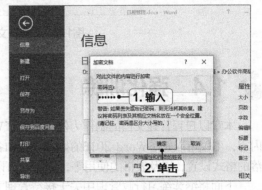

图1-26　设置密码

STEP 03 ▶打开"确认密码"对话框，在"重新输入密码"文本框中输入相同的密码内容，单击 确定 按钮，如图1-27所示。

STEP 04 ▶单击右上角的"关闭"按钮❌，此时将打开提示对话框，单击 保存(S) 按钮保存对文档所做的修改，如图1-28所示。

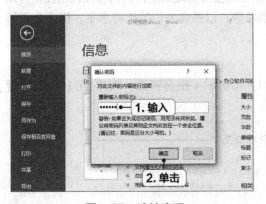

图1-27　确认密码

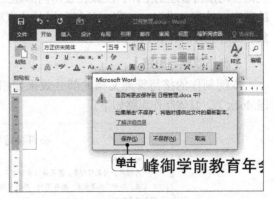

图1-28　关闭并保存文档

STEP 05 ▶在该文档所在的文件夹中双击该文档将其打开，此时Word 2016将打开"密码"对话框，只有在文本框中输入设置好的密码后，才能单击 确定 按钮打开文档，如图1-29所示（配套资源:\效果\第1章\日程管理.docx）。

图1-29　打开文档时需输入密码

1.4　强化训练

本章以日程管理文档的制作为例，介绍了Word 2016的基本使用方法。读者通过学习本章内容，不仅可以熟悉Word 2016的操作界面和各种基本操作，如文档和文本的编辑、字符与段落的格式设置，以及表格的使用等，同时也可以学会日程管理文档的表现方式和制作关键。

下面将继续练习行政管理中关于接待管理文档和领导差旅安排文档的制作，通过练习强化对Word 2016的操作能力，并掌握这两种常见文档的制作方法。

1.4.1　制作接待管理文档

在行政管理中，公务接待、商务接待、外事接待等都是公司开展业务会涉及的环节。为了规范公司接待管理的工作，应该在公司内部建立相应的接待管理规范，其内容应包括接待管理的职责、计划、准备、流程、礼仪和相关注意事项等，以提高公司的接待水平、提升公司形象、促进业务的开展。

【制作效果与思路】

本例制作的接待管理文档的部分效果如图1-30所示（配套资源:\效果\第1章\接待管理.docx），具体制作思路如下。

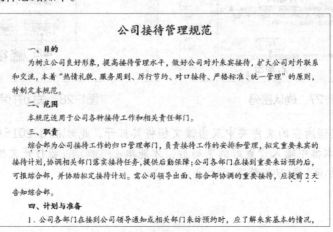

图1-30　接待管理文档

（1）将文档标题设定为“公司接待管理规范”，将规范的具体内容划分为目的、范文、职责、计划与准备、接待流程、接待礼仪、注意事项和信息反馈8个部分。

（2）按照公司的具体情况输入各部分具体的规范内容。

（3）将标题段落格式设置为“方正北魏楷书简体、三号、居中”。

（4）将正文各段落的格式设置为“中文字体-方正楷体简体、西文字体-Times New Roman、首行缩进-2字符、行距-1.15倍”。

（5）将含有“一、,二、,三、,...”编号样式的文本段落加粗显示。

（6）利用“段落”对话框为文档中的重要文本添加着重号以示强调，最后保存文档。

1.4.2　制作领导差旅安排文档

领导差旅安排是行政秘书等办公人员应该在领导出差前制作好的文档，其作用是帮助领导更合理地安排时间，更充分地进行出差准备，从而顺利完成本次出差预期的目标。一般来讲，领导差旅安排有两大方面的内容：一方面是行程安排，也称为日程安排；另一方面是物品安排，即出差需要携带的相关物品。这些内容都可以通过表格的形式呈现，使领导能够更轻易地获取信息，做好出差准备。

【制作效果与思路】

本例制作的领导差旅安排文档的部分效果如图1-31所示（配套资源:\效果\第1章\领导差旅安排.docx），具体制作思路如下。

差旅安排计划

一、日程安排

出差日程安排表

日期	时间	预定行程	备注
3月25日（星期三）	07:30	赴成都双流机场	公司派车前去
	08:30	乘四川航空航班至重庆	
	09:29	抵达重庆江北机场	分公司派车接送
	10:20	至威灵顿酒店	已预定房间
	12:00	午餐	
	14:30	到分公司视察	由专职人员迎接
3月26日（星期四）	09:00–12:00	到浮云阁总部进行商业会谈（初谈）	分公司派车接送
	12:20–14:00	与浮云阁总裁共进午餐	
	15:00–17:00	与分公司进行会议，调整交易方案	
	18:30–20:30	与分公司人员共进晚餐	
3月27日（星期五）	09:00–12:00	到浮云阁总部签订合同	分公司派车接送
	12:20–14:00	与浮云阁总裁共进午餐	
	14:30–15:30	受邀参观浮云阁总部与部分工程	
	18:00–20:00	邀请浮云阁总裁共进晚餐	分公司派车接送

图1-31　领导差旅安排文档

（1）将差旅安排计划的内容分为日程安排和物品安排两个部分，分别建立出差日程安排表和出差物品归纳表。

（2）建立表格，两个表格的行列数分别为4列28行和2列19行，输入相应的表格内容。

（3）对表格的行高、列宽、单元格文本的对齐方式进行调整，并合并第1列中相应的单元格，为第1行单元格添加颜色为“白色，背景1，深色5%”的底纹。

（4）设置文档标题、正文、表格标题和表格文本的字符格式，具体可参考提供的效果文件。

（5）将此安排计划进行加密管理，密码为"000000"，最后保存文档。

1.5 拓展课堂

表格是非常重要的一种文本表达工具，可以更好地呈现需要传递的信息。但在实际操作中，可能会出现不知道表格的行列数，或需要制作布局极不规则的表格等情况；遇到这些情况时，也可以利用Word轻松解决，本节将介绍具体方法。

1.5.1 将文本转换为表格

如果无法确定表格的行列数，可以直接输入表格文本，在各列文本中按【Tab】键（制表符）分隔，在各行文本中按【Enter】键分隔。输入完所有表格文本后按【Ctrl+A】组合键选择所有文本，然后在"插入"→"表格"组中单击"表格"按钮，在弹出的下拉列表中选择"文本转换成表格"选项，在打开的对话框中选中"制表符"单选项，单击 确定 按钮，此时Word会将所选文本按制表符和段落标记来建立表格，并将输入的文本自动显示在对应的单元格中，如图1-32所示。

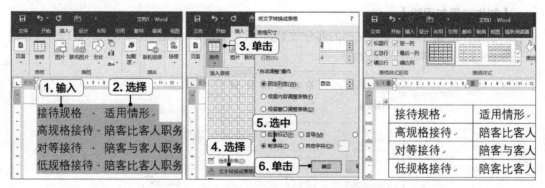

图1-32 将文本转换为表格的操作过程

1.5.2 绘制表格

诸如简历、个人资料等表格，其布局往往不太规则，如果通过建立表格后再对单元格进行合并、拆分来调整布局，则工作效率会变得很低。遇到这种情况就完全可以手动绘制表格，其方法为：在"插入"→"表格"组中单击"表格"按钮，在弹出的下拉列表中选择"绘制表格"选项，拖曳鼠标指针绘制表格外边框，然后根据需要在表格内部绘制行线和列线即可，完成后按【Esc】键退出表格绘制状态。图1-33所示即为一个手动绘制的不规则表格。

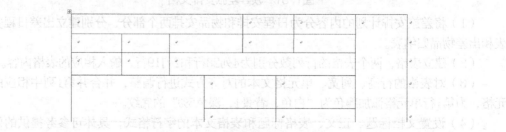

图1-33 手动绘制的不规则表格

第2章 制作办公用品管理电子表格

本章导读

　　Word虽然具备制作表格的功能，但针对的仅是非常基础简单的表格应用。对需要使用表格来管理数据的情形，则应该通过Excel这个专业的电子表格制作软件来处理。本章将要制作的办公用品管理电子表格，便是利用表格来统计和管理公司各种各样的办公用品。通过本案例的制作学习，读者可以熟悉Excel 2016的操作界面及其基本操作，为后面制作难度更大的表格打下基础。

案例效果

	A	B	C	D	E	F	G	H
1	编号	物品名称	单位	购买数量	领用数量	应存数量	实存数量	备注
2	FYBW01	台历	个	55	28	27	27	
3	FYBW02	名片盒	个	57	18	39	39	
4	FYBW03	计算器	个	20	5	15	14	会计领取1个家用
5	FYBW04	订书机	个	32	2	30	30	
6	FYBW05	订书钉	盒	175	18	157	157	
7	FYBW06	回形针	盒	59	22	37	37	
8	FYBW07	图钉	盒	56	8	48	48	
9	FYBW08	剪刀	把	13	1	12	12	
10	FYBW09	美工刀	把	22	5	17	17	
11	FYBW10	笔筒	个	32	2	30	30	
12	FYBW11	双面胶	卷	86	16	70	70	
13	FYBW12	胶水（固体）	支	75	14	61	61	

办公文具　书写工具　纸制品　文件管理用品　金融工具　⊕

2.1 核心知识

使用Excel 2016制作办公用品管理电子表格将涉及工作簿、工作表、单元格、数据的输入与计算等各种基本操作，下面首先梳理一遍相关的核心内容，以便制作时更加得心应手。

2.1.1 认识Excel 2016的操作界面

由于Excel与Word同属Office办公软件，因此Excel 2016操作界面中的标题栏、功能选项卡、功能区、状态栏等部分与Word 2016的作用和使用方法是大致相同的，这里重点介绍Excel 2016独有的组成部分，即编辑栏和工作表编辑区，如图2-1所示。

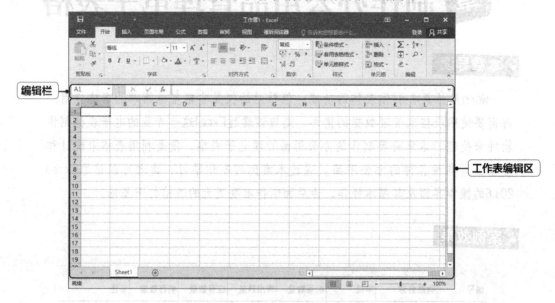

图2-1 Excel 2016的操作界面

1. 编辑栏

编辑栏的作用为显示和编辑当前活动单元格中的数据或公式。其组成部分包括名称框、"取消"按钮 ×、"输入"按钮 ✓、"插入函数"按钮 ƒ 和编辑框，如图2-2所示。

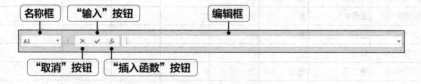

图2-2 编辑栏的组成

- **名称框**：名称框用于显示当前所选单元格的地址或函数名称。
- **"取消"按钮 ×**：单击"取消"按钮 × 可取消当前输入的内容。
- **"输入"按钮 ✓**：单击"输入"按钮 ✓ 可确认当前输入的内容。
- **"插入函数"按钮 ƒ**：单击"插入函数"按钮 ƒ 可打开"插入函数"对话框，以便在其中选择需要应用的函数。
- **编辑框**：编辑框可显示当前单元格中的内容，也可在其中输入和修改所选单元格中的数据。

2. 工作表编辑区

工作表编辑区是Excel 2016编辑数据的主要场所，它包括列标、行号、单元格和工作表标签4个对象，如图2-3所示。

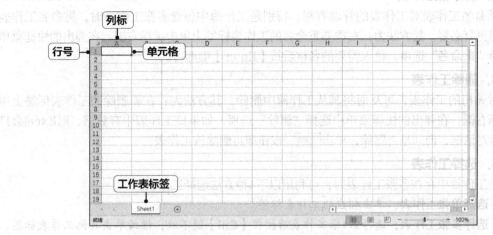

图2-3　Excel 2016工作表编辑区的组成

- **列标：** 用A、B、C等大写英文字母标识，单击列标可选择该列单元格，拖曳列标与列标之间的分隔线可调整列宽。
- **行号：** 用1、2、3等阿拉伯数字标识，单击行号可选择该行单元格，拖曳行号与行号之间的分隔线可调整行高。
- **单元格：** Excel最基本的数据存储单元。单个单元格的地址可表示为"列标+行号"，如位于第A列第1行的单元格可用A1单元格来表示；多个连续的单元格地址可表示为"左上角单元格地址:右下角单元格地址"，如A1:C6单元格区域。
- **工作表标签：** 显示工作表的名称，新建空白工作簿会默认包含一个名为"Sheet1"的空白工作表。

2.1.2　工作表操作

工作表是Excel存储和管理单元格的对象，熟练掌握工作表的操作就能更好地完成表格的制作与编辑工作。下面重点介绍工作表的插入、重命名、删除、选择、移动以及复制等基本操作。

 **专家指导**

> **Excel工作簿中可以包含一张或多张工作表，工作表中又包含若干单元格。其中，Excel工作簿相当于Word文档，其新建、保存、加密等操作都与Word文档对应的操作相同。**

1. 插入工作表

若需要在工作簿中使用多张工作表，则可通过以下3种常用的方法手动进行插入操作。

- **通过按钮插入：** 单击工作表标签右侧的"新工作表"按钮⊕，此时Excel会在当前工作表右侧插入一张空白的工作表。
- **通过快捷键插入：** 按【Shift+F11】组合键可在当前工作表左侧插入一张空白的工作表。
- **通过鼠标右键插入：** 在工作表标签上单击鼠标右键，在弹出的快捷菜单中选择"插入"

选项，此时将打开"插入"对话框，在其中可以选择插入空白或带有相应模板的工作表。

2. 重命名工作表

重命名工作表对工作表的管理有利，特别是工作簿中包含多张工作表时，重命名工作表就显得更有必要。其方法为：在需要重命名的工作表标签上单击鼠标右键，在弹出的快捷菜单中选择"重命名"选项，输入需要的名称后按【Enter】键即可。

3. 删除工作表

对无用的工作表，可及时将其从工作簿中删除，其方法为：在需删除的工作表标签上单击鼠标右键，在弹出的快捷菜单中选择"删除"选项，如果该工作表中有数据，则Excel会打开提示对话框，询问是否删除，单击 删除 按钮即可删除该工作表。

4. 选择工作表

当工作簿中存在多张工作表时，可利用以下4种方法选择工作表。

- **选择单张工作表**：单击相应的工作表标签。
- **选择多张工作表**：选择第1张工作表后按住【Ctrl】键不放，继续单击其他工作表标签。
- **选择连续的工作表**：选择第1张工作表后按住【Shift】键不放，继续单击任意一张工作表标签，可同时选择这两个工作表及其之间的所有工作表。
- **选择所有工作表**：在任意工作表标签上单击鼠标右键，在弹出的快捷菜单中选择"选定全部工作表"选项。

5. 移动或复制工作表

移动或复制工作表可以极大地提高工作表制作效率，其方法为：在工作表标签上单击鼠标右键，在弹出的快捷菜单中选择"移动或复制"选项，打开"移动或复制工作表"对话框，在"工作簿"下拉列表中选择当前打开的任意一个目标工作簿，在下方的列表中选择工作表移动或复制后的目标位置，选中"建立副本"复选框表示执行复制操作，取消选中该复选框则表示执行移动操作，确认后单击 确定 按钮即可，如图2-4所示。

图2-4 移动或复制工作表

2.1.3 单元格操作

单元格的操作主要是指对单元格的选择、插入、删除以及合并等，这些操作可以调整表格的布局，是使用Excel 2016需要掌握的基础知识。

1. 选择单元格或单元格区域

选择单元格或单元格区域的常用方法有以下4种。

- 将鼠标指针移至目标单元格上，单击鼠标左键即可。
- 在某个单元格上按住鼠标左键不放并拖曳鼠标指针，至目标位置后释放鼠标左键，可选择连续的单元格组成的单元格区域。
- 选择某个单元格，按住【Shift】键不放的同时选择另一个单元格，可选择以这两个单元格为对角线的矩形范围内的所有单元格区域。
- 选择某个单元格，然后按住【Ctrl】键不放，继续选择其他单元格或选择单元格区域，可同时选择多个不相邻的单元格或单元格区域。

2. 插入单元格

在制作表格的过程中若遗漏了某些数据，可以在原有表格的基础上插入单元格进行补充，其方法为：选择单元格或单元格区域，在"开始"→"单元格"组中单击"插入"按钮![插入]下方的下拉按钮，在弹出的下拉列表中选择"插入单元格"选项，或直接在所选的单元格或单元格区域上单击鼠标右键，在弹出的快捷菜单中选择"插入"选项，此时都将打开"插入"对话框。选中与需插入方式对应的单选项后，单击![确定]按钮即可，如图2-5所示。其中，"插入"对话框中各单选项的作用分别如下。

图2-5　设置插入方式

- **活动单元格右移：** 在当前所选的单元格左侧插入单元格。
- **活动单元格下移：** 在当前所选的单元格上方插入单元格。
- **整行：** 在当前所选的单元格上方插入一行单元格。
- **整列：** 在当前所选的单元格左侧插入一列单元格。

3. 删除单元格

删除单元格的方法为：选择单元格或单元格区域，在"开始"→"单元格"组中单击"删除"按钮![删除]下方的下拉按钮，在弹出的下拉列表中选择"删除单元格"选项，或直接在所选的单元格或单元格区域上单击鼠标右键，在弹出的快捷菜单中选择"删除"选项，此时都将打开"删除"对话框。选中与需删除方式对应的单选项后，单击![确定]按钮即可，如图2-6所示。其中，"删除"对话框中各单选项的作用分别如下。

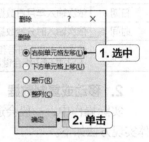

图2-6　设置删除方式

- **右侧单元格左移：** 当前所选单元格右侧的单元格来填补删除后的位置。
- **下方单元格上移：** 当前所选单元格下方的单元格来填补删除后的位置。
- **整行：** 删除当前所选单元格所在行的所有单元格。
- **整列：** 删除当前所选单元格所在列的所有单元格。

4. 合并单元格

合并单元格是指将选择的单元格区域合并为一个单元格，其方法为：选择需合并的单元格区域，在"开始"→"对齐方式"组中单击![合并后居中]按钮，此时所选的单元格区域不仅将执行合并操作，而且合并后的单元格数据将居中显示。

专家指导

如果单元格区域中的多个单元格均有数据，则合并后仅会保留左上角单元格中的数据。若单击![合并后居中]按钮右侧的下拉按钮，则可选择更多的合并方式，如按行合并的"跨越合并"方式，仅合并不居中的"合并单元格"方式等。

2.1.4　数据的基本操作

在Excel 2016中对数据的基本操作主要是数据的输入、移动或复制、填充和计算等。掌握这些操作后，就能完成对数据表格的制作工作。

1. 输入数据

在Excel 2016中可以先选择单元格，然后输入数据并按【Enter】键完成数据的输入操作。如果需要修改单元格中的数据，则可以双击单元格，将光标定位在单元格的目标位置或在编辑框中定位光标，输入数据后按【Enter】键即可。

需要注意的是，由于数据的类型不同，输入时采用的方法也不尽相同，下面将一些常见的数据输入方法归纳到表2-1中，以供参考。

表2-1 不同类型数据的输入方法

数据类型	输入方法
文本	直接输入
正数	直接输入
负数	如输入"-100"，先输入负号"-"然后输入"100"；或输入英文状态下的括号"( )"，并在其中输入数据，即输入"(100)"
小数	依次输入整数位、小数点和小数位
百分数	依次输入数据和百分号，其中百分号利用【Shift+5】组合键输入
分数	依次输入整数部分（真分数则输入"0"）、空格、分子、"/"号和分母
日期	依次输入年月日数据，中间用"-"或"/"号隔开，如2020-3-19或2020/3/19
时间	依次输入时分秒数据，中间用英文状态下的冒号":"隔开，如10:29:25
货币	依次输入货币符号和数据，其中英文状态下按【Shift+4】组合键可输入美元符号"$"，中文状态下按【Shift+4】组合键可输入人民币符号"￥"

2. 移动或复制数据

实际操作中，一般会通过组合键或拖曳鼠标指针的方法实现数据的移动或复制操作，具体实现方法如下。

- **组合键**：选择单元格后按【Ctrl+X】组合键剪切数据，选择目标单元格，然后按【Ctrl+V】组合键可实现数据的移动操作；选择单元格后按【Ctrl+C】组合键复制数据，选择目标单元格，然后按【Ctrl+V】组合键可实现数据的复制操作。
- **拖曳鼠标指针**：选择单元格，在其边框上拖曳鼠标指针至目标单元格，释放鼠标左键即可实现数据的移动操作；选择单元格，按住【Ctrl】键的同时拖曳所选单元格的边框至目标单元格，释放鼠标左键可实现数据的复制操作。

3. 填充数据

当需要在一列或一行单元格中输入递增的数据时，可以通过填充的方式快速实现输入操作。比如A1单元格为"序号"，需要在A2:A11单元格中依次输入数字1~10，此时可首先在A2单元格中输入"1"，然后选择该单元格，按住【Ctrl】键的同时拖曳该单元格右下角的填充柄至A11单元格，释放鼠标左键即可完成输入操作，如图2-7所示。

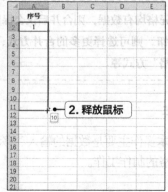

图2-7 填充数据的操作过程

4. 计算数据

Excel 2016具有强大的数据计算功能，对普通数据表格而言，只需借助 "=" 号就能实现数据的计算操作。例如：A1单元格中的数据为5，A2单元格中的数据为6，若要在A3单元格中计算前两个单元格数据之和，则可在A3单元格中输入 "=A1+A2"，然后按【Enter】键确认即可；若要在A3单元格中计算前两个单元格数据的乘积，则可在A3单元格中输入 "=A1*A2"，按【Enter】键确认即可。

🎓 专家指导

> 上例中输入 "=" 后，可以直接单击A1单元格引用其单元格地址，然后输入 "+" 号或 "*" 号后继续单击A2单元格引用其地址，这样可以提高公式的输入速度。但要注意，公式输入完成后需要按【Enter】键确认操作，或单击编辑栏中的 "输入" 按钮 ✓ 确认输入。

2.2 案例分析

公司的办公用品不仅种类繁多，管理起来也比较麻烦。行政办公人员如果需要定期清点办公用品的数量，就可以充分利用Excel 2016。本章所要制作的案例便是使用Excel 2016创建办公用品管理表，该表格可以将繁杂的办公用品管理变得简单、易查。

2.2.1 案例目标

本案例要求将公司办公中涉及的各种办公用品进行分类，并加以编号，记录每种办公用品的购买数量、领用数量、应存数量和实存数量，将不同种类的办公用品分别存储在不同的工作表中，使各种物品的使用情况变得一目了然。

2.2.2 制作思路

由于办公用品的种类较多，因此本案例涉及多个工作表的制作，为了提高制作效率，可以首先创建一个工作表，然后通过复制工作表并修改表格数据的方式快速制作其他表格。这样还可以使所有表格具有统一的布局和效果，能够提高工作表的专业性和可读性。本案例的制作思路可以归纳为4个环节，如图2-8所示。

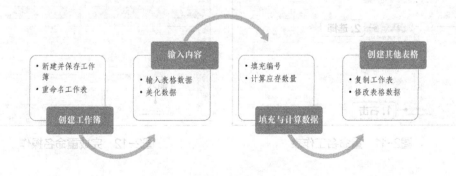

图2-8　办公用品管理表的制作思路

2.3 案例制作

根据案例目标和制作思路，下面开始案例的制作。

2.3.1 创建工作簿

Excel 2016的启动方式与Word 2016相似，下面首先创建一个空白的工作簿，并将其中默认的工作表重新命名，其具体操作如下。

创建工作簿

STEP 01 ▶单击桌面左下角的"开始"按钮⊞，在弹出的"开始"菜单中选择"Excel 2016"选项启动Excel 2016，然后单击界面中的"空白工作簿"缩略图，创建一个空白的Excel工作簿，如图2-9所示。

STEP 02 ▶按【Ctrl+S】组合键，在打开的"另存为"界面中选择"浏览"选项，打开"另存为"对话框，将工作簿以"办公用品管理"为名保存在D盘"公司文件"文件夹中，单击 保存(S) 按钮，如图2-10所示。

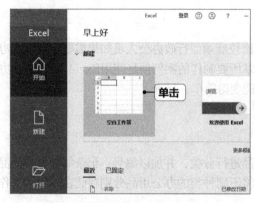

图2-9 新建工作簿

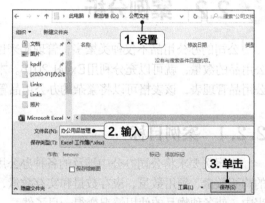

图2-10 保存工作簿

STEP 03 ▶在默认的Sheet1工作表标签上单击鼠标右键，在弹出的快捷菜单中选择"重命名"选项，如图2-11所示。

STEP 04 ▶输入"办公文具"后按【Enter】键确认输入，如图2-12所示。

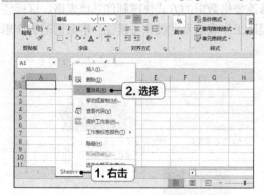

图2-11 重命名工作表

图2-12 完成重命名操作

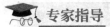

双击工作表标签或在某个工作表标签上单击鼠标右键，在弹出的快捷菜单中选择"重命名"选项，即可快速实现重命名工作表的操作。

2.3.2 输入并美化数据

一般来说，表格的制作首先就是基础数据的输入与设置，下面创建办公文具类用品的基础数据，并对文本格式、行高、列宽和表格边框等进行适当设置，其具体操作如下。

输入并美化数据

STEP 01 ▶分别在A1:H1单元格区域中输入各项目的名称，包括编号、物品名称、单位、购买数量、领用数量、应存数量、实存数量和备注，如图2-13所示。

STEP 02 ▶在B2:B13单元格区域中输入各种办公文具的具体名称，如图2-14所示。

图2-13 输入项目名称　　　　　图2-14 输入各物品的具体名称

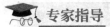专家指导

在单元格中输入数据后：按【Tab】键将确认输入并自动选择右侧相邻的单元格；按【Enter】键将确认输入并自动选择下方相邻的单元格；按【Ctrl+Enter】组合键将确认输入并选择当前单元格。灵活使用不同的快捷键可以有效提升数据的输入效率。

STEP 03 ▶在工作表中输入各物品的单位、购买数量、领用数量、实存数量和备注，如图2-15所示。

STEP 04 ▶选择A1:H13单元格区域，在"开始"→"字体"组的"字体"下拉列表中选择"方正书宋简体"选项，在"对齐方式"组中单击"左对齐"按钮≡，如图2-16所示。

STEP 05 ▶保持单元格区域的选择状态，继续在"字体"组中单击"边框"按钮田右侧的下拉按钮，在弹出的下拉列表中选择"所有框线"选项，如图2-17所示。

STEP 06 ▶选择A1:H1单元格区域，在"字体"组中单击"加粗"按钮 B 加粗显示项目文本，如图2-18所示。

图2-15 输入其他基础数据

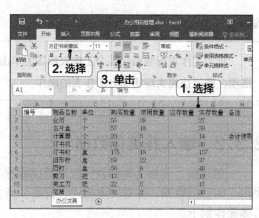

图2-16 设置字体和对齐方式

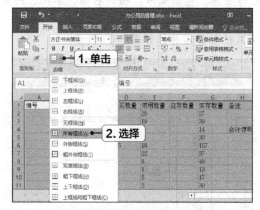

图2-17 添加边框

图2-18 加粗文本

STEP 07 ▶ 向下拖曳第1行和第2行之间的分隔线，当显示的高度为"30.00"时释放鼠标左键，增加第1行的高度，如图2-19所示。

STEP 08 ▶ 拖曳鼠标选择第2行至第13行行号，此时将同时选择所选行号对应的单元格，拖曳任意分隔线同时增加对应行的行高至"22.50"，如图2-20所示。

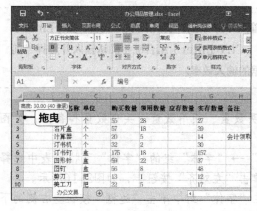

图2-19 调整行高

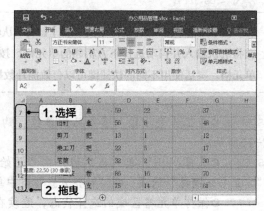

图2-20 调整多行行高

STEP 09 ▶ 拖曳各列列标的分隔线，根据内容适当增加列宽即可，如图2-21所示。

编号	物品名称	单位	购买数量	领用数量	应存数量	实存数量	备注
	台历	个	55	28		27	
	名片盒	个	57	18		39	
	计算器	个	20	5		14	会计领取1个家用
	订书机	个	32	2		30	
	订书钉	盒	175	18		157	
	回形针	盒	59	22		37	
	图钉	盒	56	8		48	
	剪刀	把	13	1		12	
	美工刀	把	22	5		17	
	笔筒	个	32	2		30	
	双面胶	卷	86	16		70	
	胶水（固体）	支	75	14		61	

图2-21　调整列宽

2.3.3　填充与计算数据

创建表格数据时应善于观察数据的特性，一些可以通过填充或计算的方式实现输入的数据，就不要通过手动输入来降低工作效率。下面通过填充的方式输入用品编号，并通过计算得到用品的应存数量，其具体操作如下。

STEP 01 ▶选择A2单元格，输入"FYBW01"后按【Ctrl+Enter】组合键选择该单元格，将鼠标指针移至其右下角的填充柄上，如图2-22所示。

STEP 02 ▶拖曳填充柄至A13单元格，释放鼠标左键自动完成编号的输入（这里无须按住【Ctrl】键拖曳填充柄，Excel 2016会自动判断为填充递增序列），如图2-23所示。

填充与计算数据

图2-22　输入编号　　　　　　　　图2-23　填充编号

STEP 03 ▶选择F2单元格，在编辑框中输入"="，然后单击D2单元格引用其地址，如图2-24所示。

STEP 04 ▶在编辑框中输入"-"，然后单击E2单元格引用其地址，如图2-25所示。

STEP 05 ▶按【Ctrl+Enter】组合键返回计算结果并选择当前单元格，如图2-26所示。

STEP 06 ▶直接双击F2单元格右下角的填充柄，Excel会根据相关单元格包含数据的情况，自动为F3:F13单元格区域快速填充公式，且公式内容会根据单元格位置的变化而发生相对变化，从而正确计算出对应物品的应存数量，如图2-27所示。

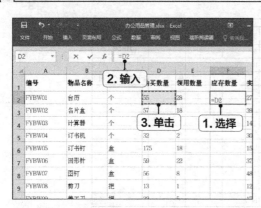

图2-24 输入公式

图2-25 继续输入公式

图2-26 确认计算

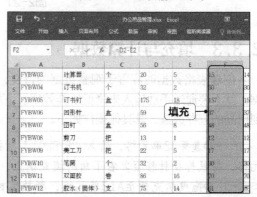

图2-27 快速填充

2.3.4 创建其他办公用品管理表格

创建其他办公
用品管理表格

　　由于其他办公用品管理表格所需的数据与办公文具类用品的数据类似，因此这里通过复制工作表的方式来快速创建其他办公用品管理表格，然后通过删除和修改数据完成表格的制作，其具体操作如下。

STEP 01 ▶ 在"办公文具"工作表标签上单击鼠标右键，在弹出的快捷菜单中选择"移动或复制"选项，如图2-28所示。

STEP 02 ▶ 打开"移动或复制工作表"对话框，在"下列选定工作表之前"列表中选择"（移至最后）"选项，选中"建立副本"复选框，单击 确定 按钮，如图2-29所示。

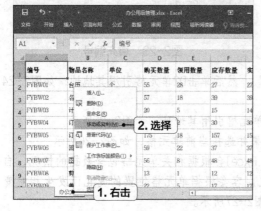

图2-28 复制工作表

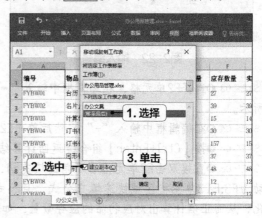

图2-29 设置工作表复制位置

专家指导

如果是在同一工作簿中移动或复制工作表，则可通过拖曳鼠标指针快速实现，其方法为：直接拖曳工作表标签到目标工作表标签的左侧或右侧，可移动工作表；在移动工作表的同时按住【Ctrl】键，则可实现复制工作表的操作。

STEP 03 ◯将复制的工作表标签名称重命名为"书写工具"，如图2-30所示。

STEP 04 ◯利用【Delete】键删掉除"应存数量"以外的其他数据，如图2-31所示。

图2-30 重命名工作表   图2-31 删除数据

STEP 05 ◯利用填充数据的操作在A1:A12单元格区域中填充FYSX01～FYSX11编号数据，如图2-32所示。

STEP 06 ◯在第13行行号上单击鼠标右键，在弹出的快捷菜单中选择"删除"选项删除该行多余的单元格，如图2-33所示。

图2-32 填充编号   图2-33 删除行

STEP 07 ◯输入书写工具类各物品的名称、单位、购买数量和领用数量，如图2-34所示。

STEP 08 ◯根据实际检查的情况输入各物品的实存数量等数据，如图2-35所示。

STEP 09 ◯按照相同的思路，继续复制工作表并修改数据，创建"纸制品""文件管理用品""金融工具"等工作表，如图2-36所示。最后保存工作簿（配套资源:\效果\第2章\办公用品管理.xlsx）。

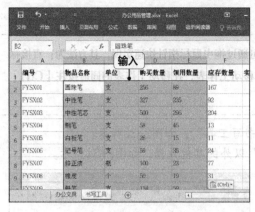

图2-34 输入数据　　　　　　图2-35 继续输入数据

图2-36 创建其他工作表

2.4 强化训练

本章以办公用品管理表的制作为例，介绍了Excel 2016的基本使用方法，主要涉及工作簿、工作表、单元格的基本操作，数据的输入、填充、计算与美化等。本章内容相对较为基础，目的在于巩固并熟练掌握Excel 2016的基本操作以及表格的制作思路。

下面继续制作公司的访客登记表和车辆使用管理表，这两个表格也是行政管理中较为常见的表格，通过本次训练可以强化对Excel 2016的操作能力，并掌握这两种表格的制作方法。

2.4.1 制作访客登记表

访客登记表可以统计公司访客的数量、人员信息、来访人等，以便行政部门的相关人员更好地安排访客接待的工作，同时也可以更好地进行后期查询和管理。本例制作的访客登记表也需要具备上述基本作用。

【制作效果与思路】

本例制作的访客登记表效果如图2-37所示（配套资源:\效果\第2章\访客登记.xlsx），具体制作思路如下。

（1）新建空白工作表，并将默认的工作表名称修改为"登记人-刘雯"。

（2）建立表格项目，包括序号、日期、来访时间、来访人姓名、来访人身份证号、来访人单位、来访事由、被访人姓名、离开时间和备注项目。

（3）利用填充数据的方法快速输入序号1～20。

（4）为A1:J21单元格区域添加"所有边框"的边框样式，字体设置为"方正精品书宋简体"，对齐方式为"居中"。

（5）为A1:J1单元格区域添加颜色为"白色，背景1，深色5%"的底纹，并加粗显示文本。

（6）适当调整各行的高度与各列的宽度，增加表格可读性。

（7）根据来访情况依次输入相关的数据，最后保存工作簿。

	序号	日期	来访时间	来访人姓名	来访人身份证号	来访人单位	来访事由	被访人姓名	离开时间	备注
1										
2	1	2020.3.2	9:00	汪华	51112919891025****	裕洲科技	洽谈业务	黄建军	10:45	
3	2	2020.3.2	10:00	陈国文	51113019820215****		面试	王海滨	10:30	
4	3	2020.3.3	9:30	胡雪娟	50010319951013****	东威集团	商业会面	朱家琪	14:35	
5	4									
6	5									
7	6									
8	7									
9	8									
10	9									
11	10									
12	11									
13	12									
14	13									
15	14									
16	15									
17	16									
18	17									
19	18									
20	19									
21	20									

图2-37　访客登记表

2.4.2　制作车辆使用管理表

车辆使用管理表可以追踪公司车辆的使用情况，落实负责人，避免公车私用，杜绝安全隐患等。特别是对拥有多辆轿车、货车等车辆的公司更加适用。本例制作的车辆使用管理表需要反映公司车辆的驾驶员姓名、使用日期和时间、使用原因、归还日期、归还时间、使用前公里数、行驶公里数以及使用后公里数等，通过这一系列项目加强对车辆使用的管理工作。

【制作效果与思路】

本例制作的车辆使用管理表效果如图2-38所示（配套资源:\效果\第2章\车辆使用管理.xlsx），具体制作思路如下。

（1）创建并保存"车辆使用管理.xlsx"工作簿，将工作表名称修改为"川A FY×××"。

（2）创建以下表格项目：序号、使用日期、使用时间、使用原因、归还日期、归还时间、使用前公里数、行驶公里数、使用后公里数和驾驶员姓名。

（3）将相关单元格区域的格式设置为"方正博雅宋简体""居中"，其中第1行的项目文本加粗显示。

（4）为表格添加"所有边框"效果，并调整行高与列宽。

（5）将B2:B19和E2:E19单元格区域的数据类型设置为"长日期"（在"开始"→"数字"组的"数字格式"下拉列表中选择"长日期"选项，之后只需在单元格中输入"3-5"便会自动显示为"2020年3月5日"）。

（6）将C2:C19和F2:F19单元格区域的数据类型设置为"时间"。

（7）利用公式计算"使用后公里数"，公式为：使用后公里数=使用前公里数+行驶公里数。

（8）将工作表复制为"川A GT×××"，然后根据实际情况输入车辆使用的数据，最后保存工作簿。

序号	使用日期	使用时间	使用原因	归还日期	归还时间	使用前公里数	行驶公里数	使用后公里数	驾驶员姓名
1	2020年3月5日	9:00:00	接机	2020年3月5日	11:30:00	56898	68	56966	张伟
2	2020年3月8日	10:30:00	送客户到车站	2020年3月8日	14:00:00	32108	45	32153	郭茜娜

图2-38　车辆使用管理表

2.5　拓展课堂

对Excel 2016而言，数据一般不用进行过多的美化设置，只要能够保证数据清晰可见就行。而更为重要的是，如何提高数据的输入速度和准确率，解决这个问题只需要实现自动输入即可。例如，本章介绍的数据填充与计算，便是Excel自动判断和计算出来的数据，无论输入速度还是准确率，都比手动输入高很多。下面进一步介绍这两种功能，以便能够更加熟练地掌握填充与计算数据的能力。

2.5.1　使用"序列"对话框填充数据

虽然使用鼠标拖曳并结合【Ctrl】键就可以实现数据的填充，但这种方法只能填充基本规律的数据。如果想更加灵活自主地进行数据填充操作，则可以使用"序列"对话框来完成，其方法为：在单元格中输入序列的起始数据，然后选择该单元格，在"开始"→"编辑"组中单击 填充▼ 按钮，在弹出的下拉列表中选择"序列"选项，打开"序列"对话框，在其中设置序列产生的方向、类型、步长值、终止值等参数后，单击 确定 按钮即可完成序列的填充操作。例如，在单元格中输入日期数据"2020/3/2"，然后设置"序列产生在"为"列"，"类型"为"日期"，"日期单位"为"工作日"，"步长值"为"1"，"终止值"为

"2020/3/20"，此时Excel将从2020/3/2开始，除去周六周日对应的工作日日期，并以逐渐增加一天至2020/3/20的方式，自动向下填充日期序列，如图2-39所示。

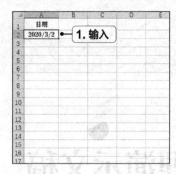

图2-39　使用"序列"对话框的操作过程

2.5.2　认识公式及其引用方法

Excel 2016中的公式必须以"＝"开头，其后可以包含常量、运算符、单元格（区域）引用、函数等组成对象，除文本外，公式的所有内容都应当在英文状态下输入，如图2-40所示。

图2-40　公式的组成

- **常量：** 常量指不会变化的数据，如数字和文本，文本需用英文状态下的引号括起来使用。
- **运算符：** 运算符指公式进行运算的符号，如加号"＋"、乘号"＊"、除号"／"等。
- **单元格（区域）引用：** 单元格（区域）引用即单元格（区域）地址，代表计算该地址所对应的单元格（区域）中的数据。
- **函数：** 函数相当于公式中的一个参数，参与计算的数据为函数返回的结果。函数的具体用法会在后面详细讲解，这里不做过多介绍。

如果公式中含有单元格引用，则移动、复制、填充公式时就会涉及单元格引用的问题。具体来说，单元格引用有3种情况，分别是相对引用、绝对引用和混合引用。

- **相对引用：** 相对引用指公式中引用的单元格地址会随公式所在单元格的位置变化而相对改变。默认情况下，公式中的单元格引用都是相对引用，移动、复制或填充公式等操作也会产生相对引用的效果。例如C1单元格中的公式为"＝A1+B1"，则将C1单元格中的公式复制到C2单元格时，其公式将变为"＝A2+B2"。
- **绝对引用：** 绝对引用指无论公式所在单元格位置如何变化，公式中引用的单元格地址始终不变。在公式中引用的单元格地址的行号和列标左侧加上"$"符号，就能使相对引用变为绝对引用。例如C1单元格中的公式为"＝$A$1+$B$1"，则将C1单元格中的公式复制到C2单元格时，其公式同样为"＝$A$1+$B$1"。
- **混合引用：** 混合引用指公式的单元格引用中既有相对引用也有绝对引用。例如C1单元格中的公式为"＝$A$1+B1"，则将C1单元格中的公式复制到C2单元格时，其公式将变为"＝$A$1+B2"。

第3章 制作安全生产管理演示文稿

● 本章导读

　　演示文稿具有内容丰富、形式生动、感染力强等优点，越来越为广大企业所青睐。PowerPoint 2016是专业的演示文稿制作工具，能够为公司内部的各种会议和外部的宣传展示等提供优秀的内容。本章将利用该软件来制作安全生产管理演示文稿，帮助读者通过学习掌握演示文稿的基本制作流程，并熟悉安全生产管理的一些基本内容。

● 案例效果

3.1 核心知识

本案例的制作较为基础，重点需要熟悉PowerPoint 2016的操作界面，并掌握幻灯片的各种基本操作以及演示文稿主题的应用。

3.1.1 认识PowerPoint 2016的操作界面

作为Office 2016办公软件的组件之一，PowerPoint 2016的操作界面与Word 2016和Excel 2016的操作界面是大体相同的，同样由标题栏、功能选项卡、功能区、状态栏等部分组成，下面重点介绍其特有的幻灯片窗格和幻灯片编辑区等组成部分的作用，如图3-1所示。

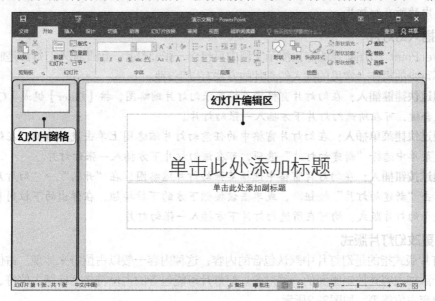

图3-1　PowerPoint 2016操作界面

1. 幻灯片窗格

幻灯片窗格的作用是显示当前演示文稿中的幻灯片缩略图，方便用户通过该窗格快速定位需要编辑、查看的幻灯片，也能实现对幻灯片的添加、删除、移动、复制等操作。

2. 幻灯片编辑区

幻灯片编辑区的作用是显示和编辑幻灯片的内容，在其中可以对当前所选幻灯片进行文本输入、对象插入、动画设置等各种操作。

专家指导

相对于Word文档由若干页面组成，Excel工作簿由若干工作表组成而言，PowerPoint制作的演示文稿则是由若干幻灯片所组成的文件。换句话说，幻灯片就是制作并存储需要被演示的文字、图像和动画的场所，是组成演示文稿的最小单位。

3.1.2 幻灯片操作

掌握幻灯片的基本操作就能制作出简单的演示文稿，下面重点介绍幻灯片的选择、插入、

版式更改、移动、复制、删除和放映操作。

1. 选择幻灯片

选择幻灯片可以在幻灯片窗格中进行操作，常见的选择幻灯片的方法有以下4种。

- **选择单张幻灯片**：在幻灯片窗格中选择所需幻灯片对应的缩略图。
- **选择连续的多张幻灯片**：在幻灯片窗格中选择一张幻灯片缩略图，按住【Shift】键不放，再选择另一张幻灯片缩略图，此时所选的两张幻灯片及其之间的所有幻灯片均会被选择。
- **选择不连续的多张幻灯片**：在幻灯片窗格中选择一张幻灯片缩略图，按住【Ctrl】键不放，继续选择其他幻灯片缩略图即可。
- **选择所有幻灯片**：单击幻灯片窗格激活该区域，按【Ctrl+A】组合键可快速选择演示文稿中的所有幻灯片。

2. 插入幻灯片

PowerPoint 2016新建的空白演示文稿中只包含一张幻灯片，因此插入幻灯片是制作演示文稿必不可少的操作。常见的插入幻灯片的方法有以下3种。

- **通过快捷键插入**：在幻灯片窗格中选择某张幻灯片缩略图，按【Enter】键或【Ctrl+M】组合键，可在所选幻灯片下方插入一张幻灯片。
- **通过快捷菜单插入**：在幻灯片窗格中的任意幻灯片缩略图上单击鼠标右键，在弹出的快捷菜单中选择"新建幻灯片"选项，可在该幻灯片下方插入一张幻灯片。
- **通过按钮插入**：在幻灯片窗格中选择某张幻灯片缩略图，在"开始"→"幻灯片"组中单击"新建幻灯片"按钮，或单击该按钮下方的下拉按钮，在弹出的下拉列表中选择某个幻灯片版式，均可在所选幻灯片下方插入一张幻灯片。

3. 更改幻灯片版式

幻灯片版式指的是幻灯片中默认包含的内容，这种内容一般以占位符来体现。占位符，则是指用于添加内容并控制版面的一种对象。幻灯片可能包含的占位符包括标题占位符、文本占位符、内容占位符等，如图3-2所示。

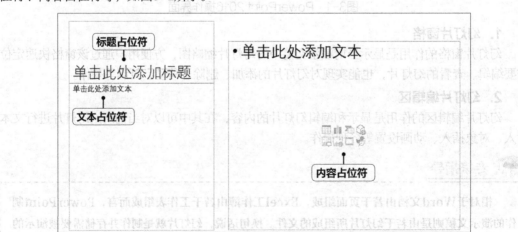

图3-2　幻灯片各种占位符

- **标题占位符**：用于输入该张幻灯片的标题。如果版式为"标题幻灯片"，则还包括副标题占位符，以方便用户输入演示文稿的副标题。
- **文本占位符**：用于输入该张幻灯片的文本内容。

- **内容占位符**：不仅可以输入该张幻灯片的文本内容，还可以通过单击占位符中的各种对象按钮插入不同的对象，如表格、图表、图片等。

如果要更改幻灯片的版式，只需在幻灯片窗格中选择该张幻灯片缩略图，在"开始"→"幻灯片"组中单击 版式 按钮，在弹出的下拉列表中选择需要更改的版式选项。

 **专家指导**

> 单击占位符边框可将其选择，可以拖曳边框线移动占位符，可以拖曳白色空心控制点调整占位符大小，可以拖曳"旋转"控制点 旋转占位符，可以按【Delete】键将其删除。如果占位符中含有内容，则第一次删除只能删除其中的内容，再次删除才能删除占位符本身。

4. 移动幻灯片

移动幻灯片可以实现调整幻灯片演示顺序的目的，便于更好地控制演示文稿内容而不用重新进行制作。一般情况下，直接在幻灯片窗格中拖曳某张幻灯片缩略图至目标位置，释放鼠标左键即可快速完成移动操作。如果幻灯片数量较多，拖曳鼠标指针变得不容易操作时，则可选择按【Ctrl+X】组合键剪切幻灯片缩略图，然后将鼠标指针定位到目标位置并按【Ctrl+V】组合键粘贴来实现移动的目的。

5. 复制幻灯片

复制幻灯片可以有效地提高演示文稿的制作效率，其方法与移动幻灯片类似，只需在移动过程中按住【Ctrl】键不放就能实现复制操作。也可选择幻灯片缩略图，按【Ctrl+C】组合键复制，然后将鼠标指针定位到目标位置并按【Ctrl+V】组合键粘贴来实现复制的目的。

6. 删除幻灯片

删除幻灯片的操作非常简单，只需选择幻灯片对应的缩略图，按【Delete】键即可。

7. 放映幻灯片

演示文稿制作完成后，通常都需要进行放映检验，常见的放映幻灯片的方法有以下两种。

- **从第1张幻灯片开始放映**：在"幻灯片放映"→"开始放映幻灯片"组中单击"从头开始"按钮 或按【F5】键。
- **从当前幻灯片开始放映**：选择某张幻灯片，在"幻灯片放映"→"开始放映幻灯片"组中单击"从当前幻灯片开始"按钮 或按【Shift+F5】组合键。

3.1.3　演示文稿主题的应用

主题是幻灯片背景颜色、字体、效果、背景样式等属性的集合，为演示文稿应用主题可以达到快速美化幻灯片的目的，而且这种美化的效果更加专业、更显精美。

- **应用主题**：在"设计"→"主题"组"主题样式"下拉列表中选择某个主题选项即可。
- **设置主题**：在"设计"→"变体"组中的"变体样式"下拉列表中选择主题的颜色、字体、效果或背景样式等属性进行设置。

3.2　案例分析

安全生产管理涉及生产加工、修理修配等企业必须面临的问题，生产主管部门应负责企业的生产活动与安全，行政部门的工作则在于将生产主管部门要求的安全生产管理信息转换成演示文稿，以便生产主管部门对企业员工进行安全培训。

3.2.1　案例目标

本案例制作的演示文稿用于内部召开安全会议时使用，因此演示文稿的作用主要在于辅助演讲人对安全生产进行介绍，其内容应该精简，起到大纲的作用即可。其中涉及的安全培训应包括安全生产管理的基本概念、事故的成因与预防，以及安全生产管理的主要内容等。

3.2.2　制作思路

本次制作的演示文稿比较简单，主要涉及幻灯片的制作、主题的应用、动画效果的添加，以及演示文稿的放映等4个环节，这也是制作演示文稿的常规流程。具体而言，本案例的制作思路如图3-3所示。

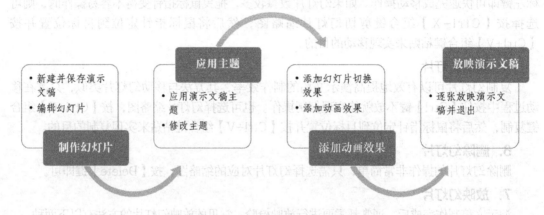

图3-3　安全生产管理演示文稿的制作思路

3.3　案例制作

根据案例目标和制作思路，下面开始案例的制作。

3.3.1　创建演示文稿并编辑幻灯片

下面开始创建并保存演示文稿，然后编辑各张幻灯片内容，其具体操作如下。

STEP 01 ▶单击桌面左下角的"开始"按钮▦，在弹出的"开始"菜单中选择"PowerPoint 2016"选项启动PowerPoint 2016，然后单击界面中的"空白演示文稿"缩略图，如图3-4所示。

创建演示文稿并编辑幻灯片

STEP 02 ▶按【Ctrl+S】组合键打开"另存为"界面，选择下方的"浏览"选项，打开"另存为"对话框，将演示文稿以"安全生产管理"为名保存在D盘的"公司文件"文件夹中，单击 保存(S) 按钮，如图3-5所示。

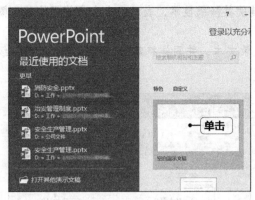

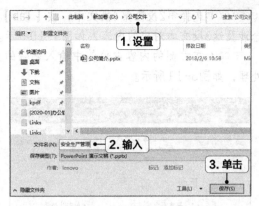

图3-4 新建演示文稿　　　　图3-5 保存演示文稿

STEP 03 ▶单击默认幻灯片中的标题占位符，在其中输入演示文稿的标题文本，按相同方法在副标题占位符中输入副标题文本，如图3-6所示。

STEP 04 ▶在幻灯片窗格中选择幻灯片缩略图，按【Enter】键插入幻灯片，并在其标题占位符中输入"目录"文本，如图3-7所示。

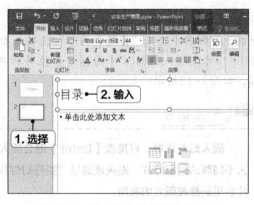

图3-6 输入标题幻灯片内容　　　　图3-7 插入幻灯片并输入标题

STEP 05 ▶在"开始"→"幻灯片"组中单击▦版式▾按钮，在弹出的下拉列表中选择"两栏内容"选项，如图3-8所示。

STEP 06 ▶在左侧的内容占位符中输入目录文本，各文本用【Enter】键换行分隔，如图3-9所示。

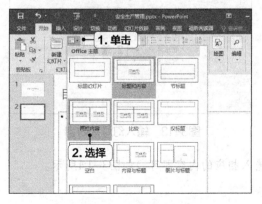

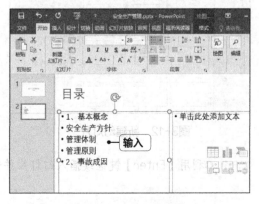

图3-8 更改幻灯片版式　　　　图3-9 输入目录内容

STEP 07 ▶选择第2段至第4段文本，按【Tab】键使其降级显示，表示安全生产管理的基本概念涉及这3段文本对应的内容，如图3-10所示。

STEP 08 ▶在右侧的内容占位符中输入剩余的目录文本，并同样将第2段至第4段文本做降级处理，如图3-11所示。

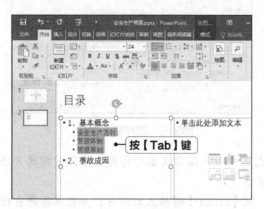

图3-10　调整文本级别

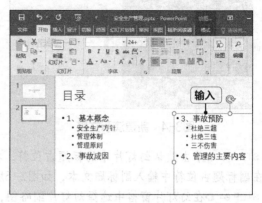

图3-11　输入其他目录内容

STEP 09 ▶在"开始"→"幻灯片"组中单击"新建幻灯片"按钮□下方的下拉按钮，在弹出的下拉列表中选择"标题和内容"选项，如图3-12所示。

STEP 10 ▶在插入的幻灯片的标题占位符和内容占位符中依次输入幻灯片的标题和文本内容，如图3-13所示。

专家指导

插入幻灯片时，直接按【Enter】键会插入与上一张幻灯片版式相同的幻灯片。如果需要插入不同版式的幻灯片，则应该通过"新建幻灯片"按钮□下方的下拉按钮来插入，避免插入幻灯片后重新修改版式的麻烦。

图3-12　新建幻灯片

图3-13　输入幻灯片内容

STEP 11 ▶利用【Enter】键继续插入幻灯片并输入相应的内容即可，如图3-14所示。

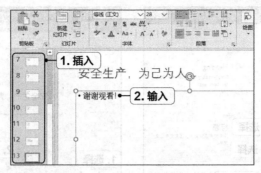

图3-14　创建其他幻灯片

3.3.2　应用演示文稿主题

为快速提高美化效率，下面利用主题来设置演示文稿，并对美化后的演示文稿进行适当修改，其具体操作如下。

应用演示文稿主题

STEP 01 ▶在"设计"→"主题"组的"主题样式"下拉列表中选择"画廊"选项，如图3-15所示。

STEP 02 ▶单击"变体"组"变体样式"下拉列表右下角的下拉按钮，在弹出的下拉列表中选择"字体"→"自定义字体"选项，如图3-16所示。

图3-15　选择主题效果

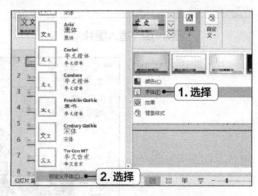

图3-16　修改主题字体效果

STEP 03 ▶打开"新建主题字体"对话框，在"中文"栏中设置标题字体和正文字体，这里分别设置为"Source Han Sans Bold"和"Source Han Sans Light"，单击 保存(S) 按钮，如图3-17所示。

STEP 04 ▶选择第13张幻灯片中的内容占位符，向右拖曳左侧中央的控制点，调整占位符宽度，使其文本显示在幻灯片中间的区域，如图3-18所示。

STEP 05 ▶在"插入"→"图像"组中单击"图片"按钮 ，如图3-19所示。

STEP 06 ▶打开"插入图片"对话框，在其中选择"pic.png"图片（配套资源:\素材\第3章\pic.png），单击 插入(S) ▼ 按钮，如图3-20所示。

STEP 07 ▶向左下方拖曳图片右上角的控制点，缩小图片，然后在图片上拖曳鼠标指针，将图片移至幻灯片下方，如图3-21所示。

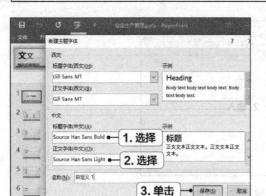

图3-17　设置字体

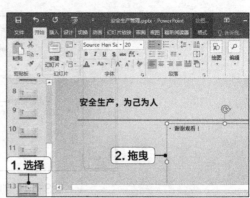

图3-18　调整占位符

图3-19　插入图片

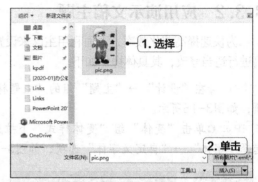

图3-20　选择图片

图3-21　调整图片

3.3.3　添加切换与动画效果

为增强放映演示文稿时的生动效果，下面将为幻灯片添加切换效果，并为幻灯片对象添加放映动画，其具体操作如下。

添加切换与
动画效果

STEP 01 ▶ 选择幻灯片窗格中任意一张幻灯片，按【Ctrl+A】组合键选择所有幻灯片，在"切换"→"切换到此幻灯片"组的"切换效果"下拉列表中选择"细微型"栏中的"淡出"选项，如图3-22所示。

STEP 02 ▶ 选择第2张幻灯片，然后选择其左侧的内容占位符，在"动画"→"动画"组的"动画样式"下拉列表中选择"进入"栏中的"形状"选项，如图3-23所示。

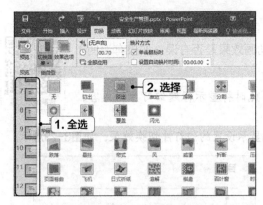

图3-22 添加切换效果

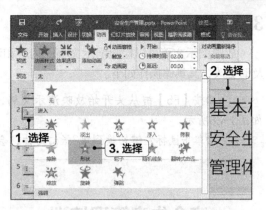

图3-23 添加动画效果

STEP 03 ▶由于下面将要为其他幻灯片的对象添加相同的动画效果，因此可以借助动画刷工具实现快速添加，这里双击"高级动画"组中的 ★动画刷按钮，如图3-24所示。

STEP 04 ▶直接单击幻灯片右侧的内容占位符，即可快速为其应用相同动画效果，如图3-25所示。

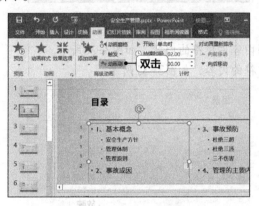

图3-24 选择动画刷

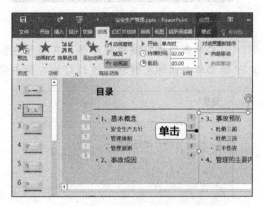

图3-25 快速应用动画效果1

STEP 05 ▶选择第3张幻灯片，继续单击内容占位符为其应用动画效果，如图3-26所示。

STEP 06 ▶按相同方法为其余幻灯片中的内容占位符应用相同的动画效果，完成后按【Esc】键或单击 ★动画刷按钮退出动画刷状态，如图3-27所示。

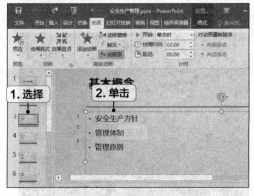

图3-26 快速应用动画效果2

图3-27 快速应用动画效果并退出动画刷状态

3.3.4 放映演示文稿

放映演示文稿可以检验演示文稿的内容和动画效果是否有误，如果有误便于及时更改，其具体操作如下。

放映演示文稿

STEP 01 ▶ 按【F5】键从头开始放映演示文稿，此时将显示标题幻灯片的内容，如图3-28所示。

STEP 02 ▶ 单击鼠标左键切换到第2张幻灯片，会显示设置的幻灯片切换效果，如图3-29所示。

图3-28 放映标题幻灯片   图3-29 切换幻灯片

STEP 03 ▶ 单击鼠标左键放映动画，并显示左侧内容占位符的内容，如图3-30所示。

STEP 04 ▶ 单击鼠标左键放映该幻灯片右侧占位符的内容，如图3-31所示。

图3-30 查看动画效果   图3-31 放映其他内容

STEP 05 ▶ 单击鼠标放映其他幻灯片的内容，如图3-32所示。

STEP 06 ▶ 放映完成后将显示黑屏效果，此时单击鼠标左键即可退出放映状态，如图3-33所示。最后保存演示文稿即可（配套资源:\效果\第3章\安全生产管理.pptx）。

图3-32 放映幻灯片   图3-33 结束放映

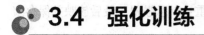

3.4 强化训练

本章以安全生产管理演示文稿的制作为例，介绍了PowerPoint 2016的基本使用方法。通过学习可以熟悉PowerPoint 2016的操作界面和各种基本操作，如幻灯片的基本编辑操作、主题的应用、图片的插入、动画效果的添加、演示文稿的放映等。

下面将继续练习行政管理中企业治安管理制度演示文稿和消防安全演示文稿的制作，以强化对PowerPoint 2016的操作能力。

3.4.1 制作治安管理制度演示文稿

行政管理中如何制定出适宜的制度、保证公司和员工的安全是非常重要的，因此公司治安管理也是行政办公人员需要考虑的问题。下面借助PowerPoint 2016制作一个公司治安管理制度演示文稿，通过练习了解治安管理制度应该涉及的基本内容，同时提高使用PowerPoint 2016的熟练程度。

【制作效果与思路】

本例制作的治安管理制度演示文稿效果如图3-34所示（配套资源:\效果\第3章\治安管理制度.pptx），具体制作思路如下。

图3-34 治安管理制度演示文稿

（1）新建并保存"治安管理制度.pptx"演示文稿，为演示文稿应用"视差"主题效果，并将字符格式设置为"中文标题字体-Source Han Sans Bold、中文正文字体-方正粗雅宋简体、西文正文字体-Times New Roman"。

（2）依次创建幻灯片并输入幻灯片的内容，即治安管理制度的具体规定。

（3）将规定中需要重点强调的文本格式设置为"28号、红色"。

（4）为所有幻灯片添加"推入"切换效果。

（5）利用"段落"对话框为文档中的重要文本添加着重号以示强调，最后放映并保存演示文稿。

3.4.2　制作消防安全演示文稿

消防安全越来越受到各个企业的重视，加强对企业员工的消防安全教育已经成为管理部门必备的培训内容。本例将利用PowerPoint 2016制作图文并茂的消防安全演示文稿，读者通过学习不仅可以掌握与消防安全教育相关的内容，也能进一步巩固PowerPoint 2016的基本操作方法。

【制作效果与思路】

本例制作的消防安全演示文稿效果如图3-35所示（配套资源:\效果\第3章\消防安全.pptx），具体制作思路如下。

图3-35　消防安全演示文稿

（1）新建并保存"消防安全.pptx"演示文稿，插入13张幻灯片，将最后一张幻灯片版式调整为"仅标题"，依次在各张幻灯片中输入相应的内容，包括标题、火灾的基本概念、燃烧的概念、燃烧的必要条件、燃烧的类型、火灾的类别、灭火的基本方法、灭火剂的类型、灭火器的结构、灭火器的使用方法、灭火的基本方法、火灾时的正确报警方式、科学逃生和谢谢观看。其中灭火器的结构、灭火器的使用方法、灭火的基本方法3张幻灯片的内容占位符留空。

（2）为演示文稿应用"柏林"主题效果，将字体效果应用为系统默认的最后一种字体效果。

（3）分别利用第9~11张幻灯片的内容占位符中的"图片"按钮🔲插入"jg.png""sy.png""mh.png"3张图片（配套资源:\素材\第3章\jp.png、sy.png、mh.png），适当调整图片大小和位置。

（4）尝试在最后一张幻灯片中插入艺术字对象，内容为"火，善用为福，乱用为祸！"（提示：在"插入"→"文本"组中单击"艺术字"按钮🅰，在弹出的下拉列表中选择第3行第4列对应的样式，然后输入具体的内容）。

（5）为所有幻灯片应用"帘式"切换效果，并将切换效果的持续时间设置为"02.00"，添加"风声"效果的切换声音（提示：在"切换"→"计时"组的"持续时间"数值框和"声音"下拉列表中进行设置）。

（6）结合动画刷工具，为第9~11张幻灯片中的图片添加"浮入"动画效果，然后为最后一张幻灯片中的艺术字对象添加"翻转式由远及近"动画效果。

（7）放映演示文稿，确认无误后保存并退出PowerPoint 2016。

🔵 3.5 拓展课堂

PowerPoint演示文稿对内容美观性的要求要高于Word文档和Excel工作簿，因此如何快速、有效地制作出美观且专业的演示文稿，是大多数用户比较急切的诉求。下面介绍制作演示文稿的方法和建议，以供参考使用。

3.5.1 利用模板创建演示文稿

模板预设了幻灯片主题和各种效果，并且一般都具有较强的专业性，是快速制作演示文稿的一种最简单的操作，其方法为：启动PowerPoint 2016，选择左侧的"新建"选项，此时界面右侧将显示若干演示文稿模板缩略图，双击缩略图即可创建以该模板为基础的演示文稿，如图3-36所示。

图3-36 基于模板创建演示文稿

在图3-36界面的搜索框中还可以通过输入关键字来获取更多精美的模板（输入关键字后按【Enter】键即可搜索）。但需要注意的是，如果演示文稿作为商业用途，则一定要使用无版权要求的模板，当然演示文稿中涉及的图片、字体等元素，也都要注意这个问题。

3.5.2　制作演示文稿的建议

演示文稿的根本作用在于如何更好地呈现其中的内容，以此为出发点，下面给出一些制作演示文稿的建议，实际工作中可根据具体情况选择使用。

1. 幻灯片内容在于精，不在于多

有一些用户喜欢直接把Word文档中的内容复制粘贴到PowerPoint演示文稿中，认为这就是制作演示文稿的方法，这其实是对PowerPoint的一种错误认识。如果直接对文字进行复制、粘贴操作就能达到演示的效果，那么PowerPoint就没有存在的必要了。

实际上，演示文稿的本质在于可视化，就是要把原来看不见、摸不着、晦涩难懂的抽象文字转化为由图片、图表、动画等所构成的生动场景，以求通俗易懂、栩栩如生。如果无法达成这种转变，就需要提炼出重点文本内容，并通过放大、加粗、变色等方式实现类似可视化的转变，如图3-37所示。

2. 颜色使用原则

如果不具备很强的驾驭颜色的能力，那么在制作演示文稿过程中，特别是工作型的演示文稿，整体颜色搭配最好不要超过三种。否则，太多的颜色不仅给人花哨、轻浮的感觉，而且还会使观众很快就失去阅读的兴趣，不利于信息的传达。当然，对一些特定的行业，如广告传媒、创意设计等，演示文稿中涉及的颜色数量往往更多。

另外，制作演示文稿时，一定要明确主色、辅色和点缀色的关系。其中：主色是幻灯片中占据主角地位的颜色，其特点是面积最大，主宰整体画面的色调；辅色起到的是突出主色的作用，可以更好地过渡、平衡色彩、丰富色彩层次；点缀色不及辅色对主色的作用那么强，其使用面积最小，可以装饰版面，增加画面的丰富感，有时也能起到画龙点睛的效果。主色、辅色和点缀色效果如图3-38所示。

图3-37　文本的可视化效果

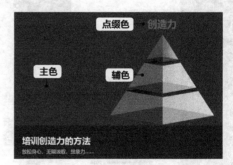

图3-38　主色、辅色和点缀色

3. 动画使用原则

PowerPoint毕竟不是专业的动画制作软件，虽说动画是幻灯片的点睛之笔，能够将静态事物以动态的形式展示，但如果动态效果不理想，或是为了使用动画而使用，则可以考虑放弃动画。如果要使用，则要秉承统一、自然、适当的理念，避免让观众觉得反感。

第4章

制作档案管理制度

本章导读

公司在生产经营和管理活动中，会形成各种各样的文件，其中一些对公司有保存价值的文件，就需要及时进行收集、整理并归档。为了更好地完成这些工作，就需要制定出合理的档案管理制度。本章将利用Word 2016来制作档案管理制度文档，使读者通过练习熟悉档案管理的相关要求，并掌握使用Word 2016编排文档的各种高级操作。

案例效果

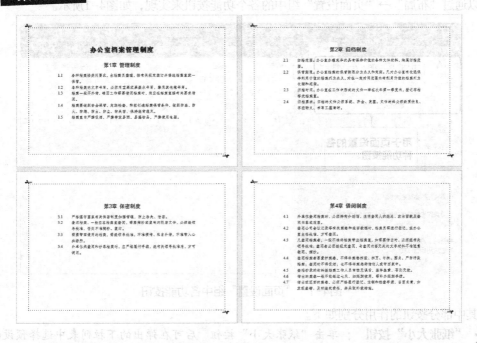

4.1 核心知识

制作档案管理制度文档时，会使用到多种Word的实用操作。就本例而言，其中最核心的操作是多级列表的应用和文档页面的设置操作。

4.1.1 多级列表的应用

Word具有自动编号的功能，如在空行中输入"一、档案管理"后，按【Enter】键换行时会自动生成编号"二、"，这种功能省去了手动输入编号的麻烦，对包含编号的段落来说非常实用。

多级编号则是指文档中包含不同级别的段落编号，如一级编号为"一、,二、,三、,..."，二级编号为"1、,2、,3、,..."，三级编号为"（1）,（2）,（3）,..."等。这种情况就需要通过建立并应用多级列表，来实现自动输入各级编号的目的。

建立多级列表的方法为：在"开始"→"段落"组中单击"多级列表"按钮，在弹出的下拉列表中选择"定义新的多级列表"选项，在打开的对话框中设置各级别编号的样式即可。当需要为段落应用多级列表时，则可选择这些段落，单击"多级列表"按钮，在弹出的下拉列表中选择建立的多级列表选项，然后通过"更改列表级别"选项来实现对不同段落应用不同级别编号的目的。

4.1.2 页面设置

页面设置主要针对的是文档的页面，其设置内容包括纸张大小、纸张方向、页边距等，具体可以通过"布局"→"页面设置"组中的各个功能按钮来实现，如图4-1所示。

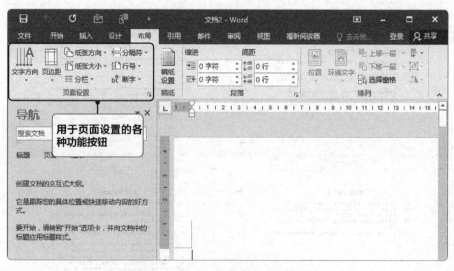

图4-1 "页面设置"组中各功能按钮

其中部分按钮的作用分别如下。

- **"纸张大小"按钮**：单击"纸张大小"按钮后可在弹出的下拉列表中选择预设的纸张大小，也可选择"其他纸张大小"选项手动进行设置。
- **"纸张方向"按钮**：单击"纸张方向"按钮后可在弹出的下拉列表中选择纸张的显

示方向，有"纵向"和"横向"2个选项可供选择。

- **"页边距"按钮**：单击"页边距"按钮后可在弹出的下拉列表中选择预设的页边距选项，也可选择"自定义页边距"选项手动进行设置。
- **"分隔符"按钮** 分隔符：单击"分隔符"按钮 分隔符 后可在弹出的下拉列表中选择某种分隔符，从而在当前光标处插入分隔符实现分隔文本段落的效果。

 专家指导

> 页边距指的是页面内容距页面边界的距离，包括上、下、左、右4个方向的边距。通过调整页边距，读者可以更合理地使用文档页面，也可以提高文档内容的可读性和美观性。

4.2 案例分析

档案管理的对象是各种档案文件，要面对的问题是档案数量的庞大和内容的零乱与分散，要想提高档案管理工作的质量，就需要制定出有效的管理制度。

4.2.1 案例目标

本次将要制作的档案管理制度，关键在于为制度的具体内容设置不同的级别，实现自动更改标题编号，然后通过分页、添加页面边框和设置页面大小等操作，将档案管理制度文档制作成卡片式效果，便于打印出来后使用。

4.2.2 制作思路

本案例首先需要输入档案管理制度的具体内容，然后设置文本和段落格式，接着需要通过缩进段落、自定义多级列表等方法，为制度内容应用多级列表，最后需要通过调整页面大小、添加分页符、设置页面边框等将文档制作为卡片式效果。本案例的具体制作思路如图4-2所示。

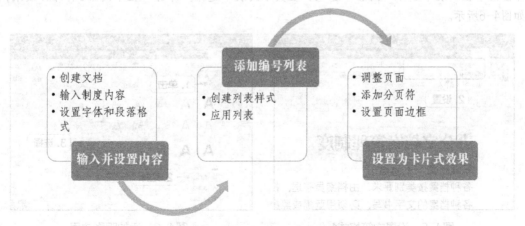

图4-2 档案管理制度文档的制作思路

4.3 案例制作

根据案例目标和制作思路，下面开始案例的制作。

4.3.1 创建档案管理制度文档

本案例制作的档案管理制度的内容包含五大部分，每一部分下又包含若干规定，下面首先创建制度的内容，然后对文本和段落进行适当设置，其具体操作如下。

创建档案管理制度文档

STEP 01 ▶创建并保存"档案管理制度.docx"文档，输入文档标题"办公室档案管理制度"，如图4-3所示。

STEP 02 ▶按【Enter】键换行，输入"管理制度"文本，并继续输入制度的其他内容，如图4-4所示。

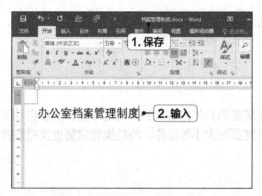

图4-3 创建文档并输入标题

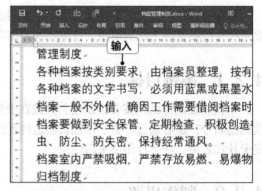

图4-4 输入具体的制度内容

STEP 03 ▶选择标题段落，将字符格式设置为"方正小标宋简体、三号、加粗"，如图4-5所示。

STEP 04 ▶保持段落的选择状态，继续单击"字体"组中的"文本效果和版式"按钮，在弹出的下拉列表中选择"阴影"选项，在其子列表中选择"外部"栏中的第1种外部效果，如图4-6所示。

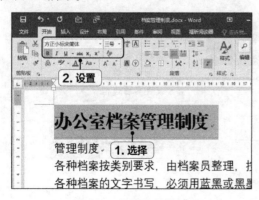

图4-5 设置字符格式1

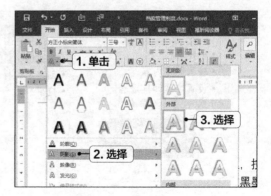

图4-6 添加阴影效果

STEP 05 ▶单击"字体"组右下角的"展开"按钮，打开"字体"对话框，单击"高级"

选项卡，在"间距"下拉列表中选择"加宽"选项，将"磅值"设置为"1.5磅"，然后单击 确定 按钮，如图4-7所示。

STEP 06 ▶单击"段落"组中的"居中"按钮，然后单击"行和段落间距"按钮，在弹出的下拉列表中选择"2.5"选项，完成标题段落的设置，如图4-8所示。

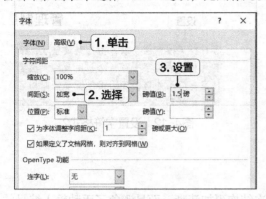

图4-7 设置字符间距　　　　　　　　　　图4-8 设置段落格式

STEP 07 ▶选择"管理制度"段落，将其字符格式设置为"方正黑体简体、四号"，段落格式设置为"居中、2.5"，如图4-9所示。

STEP 08 ▶保持"管理制度"段落的选择状态，双击"剪贴板"组中的格式刷按钮，然后选择"归档制度"段落，快速为其应用相同的格式，如图4-10所示。

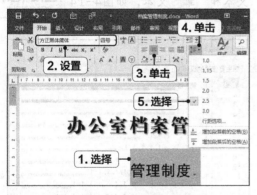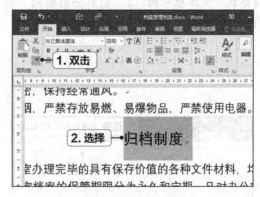

图4-9 设置字符与段落格式　　　　　　　图4-10 复制格式1

🎓 专家指导

选择设置了格式的段落，按【Ctrl+Shift+C】组合键可以复制格式，然后选择需应用格式的目标段落，按【Ctrl+Shift+V】组合键即可粘贴格式，实现格式的快速应用。

STEP 09 ▶选择其他需要应用格式的段落，包括"保密制度"段落、"借阅制度"段落和"岗位职责"段落，完成后按【Esc】键或单击格式刷按钮退出格式刷模式，如图4-11所示。

STEP 10 ▶利用【Ctrl】键同时选择其余未设置格式的规定段落，将其字符格式设置为"中文字体-方正仿宋简体、西文字体-Times New Roman"，如图4-12所示。

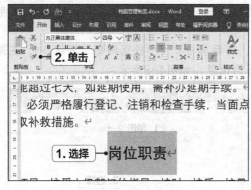

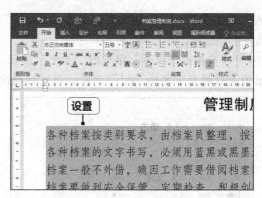

图4-11 复制格式2	图4-12 设置字符格式2

4.3.2 创建多级列表

多级列表的使用不仅可以使文档段落的层次结构更加清晰，而且避免了手动输入编号的烦琐和错误问题。下面在档案管理制度文档中创建并应用多级列表，其具体操作如下。

STEP 01 ▶选择"管理制度"段落，在"段落"组中单击"多级列表"按钮，在弹出的下拉列表中选择"定义新的多级列表"选项，如图4-13所示。

STEP 02 ▶打开"定义新多级列表"对话框，默认选择1级列表，在"输入编号的格式"文本框中的"1"前后分别输入"第"文本和"章"文本，如图4-14所示。

创建多级列表

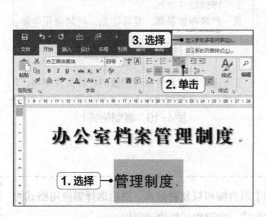

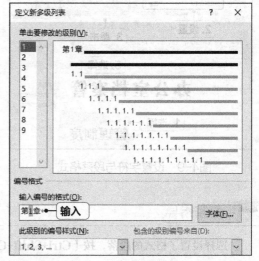

图4-13 定义多级列表	图4-14 设置编号格式

STEP 03 ▶在"单击要修改的级别"列表中选择"2"，将"对齐位置"和"文本缩进位置"分别设置为"0.8厘米"和"2.1厘米"，单击 确定 按钮，如图4-15所示。

STEP 04 ▶此时所选的"管理制度"段落将自动添加设置的编号，为了保证编号的连续性，这里需要取消此自动编号后重新应用多级列表。保持该段落的选择状态，在"段落"组中单击"编号"按钮 即可，如图4-16所示。

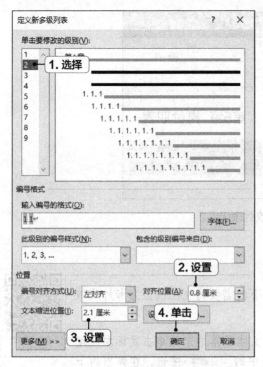

图4-15 设置2级列表　　　　　图4-16 取消自动编号

STEP 05 ◐选择"管理制度"段落至文档末尾的所有段落，在"段落"组中单击"多级列表"按钮，在弹出的下拉列表中选择创建的多级列表选项，如图4-17所示。

STEP 06 ◐选择"第1章 管理制度"段落下的具体规定段落，再次单击"多级列表"按钮，在弹出的下拉列表中选择"更改列表级别"选项，在弹出的子列表中选择2级列表对应的选项，如图4-18所示。

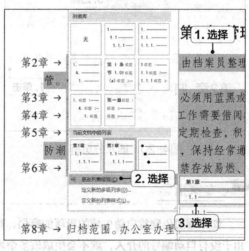

图4-17 应用多级列表　　　　　图4-18 更改列表级别1

STEP 07 ◐按相同方法依次更改其他规定段落的列表级别，或利用格式刷工具为这些段落应用格式即可，如图4-19所示。

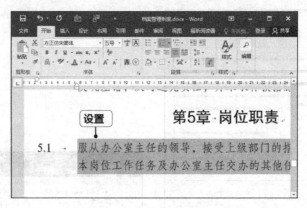

图4-19　更改列表级别2

4.3.3　设置卡片式文档效果

设置卡片式
文档效果

为了帮助员工更好地熟悉档案管理规定，下面需要将文档设置为卡片式效果，为以后打印做好准备，其具体操作如下。

STEP 01 ▶在"第1章 管理制度"规定"1.5"文本段落的末尾单击鼠标左键定位光标，然后单击"布局"→"页面设置"组中的┠分隔符▼按钮，在弹出的下拉列表中选择"分页符"选项，如图4-20所示。

STEP 02 ▶选择自动生成的空白段落，按【Delete】键将其删除，此时第2章开始的内容将自动在新的页面显示，如图4-21所示。

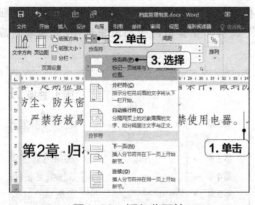
图4-20　插入分页符

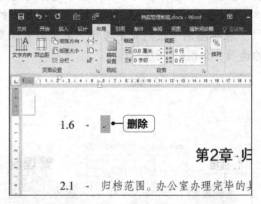
图4-21　删除段落

专家指导

如果想避免删除自动生成的段落的麻烦，则可以在应用多级列表之前对文档进行分页设置，由于没有自动编号的介入，就不会生成该多余段落。

STEP 03 ▶按相同方法将其他章节的规定也进行分页设置，如图4-22所示。

STEP 04 ▶在"布局"→"页面设置"组中单击"纸张大小"按钮，在弹出的下拉列表中选择"其他纸张大小"选项，如图4-23所示。

图4-22 分页其他内容　　　图4-23 自定义纸张大小

STEP 05 ○打开"页面设置"对话框,将纸张高度设置为"14厘米",如图4-24所示。

STEP 06 ○单击"页边距"选项卡,在"右"数值框中输入"4",单击 确定 按钮,如图4-25所示。

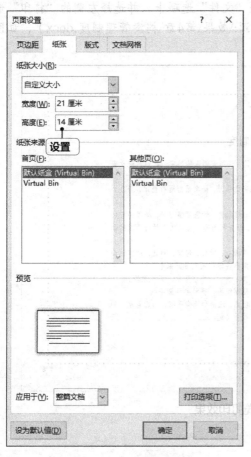

图4-24 设置纸张高度

图4-25 设置页边距

STEP 07 ○在"设计"→"页面背景"组中单击"页面边框"按钮□,如图4-26所示。

STEP 08 ○打开"边框和底纹"对话框,在"艺术型"下拉列表中选择最后一种边框样式,单击 确定 按钮,如图4-27所示。

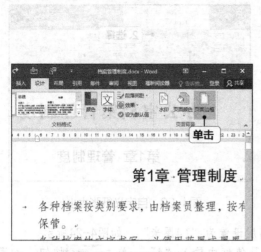

图4-26　添加页面边框

图4-27　选择边框样式

STEP 09 ◗按【Ctrl+S】组合键保存文档，单击"文件"选项卡，并选择左侧的"打印"选项，在右侧界面中即可查看文档效果（配套资源:\效果\第4章\档案管理制度.docx），如图4-28所示。

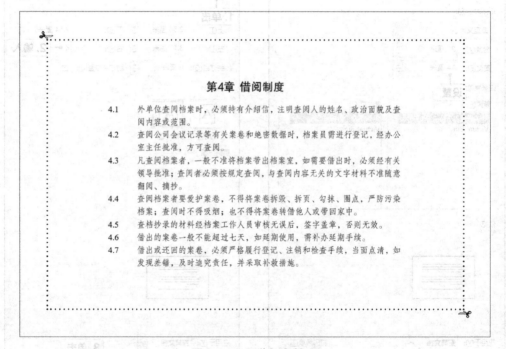

图4-28　预览打印效果

4.4　强化训练

　　本章通过制作卡片式的档案管理制度文档，重点掌握了在Word 2016中使用多级列表和进行页面设置的操作。下面将通过制作公司简报和文化活动方案，进一步掌握相关操作。

4.4.1 制作公司简报

公司简报是公司对某种或多种业务、活动或会议等开展后的汇报性总结，可以将需要传达和反映的内容传递给员工。换句话说，公司简报是行政办公人员会经常使用的一种文档。

【制作效果与思路】

本例制作的公司简报文档的部分效果如图4-29所示（配套资源:\效果\第4章\公司简报.docx），具体制作思路如下。

（1）创建文档并输入简报内容（文档中无须输入编号）。

（2）将标题段落格式设置为“方正粗雅宋简体、三号、居中”。

（3）将所有正文段落的格式设置为“中文字体-方正仿宋简体、西文字体-Times New Roman、首行缩进-2字符、1.5倍行距”。

（4）为“强化法律体系建设，……”段落、“提升法律管理水平，……”段落和“加强法律管理创新，……”段落添加样式为“一、,二、,三、,...”的编号（提示：同时选择段落，利用“编号”按钮添加）。

（5）为上述3个段落添加“下划线”效果（提示：在“开始”→“字体”组中单击“下划线”按钮）。

（6）将页面左右页边距均设置为“1厘米”，使所有文档内容显示在一个页面中。

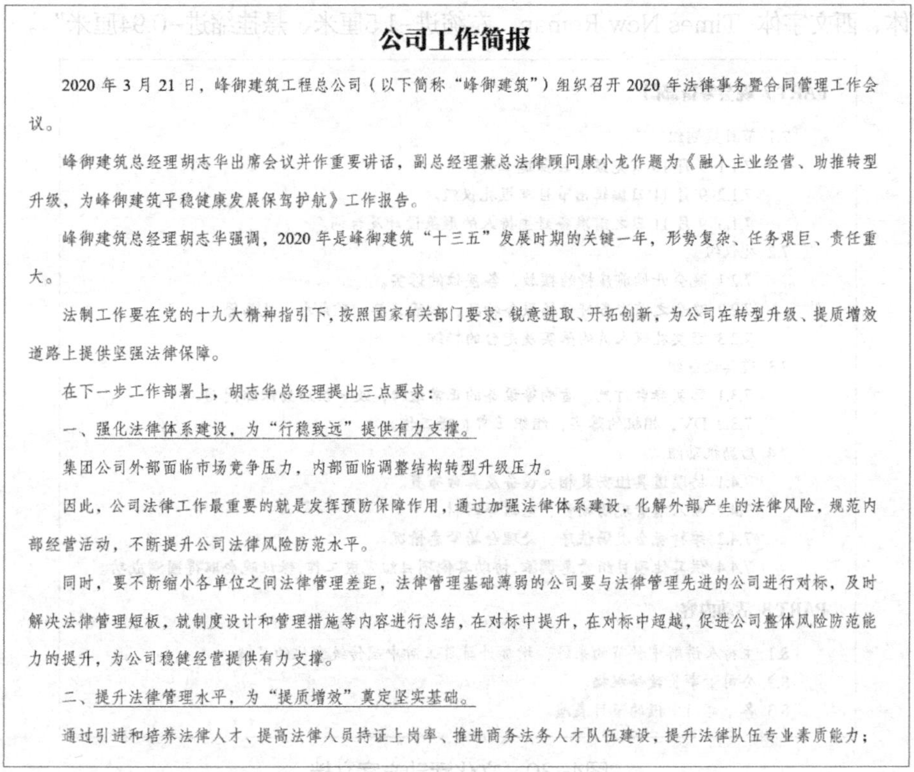

公司工作简报

2020年3月21日，峰御建筑工程总公司（以下简称“峰御建筑”）组织召开2020年法律事务暨合同管理工作会议。

峰御建筑总经理胡志华出席会议并作重要讲话，副总经理兼总法律顾问康小龙作题为《融入主业经营、助推转型升级，为峰御建筑平稳健康发展保驾护航》工作报告。

峰御建筑总经理胡志华强调，2020年是峰御建筑“十三五”发展时期的关键一年，形势复杂、任务艰巨、责任重大。

法制工作要在党的十九大精神指引下，按照国家有关部门要求，锐意进取、开拓创新，为公司在转型升级、提质增效道路上提供坚强法律保障。

在下一步工作部署上，胡志华总经理提出三点要求：

一、强化法律体系建设，为“行稳致远”提供有力支撑。

集团公司外部面临市场竞争压力，内部面临调整结构转型升级压力。

因此，公司法律工作最重要的就是发挥预防保障作用，通过加强法律体系建设，化解外部产生的法律风险，规范内部经营活动，不断提升公司法律风险防范水平。

同时，要不断缩小各单位之间法律管理差距，法律管理基础薄弱的公司要与法律管理先进的公司进行对标，及时解决法律管理短板，就制度设计和管理措施等内容进行总结，在对标中提升，在对标中超越，促进公司整体风险防范能力的提升，为公司稳健经营提供有力支撑。

二、提升法律管理水平，为“提质增效”奠定坚实基础。

通过引进和培养法律人才、提高法律人员持证上岗率、推进商务法务人才队伍建设，提升法律队伍专业素质能力；

图4-29 公司简报文档

4.4.2 制作文化活动方案

文化活动方案是公司用于增强团队凝聚力，举行各种庆祝活动的筹备文档。这类文档内容

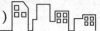

较为细致，一般会涉及多级列表，下面通过制作该文档巩固多级列表的使用方法。

【制作效果与思路】

本例制作的文化活动方案文档的部分效果如图4-30所示（配套资源:\效果\第4章\文化活动方案.docx），具体制作思路如下。

（1）创建并保存文档后，首先创建多级列表。其中，1级列表的格式为"PART 1 "（"1"左侧有1个空格，右侧有2个空格）去掉编号之后的制表符对象（提示：在"定义新多级列表"对话框中单击 更多(M) >> 按钮，在"编号之后"下拉列表中选择"不特别标注"选项）；2级列表的格式为"1.1 "（右侧有2个空格）并去掉编号之后的制表符对象；3级列表的格式为"1.1.1 "（右侧有2个空格）同样去掉编号之后的制表符对象。

（2）输入标题并将格式设置为"方正粗雅宋简体、一号、加粗、居中"，并为其应用预设的文本效果（单击"文本效果和版式"按钮 A- ，在弹出的下拉列表中选择第2行第4列的样式）。

（3）依次输入具体的方案内容，并为相应段落应用对应的多级列表样式（可借助格式刷工具提高效率）。

（4）为不同级别的段落设置不同的格式。其中：1级列表段落的格式为"方正小标宋简体、加粗"；2级列表段落的格式为"中文字体-方正楷体简体、西文字体-Times New Roman、左缩进-0.75厘米、悬挂缩进-1厘米"；3级列表段落的格式为"中文字体-方正北魏楷书简体、西文字体-Times New Roman、左缩进-1.5厘米、悬挂缩进-0.94厘米"。

PART 7 晚会筹备部门

　7.1 节目策划组

　　7.1.1 9 月 10 日完成节目筛选工作。

　　7.1.2 9 月 11 日编辑出节目单报礼仪组。

　　7.1.3 9 月 11 日之前准备好主持人的形象设计及台词。

　7.2 礼仪组

　　7.2.1 晚会开始前座椅的摆放，各座位的落实。

　　7.2.2 晚会之前准备好会场服务物品，如节目单、矿泉水、礼品等。

　　7.2.3 颁奖礼仪人员的落实及走台的排练。

　7.3 道具设备组

　　7.3.1 落实舞台灯光、音响等设备的正常运转，及一切后勤保障问题。

　　7.3.2 DV、相机的落实，组织正常拍摄工作。

　7.4 后勤机动组

　　7.4.1 协助道具组安装相关设备及舞台布置。

　　7.4.2 专人看管现场物资、电器等器材。

　　7.4.3 维持晚会现场秩序，处理会场紧急情况。

　　7.4.4 供其他项目组紧急调派，协助其他项目组完成工作，保证晚会取得圆满成功。

PART 8 活动内容

　8.1 主持人讲解中秋节的来源，增加外籍员工对中国传统文化的了解。

　8.2 公司董事长致辞祝福。

　8.3 各个部门申报的节目表演。

图4-30　文化活动方案文档

4.5　拓展课堂

本章不仅介绍了多级列表和页面设置的各种操作，同时也涉及了Word的一些高级功能。

下面进一步拓展介绍与文本效果设置、多级列表设置和分隔符相关的一些操作和知识。

4.5.1　为文本设置渐变效果

文本不仅仅能填充单一的颜色,当需要使文本显示更加精美的颜色时,可以为其填充渐变色彩,其方法为:选择文本,在"开始"→"字体"组中单击"字体颜色"按钮A右侧的下拉按钮,在弹出的下拉列表中选择"渐变"→"其他渐变"选项。此时Word操作界面右侧将打开"设置文本效果格式"窗格,选中其中的"渐变填充"单选项,设置渐变光圈的颜色和位置,就能打造出各种精美的渐变色彩,如图4-31所示。

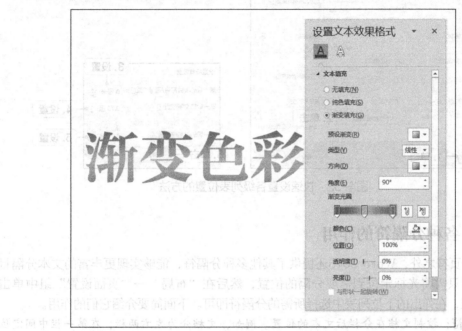

图4-31　设置渐变色彩的文本效果

其中,"设置文本效果格式"窗格中用于设置渐变色彩的部分参数作用如下。

- **"预设渐变"按钮**▣▾:单击"预设渐变"按钮▣▾后可在弹出的下拉列表中快速应用预设的渐变效果。
- **"类型"按钮**线性▾:单击"类型"按钮线性▾后可在弹出的下拉列表中选择渐变类型,包括线性、射线、矩形和路径4种类型。
- **"方向"按钮**▣▾:单击"方向"按钮▣▾后可在弹出的下拉列表中设置渐变方向。
- **"角度"数值框**:在"角度"数值框中可以更为精确地控制渐变方向。
- **"渐变光圈"栏**:选择其中的某个渐变光圈滑块,可在下方设置该滑块的颜色、位置、透明度和亮度;拖曳滑块可调整颜色位置;增加滑块可单击"添加渐变光圈"按钮▯;删除滑块可单击"删除渐变光圈"按钮▯。

4.5.2　快速设置多级列表的位置

如果需要创建的多级列表包含多个级别时,可以采用以下方法实现快速设置各级列表的显示位置:在"定义新多级列表"对话框中单击左下角的 更多(M)>> 按钮(而后变为 <<更少(L) 按

钮），然后单击 设置所有级别(E)... 按钮，此时将打开"设置所有级别"对话框，在其中首先设置第一级列表中编号和文字的位置，然后设置各级列表缩进量，最后单击 确定 按钮，如图4-32所示。

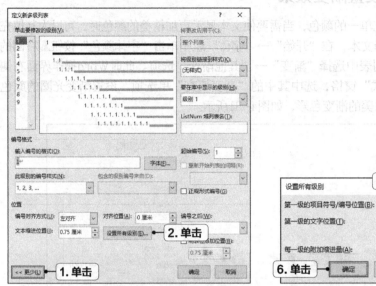

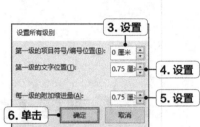

图4-32　快速设置各级列表位置的方法

4.5.3　各种分隔符的作用

除了分页符之外，Word 2016还提供了其他多种分隔符，能够实现更丰富的文本分隔目的。使用时只需将光标定位到需要分隔的位置，然后在"布局"→"页面设置"组中单击 ┝┋分隔符 · 按钮，在弹出的下拉列表中选择所需的分隔符即可。下面简要介绍它们的作用。

- **分栏符：** 控制文档在分栏后文本的位置。例如，文档分为左右两栏，在第一栏中间定位光标后插入分栏符，则光标后的内容将自动调整到右侧一栏显示。
- **自动换行符：** 该功能可通过【Shift+Enter】组合键实现，其效果是具备换行的功能但并未分隔段落。换句话说，自动换行符前后的行属于同一个段落，具备相同的段落格式。而直接按【Enter】键换行，则会将段落一分为二，不同段落可以设置不同的段落格式。
- **分节符：** 分节符包括"下一页""连续""偶数页""奇数页"等类型，选择相应的分隔符，可使文本或段落分节，同时余下的内容将根据所选分隔符类型在下一页、本页、下一偶数页或下一奇数页上显示。

第5章

制作并打印邀请函

本章导读

邀请函是公司对外邀请客人时发出的专用信件，它显示了公司对邀请者的尊重和公司对此事的重视态度。如果需要邀请的客人数量较多，可以使用Word 2016的邮件合并功能批量制作并打印邀请函，提高文件的制作效率。本章将以此为例，详细介绍在Word 2016中使用邮件合并功能与打印文档的操作方法。

案例效果

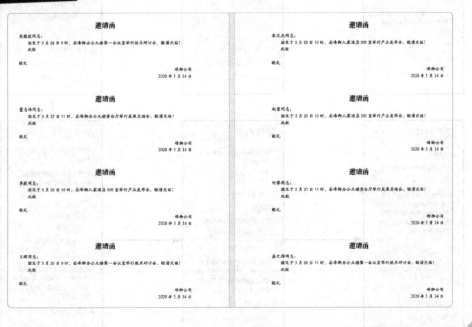

5.1 核心知识

本案例的制作主要利用Word 2016的自动化功能，实现批量生成多张邀请函的目的。其中涉及的操作除了邮件合并和文档打印，还需要利用高级查找与替换功能，下面分别对这些操作进行介绍。

5.1.1 邮件合并

邮件合并功能是Word 2016非常实用的自动化功能之一，被广泛应用于批量打印信封、信件、请柬、工资条、个人简历、成绩单、获奖证书、准考证、明信片等对象。Word 2016提供了邮件合并分布向导，使得邮件合并的应用更加简单、方便。

执行邮件合并的具体方法为：在"邮件"→"开始邮件合并"组中单击"开始邮件合并"按钮，在弹出的下拉列表中选择"邮件合并分布向导"选项，打开"邮件合并"窗格，根据向导提示执行合并操作即可，具体涉及六大环节，分别是选择文档类型、选择开始文档、选择收件人、撰写信函、预览信函以及完成合并，如图5-1所示。

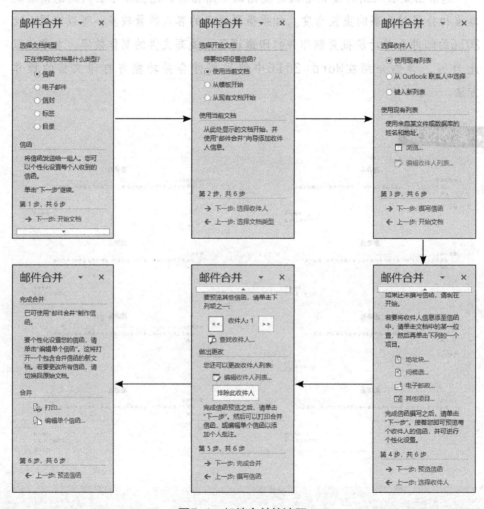

图5-1　邮件合并的流程

5.1.2 文档的打印

打印文档是行政办公人员必须具备的基础技能，打印Word文档的方法为：单击"文件"选项卡，选择左侧的"打印"选项，此时将进入打印与预览界面，在预览区域将显示文档打印出来的效果，下方的功能按钮可实现切换页面和缩放预览比例的目的；在打印设置区域可设置打印参数，然后单击"打印"按钮即可完成打印，如图5-2所示。

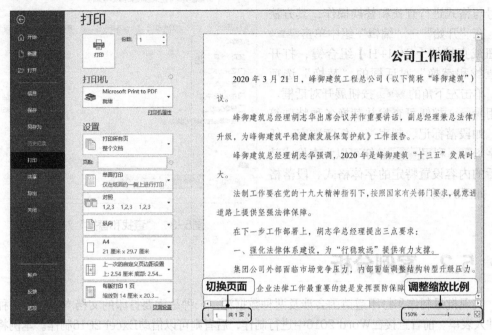

图5-2　文档打印与预览界面

其中，打印设置区域各参数的作用分别如下。

- **"打印"按钮**：单击该按钮将执行打印操作。
- **"份数"数值框**：可设置文档打印的份数。
- **"打印机"下拉列表**：选择计算机连接的打印机，需保证打印机能够正常使用且正确与计算机相连。
- **"打印范围"下拉列表**：选择文档的打印范围，也可在下方的"页数"文本框中输入具体的打印范围。例如，"1-3"表示打印文档的前3页；"1,2,4-6"则表示打印第1页、第2页、第4页、第5页和第6页。
- **"打印方式"下拉列表**：选择文档的打印方式，包括单面打印（仅在纸面的一侧上进行打印）、双面打印（从长边翻转页面）、双面打印（从短边翻转页面）、手动双面打印（在提示打印第二面时重新加载纸张）。
- **"打印顺序"下拉列表**：打印多份文档时可设置打印顺序。"对照"打印表示按文档顺序打印（打印完1份文档后继续打印第2份文档）；"非对照"打印表示按页面打印（打印若干份第1页页面后，继续打印若干份第2页页面，以此类推直至打印完所有文档页面）。
- **"纸张方向"下拉列表**：设置文档内容的显示方向。
- **"纸张大小"下拉列表**：设置文档的页面大小。
- **"页边距"下拉列表**：设置文档内容与页面布局的距离。
- **"版数"下拉列表**：设置一页中打印的该页面内容的数量。

5.1.3 高级查找和替换

利用Word 2016的查找和替换功能可以快速找到需要的文本，并可以统一将其替换为需要的内容。实际上，除了查找和替换文本，Word 2016还允许对各种特殊符号与格式进行查找和替换操作，其方法为：在"开始"→"编辑"组中单击 ^{abc}替换 按钮或直接按【Ctrl+H】组合键，打开"查找和替换"对话框的"替换"选项卡，单击左下角的 更多(M) >> 按钮展开对话框。利用 特殊格式(E)▾ 按钮可查找并替换各种特殊符号，如段落标记、制表符、任意数字、任意字母等；利用 格式(O)▾ 按钮可以为查找或替换后的内容设置特定的字体格式、段落格式，如图5-3所示。

图5-3 "查找和替换"对话框

5.2 案例分析

实现批量制作和打印邀请函会涉及两种数据源，一种是需要打印的文档本身，另一种是收件人表单。前者直接在Word 2016中进行制作，后者则可以借助Excel 2016制作。本例将要制作的邀请函便结合这两个软件来进行。

5.2.1 案例目标

本案例以峰御公司2020年3月召开的产品发布会为背景，要求制作出若干份邀请函，邀请不同的客人参加产品发布会、技术研讨会与成果总结会，需要注意不同的客人参加的会议不同，日期、时间和地点也不相同。

5.2.2 制作思路

本案例首先需要将邀请名单输入Excel，并确认客人对应的与会内容，然后在Word 2016中制作邀请函，再利用邮件合并功能批量制作，最后完成邀请函的打印工作。本案例的具体制作思路可以归纳为4个环节，如图5-4所示。

图5-4 邀请函的制作思路

5.3 案例制作

根据案例目标和制作思路，下面开始案例的制作。

5.3.1 在Excel中创建邀请函表单

为了实现批量制作邀请函的目的，首先需要借助Excel 2016创建邀请函表单，其具体操作如下。

STEP 01 ▶创建Excel工作簿并以"表单"为名进行保存。在A1:F1单元格区域中依次输入姓名、月、日、时、地点和会议项目文本，如图5-5所示。

STEP 02 ▶在A2:D2单元格区域中分别输入被邀请人的姓名、出席的日期和时间等内容，如图5-6所示。

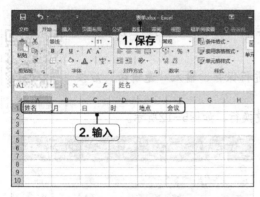 

图5-5 输入项目内容　　　　　　　　图5-6 输入数据

STEP 03 ▶向右拖曳E列右侧的分隔线，适当增加E列的列宽，如图5-7所示。

STEP 04 ▶在E2单元格中输入被邀请人出席的地点，如图5-8所示。

图5-7 增加列宽　　　　　　　　　图5-8 输入地点

STEP 05 ▶按相同方法适当增加F列的列宽，并输入被邀请人出席的会议活动，如图5-9所示。

STEP 06 ▶输入其他被邀请人的姓名、出席日期和时间、出席地点和会议等内容，按【Ctrl+S】组合键保存并关闭Excel（配套资源:\效果\第5章\表单.xlsx），如图5-10所示。

图5-9　输入会议名称　　　　　　　　　图5-10　输入其他表单内容

5.3.2　创建并设置邀请函模板

下面在Word 2016中输入邀请函的基本内容，并对其格式进行适当设置，其具体操作如下。

创建并设置
邀请函模板

STEP 01 ▷创建Word文档并以"邀请函"为名进行保存，输入"邀请函"后按【Enter】键换行，如图5-11所示。

STEP 02 ▷输入称谓"同志："后按【Enter】键换行，如图5-12所示。

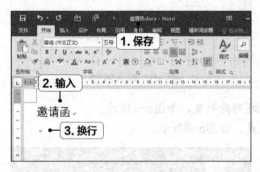

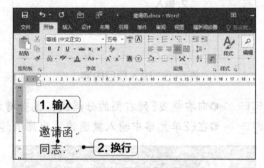

图5-11　输入标题　　　　　　　　　　　图5-12　输入称谓

STEP 03 ▷输入邀请函的正文内容，如图5-13所示。

STEP 04 ▷换行输入"此致"，按【Enter】键换行，自动出现"敬礼"文本，如图5-14所示。

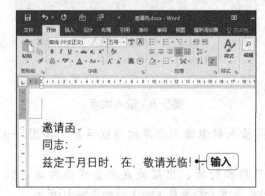

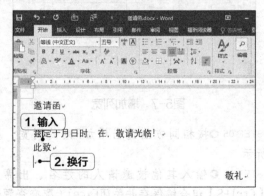

图5-13　输入正文内容　　　　　　　　　图5-14　输入敬语

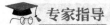专家指导

在Word 2016中输入"此致"后按【Enter】键换行自动生成"敬礼"的原因在于，Word 2016将这些常用的词组保存在图文集中，一旦输入了相应内容并按【Enter】键，就会触发图文集功能自动显示其中的内容。如果不需要自动生成的文本，可按【Ctrl+Z】组合键撤销。

STEP 05 ▷换行输入公司名称和日期，如图5-15所示。

STEP 06 ▷选择标题段落，将其格式设置为"方正粗雅宋简体、三号、居中"，如图5-16所示。

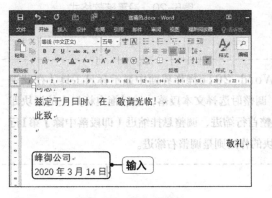

图5-15 输入落款

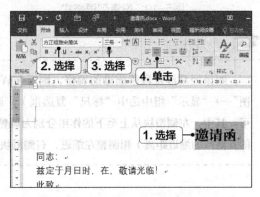

图5-16 设置标题格式

STEP 07 ▷选择称谓段落，将其格式设置为"方正北魏楷书简体"，如图5-17所示。

STEP 08 ▷选择正文段落，将其格式设置为"方正北魏楷书简体、首行缩进-2字符"，如图5-18所示。

图5-17 设置称谓格式

图5-18 设置正文格式

STEP 09 ▷将"此致"和"敬礼"段落的字符格式均设置为"方正北魏楷书简体"，然后将"此致"段落的段落格式设置为"首行缩进-2字符"，将"敬礼"段落的首行缩进调整为"0字符"，如图5-19所示。

STEP 10 ▷将落款两个段落的格式设置为"中文字体-方正北魏楷书简体、西文字体-Times New Roman、右对齐"，如图5-20所示（配套资源:\效果\第5章\邀请函.docx）。

图5-19 设置敬语格式

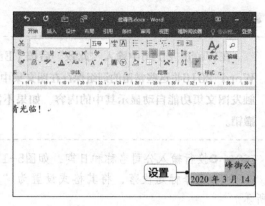

图5-20 设置落款格式

专家指导

如果经常涉及段落缩进的调整，则可在Word 2016操作界面中显示标尺工具（在"视图"→"显示"组中选中"标尺"复选框）。调整时选择文本段落，然后拖曳标尺上的滑块即可。其中，左侧滑块从上至下的作用分别为调整首行缩进、调整悬挂缩进（即段落中除了第1行的其他行的缩进距离）和调整左缩进，右侧滑块的作用则是调整右缩进。

5.3.3 使用邮件合并制作邀请函

完成数据源表单和邀请函模板的制作后，就可以使用邮件合并功能批量制作邀请函了，其具体操作如下。

使用邮件合并
制作邀请函

STEP 01 ▶在"邮件"→"开始邮件合并"组中单击"开始邮件合并"按钮 ，在弹出的下拉列表中选择"邮件合并分步向导"选项，如图5-21所示。

STEP 02 ▶在界面右侧将打开"邮件合并"窗格，选中"信函"单选项，单击下方的"下一步：开始文档"超链接，如图5-22所示。

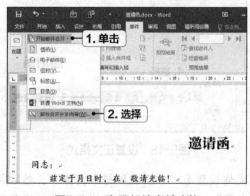

图5-21 启用邮件合并功能

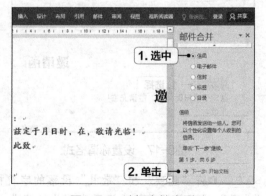

图5-22 选择文档类型

STEP 03 ▶在显示的界面中选中"使用当前文档"单选项，单击"下一步：选择收件人"超链接，如图5-23所示。

STEP 04 ▶在显示的界面中选中"使用现有列表"单选项，单击下方的"浏览"超链接，如

图5-24所示。

图5-23 选择文档

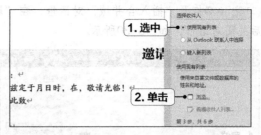

图5-24 选择收件人1

STEP 05 ▶打开"选取数据源"对话框，选择创建的"表单.xlsx"文件，单击 打开(O) 按钮，如图5-25所示。

STEP 06 ▶打开"选择表格"对话框，选择"Sheet1$"选项，并选中下方的"数据首行包含列标题"复选框，然后单击 确定 按钮，如图5-26所示。

图5-25 选择数据源

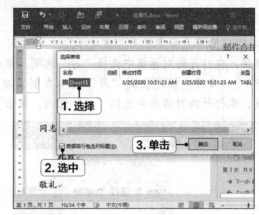

图5-26 选择工作表

STEP 07 ▶打开"邮件合并收件人"对话框，选中"姓名"项目左侧的复选框，然后单击 确定 按钮，如图5-27所示。

STEP 08 ▶在"邮件合并"窗格中单击"下一步：撰写信函"超链接，如图5-28所示。

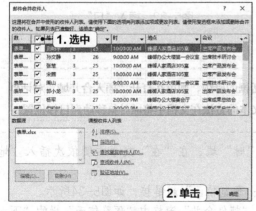

图5-27 选择收件人2

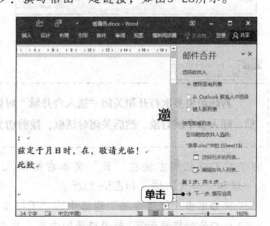

图5-28 开始撰写信函

STEP 09 ▶将光标定位到"同志："文本左侧，单击"邮件合并"窗格中的"其他项目"超链接，如图5-29所示。

STEP 10 ▶打开"插入合并域"对话框，在"域"列表中选择"姓名"选项，单击 插入(I) 按钮后关闭对话框，如图5-30所示。

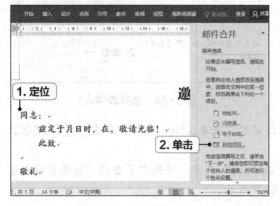

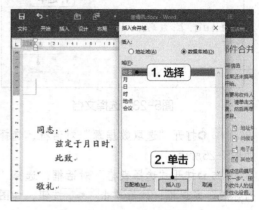

图5-29　定位光标　　　　　　　　　　　图5-30　插入"姓名"域

STEP 11 ▶将光标定位到"兹定于"文本右侧，单击"邮件合并"窗格中的"其他项目"超链接，在打开的对话框中选择"月"选项，单击 插入(I) 按钮后关闭对话框，如图5-31所示。

STEP 12 ▶将光标定位到"月"文本右侧，单击"邮件合并"窗格中的"其他项目"超链接，在打开的对话框中选择"日"选项，单击 插入(I) 按钮后关闭对话框，如图5-32所示。

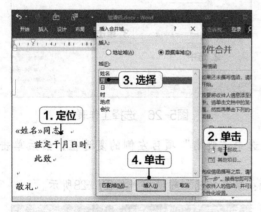

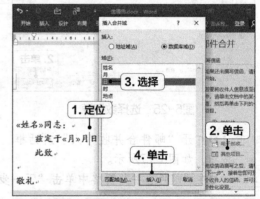

图5-31　插入"月"域　　　　　　　　　　图5-32　插入"日"域

🎓 专家指导

若想避免多次打开和关闭"插入合并域"对话框的麻烦，则可在打开"插入合并域"对话框后，插入多个域对象，然后关闭对话框，按剪切文本的方法在文档中将域对象移动到目标位置。

STEP 13 ▶按相同方法在"日"文本右侧插入"时"域，在"在"文本右侧依次插入"地点"域和"会议"域，如图5-33所示。

STEP 14 ▶单击"邮件合并"窗格中的"下一步：预览信函"超链接，如图5-34所示。

STEP 15 ▶此时将显示第1封邀请函的内容，单击"邮件合并"窗格中"预览信函"栏的"下一页"按钮 ≫，如图5-35所示。

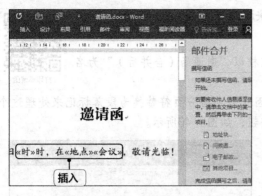

图5-33 插入其他域

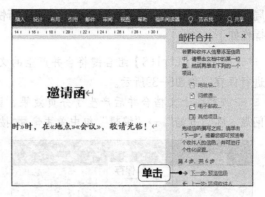

图5-34 完成设置

STEP 16 ▶显示第2封邀请函内容，按相同方法预览其他邀请函，确认无误后单击"邮件合并"窗格下方的"下一步：完成合并"超链接，如图5-36所示。

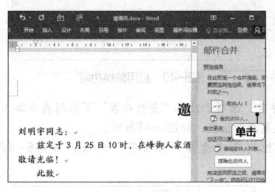

图5-35 预览内容

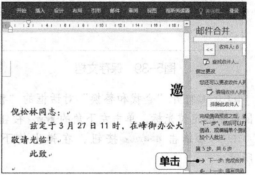

图5-36 完成合并

STEP 17 ▶在显示的界面中单击"编辑单个信函"超链接，如图5-37所示。

STEP 18 ▶打开"合并到新文档"对话框，选中"全部"单选项，单击 确定 按钮，如图5-38所示。

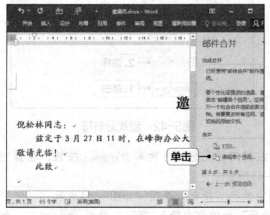

图5-37 编辑单个信函

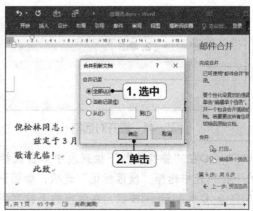

图5-38 设置合并范围

5.3.4 打印邀请函

合并后的文档每一页仅显示一封邀请函，打印时会非常浪费纸张，因此需要调整页面布

打印邀请函

局，其中会充分利用"查找和替换"功能进行快速设置，最后进行打印，其具体操作如下。

STEP 01 ● 按【Ctrl+S】组合键将合并产生的文档以"邀请函（合并后）"为名进行保存，如图5-39所示。

STEP 02 ● 由于文档合并后产生了分页效果，因此需要将分页符替换为段落标记来处理这个问题。在"开始"→"编辑"组中单击 ᵃᵇᶜ替换按钮，如图5-40所示。

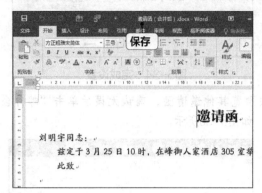

图5-39 保存文档	图5-40 启用替换功能

STEP 03 ● 打开"查找和替换"对话框的"替换"选项卡，在"查找内容"下拉列表中单击鼠标左键定位光标，单击左下角的 更多(M)>> 按钮展开对话框，如图5-41所示。

STEP 04 ● 单击 特殊格式(E)▼ 按钮，在弹出的下拉列表中选择"分节符"选项，如图5-42所示。

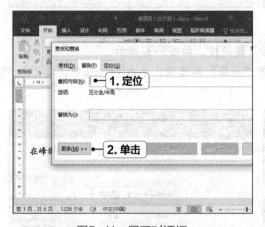
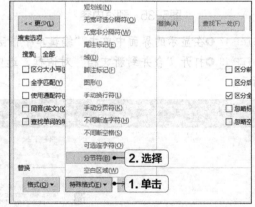

图5-41 展开对话框	图5-42 查找分节符

STEP 05 ● 在"替换为"下拉列表中单击鼠标左键定位光标，再次单击 特殊格式(E)▼ 按钮，在弹出的下拉列表中选择"段落标记"选项，如图5-43所示。

STEP 06 ● 单击 格式(O)▼ 按钮，在弹出的下拉列表中选择"段落"选项，如图5-44所示。

STEP 07 ● 在打开的"替换段落"对话框的"段后"数值框中输入"6"，单击 确定 按钮，如图5-45所示。

STEP 08 ● 依次单击 全部替换(A) 按钮和 确定 按钮一次性将分页符替换为段落标记，如图5-46所示。

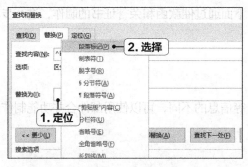

图5-43 替换为段落标记

图5-44 设置替换后的格式

图5-45 设置段后间距

图5-46 全部替换

STEP 09 ▶关闭"查找和替换"对话框后单击"文件"选项卡，选择左侧的"打印"选项，将打印份数设置为"2"，将打印顺序设置为"非对照"，单击"打印"按钮🖨完成操作[配套资源:\效果\第5章\邀请函（合并后）.docx]，如图5-47所示。

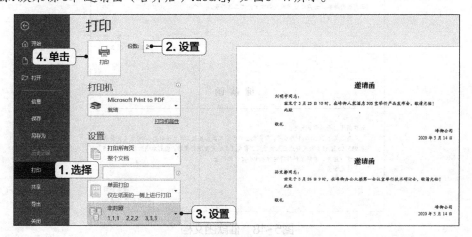

图5-47 设置并打印文档

📎 5.4 强化训练

本章通过制作邀请函，详细介绍了在Word 2016中使用邮件合并功能批量制作文档的方法，其中还涉及文档打印与查找和替换等操作。下面通过催款函和荣誉证书的制作，进一步巩固并强化本章学习的内容。

5.4.1　制作催款函

由于客户、购货日期、欠款数额、发票编号等信息的不同，可以使用邮件合并功能制作催款函，批量制作出对不同客户的催款内容。

【制作效果与思路】

本例制作的催款函文档效果如图5-48所示[配套资源:\效果\第5章\表单2.xlsx、催款函.docx、催款函（合并后）.docx]，具体制作思路如下。

（1）创建包含客户、购货日期、货款和发票编号4个项目的Excel工作表。

（2）在Word 2016中创建催款函文档，标题格式为"方正粗雅宋简体、三号、居中、段后间距-2行"；其余文本的字符格式为"中文字体-方正仿宋简体、西文字体-Times New Roman"，其中正文文本首行缩进2个字符，落款右对齐。

（3）绘制一条长度为14厘米、粗细为1磅、颜色为黑色的直线，放置在标题下方页面中央的位置（提示：单击"插入"→"插图"组中的"形状"按钮创建，创建后选择直线，在"绘图工具-格式"选项卡的"大小"组中设置宽度，在"形状样式"组中单击"形状轮廓"按钮形状轮廓·右侧的下拉按钮设置粗细和颜色）。

（4）执行邮件合并操作，在相应位置插入项目域。

（5）利用查找和替换功能将分页符替换为段落标记，段后距离设置为"9行"。

图5-48　催款函文档

5.4.2　制作并打印荣誉证书

下面继续利用邮件合并功能制作并打印荣誉证书，其中获奖人的姓名、名次和奖金各不相同，需要建立数据源并执行邮件合并操作。

【制作效果与思路】

本例制作的荣誉证书文档效果如图5-49所示[配套资源:\效果\第5章\表单3.xlsx、荣誉证书.docx、荣誉证书（合并后）.docx]，具体制作思路如下。

（1）创建包含姓名、名次和奖金3个项目的Excel工作表。

（2）在Word 2016中创建新的空白文档，将页面高度设置为"14.2厘米"，为页面添加红色外粗内细样式的边框。

（3）输入荣誉证书文档相关内容，设置标题格式为"方正粗雅宋简体、二号、居中"；其余文本的字符格式为"方正小标宋简体、小四"，正文文本首行缩进2个字符，落款右对齐。

（4）执行邮件合并操作，在相应位置插入项目域，然后将插入的"名次"域和"奖金"域格式设置为"三号、红色"。

（5）保存合并后的文档，并将其打印5份，打印顺序为"对照"。

图5-49　荣誉证书文档

5.5　拓展课堂

邮件合并的自动化批量处理功能为越来越多的公司所重视，下面进一步介绍与该功能相关的操作，以便提高使用邮件合并功能的能力。

5.5.1　利用Word 2016建立邮件合并的数据源

Word实际上也提供创建数据源的工具，无须借助Excel就能创建邮件合并的数据源，其方法为：在"邮件"→"开始邮件合并"组中单击"选择收件人"按钮，在弹出的下拉列表中选择"键入新列表"选项，在打开的对话框中单击鼠标左键定位光标，然后输入需要的内容即可。单击"新建地址列表"对话框下方的 新建条目(N) 按钮和 删除条目(D) 按钮可增加或删除条目；单击 自定义列(Z)... 按钮，可在打开的"自定义地址列表"对话框中添加、删除或重命名项目，如图5-50所示。

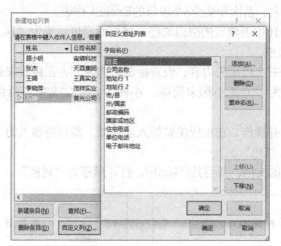

图5-50　自定义项目

5.5.2　管理收件人

在Word中使用Excel数据源时，可以在"邮件合并收件人"对话框中对收件人进行各种管理操作，如刷新、排序、筛选数据等，以便更加自主地进行邮件合并，如图5-51所示。

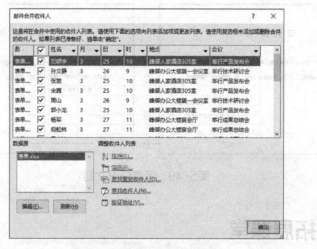

图5-51　管理邮件合并收件人

- **刷新数据源：** 如果对Excel工作表中的数据进行了更改，无须重新进行邮件合并，只需在"数据源"列表中选择对应的工作表，单击 刷新(H) 按钮即可自动刷新数据。
- **排序数据：** 单击某个项目下拉按钮，在弹出的下拉列表中选择升序或降序选项，以该项目为参考，重新排列表格中的数据。
- **筛选数据：** 单击对话框下方的"筛选"超链接，可在打开的对话框中对数据进行筛选，如筛选"日"域大于"25"的数据，筛选后不符合条件的数据将不会出现在邮件合并中。

第 2 篇　人力资源篇

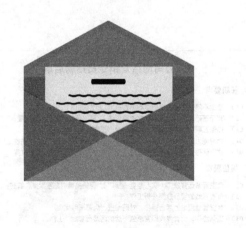

第6章

制作招聘启事文档

本章导读

　　招聘启事是公司面向社会公开招聘员工时使用的文档，招聘启事的质量会直接影响招聘的效果和公司的形象。本章将利用Word 2016制作招聘启事文档，使读者通过学习掌握招聘启事文档的制作方法，以及自定义编号、自定义项目符号、插入SmartArt图形和添加水印的操作方法。

案例效果

公司网络营销专员招聘启事

⌨ 任职要求

01）专业不限，具备一定的逻辑思维能力，大学本科以上；
02）有无基础都可以（入职参加岗前训练），但必须对网站运营有兴趣；
03）热爱互联网，喜欢从事网站运营推广工作；
04）学习能力强，工作热情高，富有责任感，在运营经理的指导下完成工作内容；
05）欢迎优秀应届毕业生前来应聘（学习能力强者学历要求可适当放宽）。

⌨ 岗位职责

01）负责网站运营推广（核心是竞价推广），保持关键词在搜索排名靠前；
02）负责网站的竞价数据分析工作；
03）负责管理网站的后台操作，对网站进行内部调整优化；
04）团队协作，负责完成运营总监下达的网站运营推广工作。

⌨ 福利待遇

01）入职参加岗前训练，掌握岗位必须具备的工作技能；
02）实习期间包吃包住，薪资结构为基本工资+项目提成，多劳多得，不设上限；
03）上班时间：五天制，早上九点到下午六点，中午休息两小时，周六周日双休。

⌨ 晋升路径

峰御公司人力资源管理部
2020 年 3 月 26 日

6.1 核心知识

在制作招聘启事文档的过程中，会涉及编号与项目符号的设置、SmartArt图形的插入，以及文档水印的添加等操作。

6.1.1 自定义编号与项目符号

当段落具备顺序关系或并列关系时，就可以自动为其添加编号和项目符号，提高段落层次清晰度，并避免手动输入编号和项目符号的麻烦。在使用编号或项目符号时，除了使用Word 2016预设的各种样式，还可以根据需要进行自定义设置。

1. 自定义编号

在"开始"→"段落"组中单击"编号"按钮 ☰ 右侧的下拉按钮，在弹出的下拉列表中选择"定义新编号格式"选项，打开"定义新编号格式"对话框，在其中可自行设置编号的样式，如图6-1所示。

- **"编号样式"下拉列表**：在其中可选择Word 2016提供的各种编号样式。
- 字体(F)... **按钮**：单击该按钮，可在打开的"字体"对话框中设置编号的字符格式。
- **"编号格式"文本框**：在其中可基于所选的编号样式自行设置编号的内容。
- **"对齐方式"下拉列表**：在其中可设置编号的对齐方式。

2. 自定义项目符号

在"开始"→"段落"组中单击"项目符号"按钮 ☰ 右侧的下拉按钮，在弹出的下拉列表中选择"定义新项目符号"选项，打开"定义新项目符号"对话框，在其中可设置项目符号的样式，如图6-2所示。

- 符号(S)... **按钮**：单击该按钮，可在打开的"符号"对话框中选择某种符号作为项目符号。
- 图片(P)... **按钮**：单击该按钮，可在打开的"插入图片"界面中选择某张图片作为项目符号。
- 字体(F)... **按钮**：单击该按钮，可在打开的"字体"对话框中设置项目符号的字符格式。
- **"对齐方式"下拉列表**：在其中可设置项目符号的对齐方式。

图6-1 定义新编号

图6-2 定义新项目符号

6.1.2 插入SmartArt图形

SmartArt是一种图形集合，使用该工具可以快速创建具备某种结构的图形对象，如流程结构、循环结构、层级结构等。插入SmartArt图形的方法为：在"插入"→"插图"组中单击"SmartArt"按钮，在打开的对话框中选择一种SmartArt图形，单击 确定 按钮即可。插入后，可以在"SmartArt工具-设计"选项卡中对图形的内容、版式、颜色、样式等进行设置，如图6-3所示。

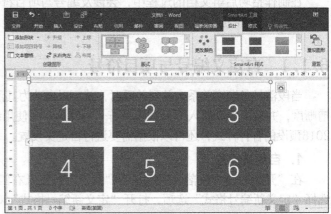

图6-3 创建并设置SmartArt图形

- 添加形状 **按钮：** 单击该按钮右侧的下拉按钮，在弹出的下拉列表中可为SmartArt图形添加形状。

- 文本窗格 **按钮：** 单击该按钮，可在打开的窗格中设置SmartArt图形的文本内容。

- **"版式"下拉列表：** 在其中可更改SmartArt图形的类型。

- **"更改颜色"按钮：** 单击该按钮，可在弹出的下拉列表中更改SmartArt图形的整体颜色。

- **"SmartArt样式"下拉列表：** 在其中可更改SmartArt图形的外观样式。

6.1.3 添加水印

在文档中添加水印可以在不影响文档内容的情况下，将文档的使用要求提醒给阅读者。例如，添加"禁止复制"文字水印，则要求阅读者不要擅自复制该文档内容。添加水印的方法为：在"设计"→"页面背景"组中单击"水印"按钮，在弹出的下拉列表中可选择Word 2016预设的水印效果，也可选择"自定义水印"选项，打开"水印"对话框，在其中手动设置水印内容，如图6-4所示。

- **"图片水印"单选项：** 选中该单选项后，可单击下方的 选择图片(P)... 按钮选择一张图片作为文档的水印。

图6-4 设置水印

- **"文字水印"单选项：** 选中该单选项后，可在下方设置文字水印的参数。其中，在"文字"下拉列表中可以选择预设的内容，也可手动输入内容；在"字体""字号""颜色"下拉列表中可以对文字格式进行设置。

6.2 案例分析

公司招聘文档的内容不必过于复杂，只需能够向应聘者全面且准确地传递招聘信息，并在一定程度上进行美化，体现公司对招聘事宜的重视，吸引更多的应聘者。

6.2.1 案例目标

本案例要求制作的招聘启事文档，需要对任职要求、岗位职责、福利待遇和晋升路径等内容做准确且生动的说明。为此，我们可以考虑采用图文结合的方式制作招聘启事。

6.2.2 制作思路

本案例首先需要制作出招聘启事的内容，然后为段落文本添加项目符号和编号，接着需要插入SmartArt图形，最后在文档中添加水印并打印文档。本案例的具体制作思路如图6-5所示。

图6-5 招聘启事文档的制作思路

🔅 6.3 案例制作

根据案例目标和制作思路，下面开始案例的制作。

6.3.1 输入并设置招聘启事的内容

本招聘启事招聘的职位是峰御公司的网络营销专员，下面利用招聘启事的标题体现招聘职位，在正文中重点描述任职要求、岗位职责、福利待遇以及晋升路径的内容，其具体操作如下。

输入并设置招聘启事的内容

STEP 01 ▶启动Word 2016，创建空白文档并以"招聘启事"为名进行保存，然后在文档中输入标题内容，如图6-6所示。

STEP 02 ▶按【Enter】键换行，输入"任职要求"后继续按【Enter】键换行，并输入与任职要求相关的内容，如图6-7所示。

图6-6 输入标题

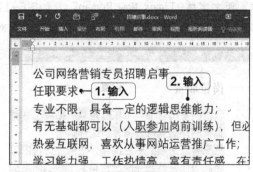

图6-7 输入任职要求

STEP 03 ▶按相同方法输入招聘启事的其他内容，其中"晋升路径"段落和落款段落之间空一行，以便后面插入SmartArt图形，如图6-8所示。

STEP 04 ▶选择标题段落，将格式设置为"方正黑体简体、三号、居中"，如图6-9所示。

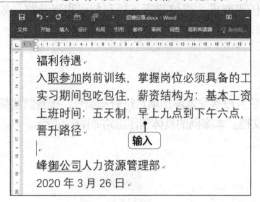

图6-8　输入其他内容　　　　　图6-9　设置标题段落格式

STEP 05 ▶选择"任职要求"段落，将字符格式设置为"方正大标宋简体、小四"，如图6-10所示。

STEP 06 ▶保持段落的选择状态，按【Ctrl+Shift+C】组合键复制格式，按住【Ctrl】键同时选择"岗位职责""福利待遇""晋升路径"段落，按【Ctrl+Shift+V】组合键粘贴格式，如图6-11所示。

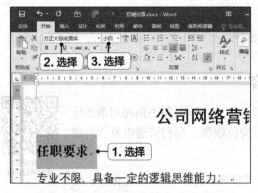
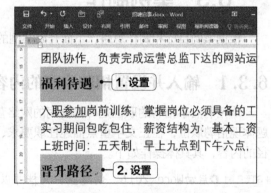

图6-10　设置"任职要求"段落格式　　　　图6-11　复制粘贴格式

STEP 07 ▶同时选择其他未设置格式的段落，将字符格式设置为"中文字体-方正兰亭刊宋简体、西文字体-Times New Roman"，如图6-12所示。

STEP 08 ▶将落款段落的对齐方式设置为"右对齐"，如图6-13所示。

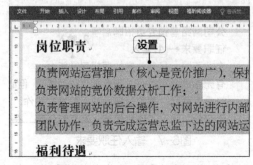
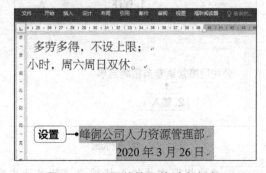

图6-12　设置正文字符格式　　　　图6-13　设置落款段落对齐方式

6.3.2 添加项目符号和编号

下面将图片作为段落的项目符号，然后设置并调整编号，提高整个文档段落的可读性，其具体操作如下。

STEP 01 ▶选择"任职要求"段落，在"开始"→"段落"组中单击"项目符号"按钮 ⫶≡ 右侧的下拉按钮，在弹出的下拉列表中选择"定义新项目符号"选项，如图6-14所示。

STEP 02 ▶打开"定义新项目符号"对话框，单击 图片(P) 按钮，如图6-15所示。

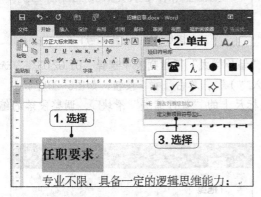

图6-14 添加项目符号

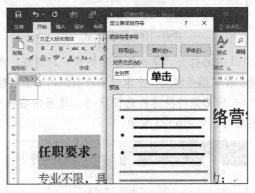

图6-15 设置项目符号

STEP 03 ▶打开"插入图片"界面，选择"从文件"栏中的"浏览"选项，如图6-16所示。

专家指导

在"插入图片"界面的"必应图像搜索"栏的搜索框中输入关键字，按【Enter】键后即可在互联网上搜索与关键词相关的图片。

STEP 04 ▶打开"插入图片"对话框，双击"book.png"图片（配套资源:\素材\第6章\book.png），如图6-17所示。

图6-16 从计算机中选择图片

图6-17 选择图片

STEP 05 ▶在返回的对话框中单击 确定 按钮完成项目符号的应用。利用格式刷将项目符号快速应用到"岗位职责""福利待遇""晋升路径"段落，如图6-18所示。

STEP 06 ▶选择"任职要求"段落下的要求段落，在"开始"→"段落"组中单击"编号"按钮 ⫶≡ 右侧的下拉按钮，在弹出的下拉列表中选择"定义新编号格式"选项，如图6-19所示。

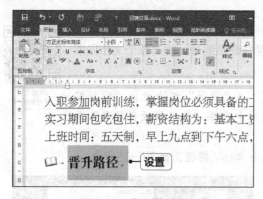

图6-18　复制格式

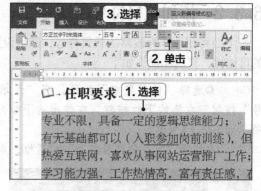

图6-19　设置编号1

STEP 07 ▶打开"定义新编号格式"对话框，在"编号样式"下拉列表中选择"01,02,03,..."选项，在"编号格式"文本框中原有的内容后面输入"）"，单击　确定　按钮，如图6-20所示。

STEP 08 ▶保持段落的选择状态，适当向右拖曳标尺上的"首行缩进"滑块▽，调整段落的缩进距离，如图6-21所示。

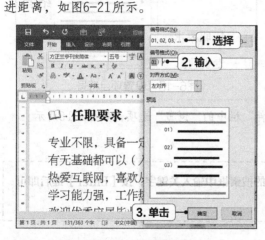

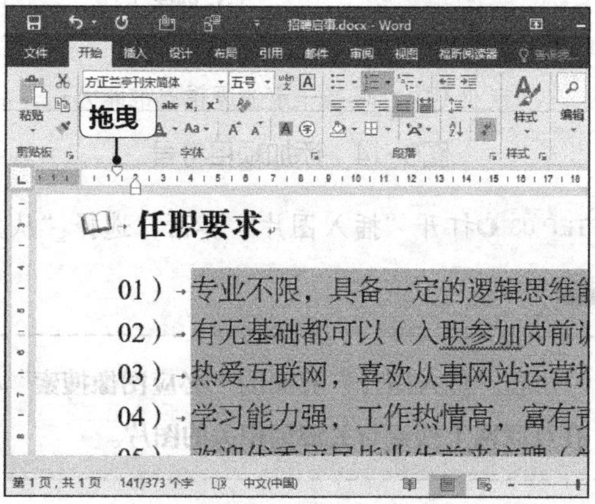

图6-20　设置编号2

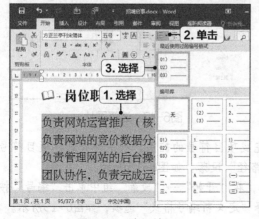

图6-21　调整缩进距离1

STEP 09 ▶选择"岗位职责"段落下的要求段落，再次单击"编号"按钮≣右侧的下拉按钮，在弹出的下拉列表中选择第1个选项，如图6-22所示。

STEP 10 ▶保持段落的选择状态，利用"首行缩进"滑块▽调整段落的缩进距离，如图6-23所示。

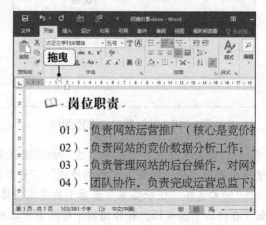

图6-22　应用编号

图6-23　调整缩进距离2

STEP 11 ▶ 按相同方法为"福利待遇"段落下的相关段落添加相同的编号，并调整首行缩进的距离，如图6-24所示。

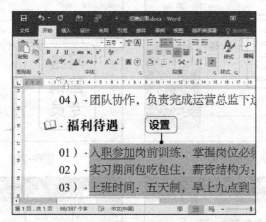

图6-24 应用编号并调整缩进距离

6.3.3 创建并美化SmartArt图形

为增加文档的生动性，下面将借助SmartArt图形说明该招聘岗位的晋升路径，其具体操作如下。

创建并美化
SmartArt图形

STEP 01 ▶ 在"晋升路径"段落下的空行中单击鼠标左键定位光标，在"插入"→"插图"组中单击"SmartArt"按钮，如图6-25所示。

STEP 02 ▶ 打开"选择SmartArt图形"对话框，选择左侧的"流程"选项，然后选择右侧的第1种类型，单击 确定 按钮，如图6-26所示。

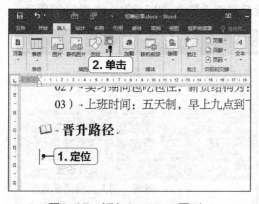

图6-25 插入SmartArt图形

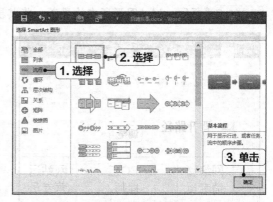

图6-26 选择类型

STEP 03 ▶ 在"SmartArt工具-设计"→"创建图形"组中单击 文本窗格按钮，在打开的窗格中输入具体的文本内容，按【Enter】键可以增加形状，如图6-27所示。

STEP 04 ▶ 在"SmartArt样式"组中单击"更改颜色"按钮，在弹出的下拉列表中选择第1个选项，如图6-28所示。

STEP 05 ▶ 在"SmartArt样式"组的"快速样式"下拉列表中选择第3种样式，如图6-29所示。

STEP 06 ▶ 在"开始"→"字体"组中将SmartArt图形中的文本字符格式设置为"方正兰亭刊宋简体、12"，如图6-30所示。

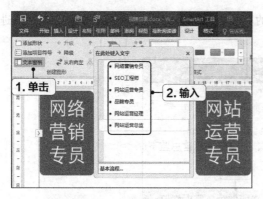

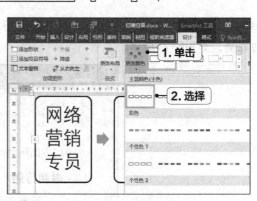

图6-27　输入文本内容　　　　　　　图6-28　设置颜色

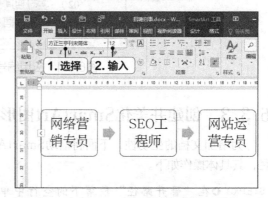

图6-29　设置样式　　　　　　　　图6-30　设置字符格式

STEP 07 ◑向上拖曳SmartArt图形下边框中央的控制点，调整其高度至刚好能够显示形状即可，如图6-31所示。

STEP 08 ◑选择SmartArt图形所在的段落，将其段后间距设置为"0.5行"，如图6-32所示。

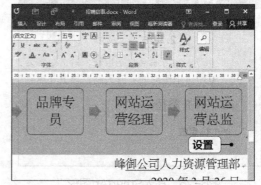

图6-31　调整高度　　　　　　　　图6-32　设置段落间距

6.3.4　添加水印并打印文档

下面为文档添加文字水印并将其打印，其具体操作如下。

STEP 01 ◑在"设计"→"页面背景"组中单击"水印"按钮 ，在弹出的下拉列表中选择"自定义水印"选项，如图6-33所示。

STEP 02 ◑打开"水印"对话框，选中"文字水印"单选项，在"文字"下拉列

添加水印并
打印文档

表中选择"拷贝"选项，单击 确定 按钮，如图6-34所示。

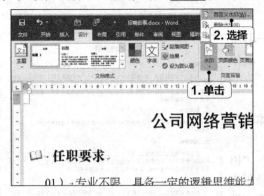
图6-33 自定义水印

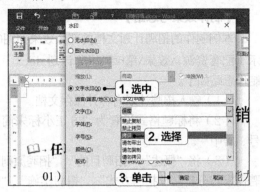
图6-34 设置文字水印

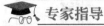 专家指导

在"文字"下拉列表中可以手动输入需要的文本内容，将其设置为水印。另外，若要删除水印，则可单击"水印"按钮，在弹出的下拉列表中选择"删除水印"选项。

STEP 03 ▶ 双击文档上方自动出现的线条上方的空白区域，选择其中的段落标记，在"开始"→"段落"组中单击"边框"按钮右侧的下拉按钮，在弹出的下拉列表中选择"无边框"选项，将边框线删除，如图6-35所示。

STEP 04 ▶ 按【Esc】键退出编辑状态，单击"文件"选项卡，选择"打印"选项，在界面中预览效果，确认无误后将打印份数设置为"10"，然后单击"打印"按钮执行打印操作（配套资源:\效果\第6章\招聘启事.docx），如图6-36所示。

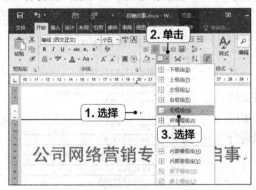
图6-35 删除边框线

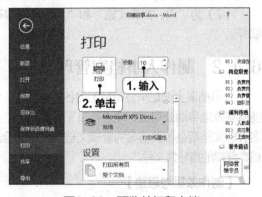
图6-36 预览并打印文档

6.4 强化训练

人力资源管理中的许多文档，一般都包含大量的条款，因此编号和项目符号在这类文档中的使用是非常广泛的。下面通过制作招聘计划文档和人事档案管理文档，进一步强化编号、项目符号、SmartArt图形和水印的应用。

6.4.1 制作招聘计划文档

招聘计划文档是公司为了进行大型招聘或长期招聘等制作的计划类文档，其中的重点内容包括招聘目的、招聘原则、招聘方式、招聘实施、录用决策等，是公司获取优质人才的关键。

【制作效果与思路】

本例制作的招聘计划文档的部分效果如图6-37所示（配套资源:\效果\第6章\招聘计划.docx），具体制作思路如下。

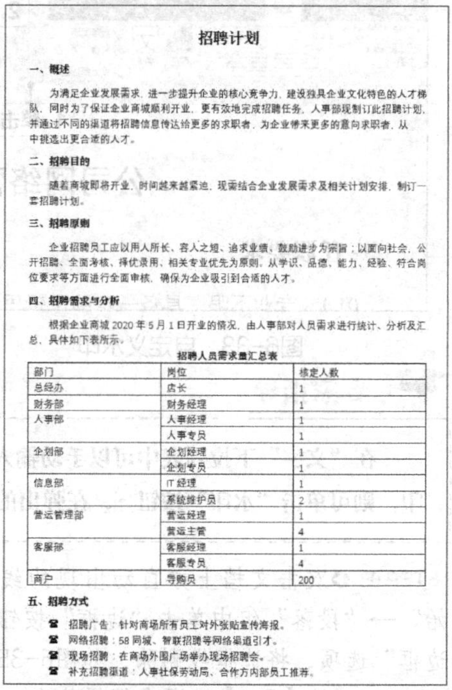

招聘计划

一、概述

为满足企业发展需求，进一步提升企业的核心竞争力，建设独具企业文化特色的人才梯队，同时为了保证企业商城顺利开业，更有效地完成招聘任务，人事部现制订此招聘计划，并通过不同的渠道将招聘信息传达给更多的求职者，为企业带来更多的意向求职者，从中挑选出更合适的人才。

二、招聘目的

随着商城即将开业，时间越来越紧迫，现需结合企业发展需求及相关计划安排，制订一套招聘计划。

三、招聘原则

企业招聘员工应以用人所长、容人之短、追求业绩、鼓励进步为宗旨；以面向社会，公开招聘、全面考核、择优录用、相关专业优先为原则，从学识、品德、能力、经验、符合岗位要求等方面进行全面审核，确保为企业吸引到合适的人才。

四、招聘需求与分析

根据企业商城 2020 年 5 月 1 日开业的情况，由人事部对人员需求进行统计、分析及汇总，具体如下表所示。

招聘人员需求量汇总表

部门	岗位	核定人数
总经办	店长	1
财务部	财务经理	1
人事部	人事经理	1
	人事专员	1
企划部	企划经理	1
	企划专员	1
信息部	IT 经理	1
	系统维护员	2
营运管理部	营运经理	1
	营运主管	4
客服部	客服经理	1
	客服专员	4
商户	导购员	200

五、招聘方式

☎ 招聘广告：针对商场所有员工对外张贴宣传海报。
☎ 网络招聘：58 同城、智联招聘等网络渠道引才。
☎ 现场招聘：在商场外围广场举办现场招聘会。
☎ 补充招聘渠道：人事社保劳动局、合作方内部员工推荐。

图6-37　招聘计划文档

（1）输入招聘计划内容并保存文档。

（2）将标题格式设置为“方正小标宋简体、三号、居中”。

（3）将“概述”“招聘目的”“招聘原则”“招聘需求与分析”“招聘方式”“招聘实施”“录用决策”“入职培训”段落的格式设置为“方正粗雅宋简体”，并分别为其添加“一、,二、,三、,...”样式的编号。

（4）将其他段落文本格式设置为“首行缩进-2字符”。

（5）在“四、招聘需求与分析”段落下创建招聘人员需求量汇总表，加粗并居中显示表名。表格项目为“部门”“岗位”“核定人数”，依次输入各部门、岗位和对应的招聘人数，然后合并部门中相应的单元格。

（6）为“五、招聘方式”段落下的4个段落添加样式为电话图标的项目符号。

（7）为“六、招聘实施”和“八、入职培训”段落下的段落添加“1）,2）,3）...”样式的编号。

6.4.2　制作人事档案管理文档

人事档案主要记录公司员工的各方面信息，该文档能够有效地帮助公司更好地进行员工管理工作。人事档案管理文档则是相关档案的管理文档，是公司合理进行档案管理的指导性文件。

【制作效果与思路】

本例制作的人事档案管理文档的部分效果如图6-38所示（配套资源:\效果\第6章\人事档案管理.docx），具体制作思路如下。

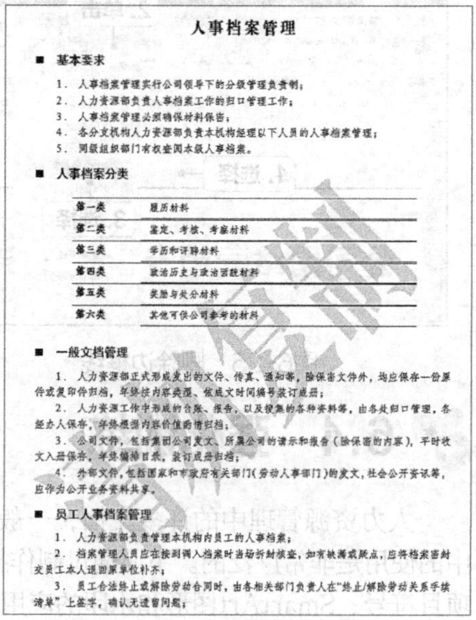

人事档案管理

■ 基本要求

1. 人事档案管理实行公司领导下的分级管理负责制；
2. 人力资源部负责人事档案工作的归口管理工作；
3. 人事档案管理必须确保材料保密；
4. 各分支机构人力资源部负责本机构经理以下人员的人事档案管理；
5. 同级组织部门有权查阅本级人事档案。

■ 人事档案分类

第一类	履历材料
第二类	鉴定、考核、考察材料
第三类	学历和评聘材料
第四类	政治历史与政治面貌材料
第五类	奖励与处分材料
第六类	其他可供公司参考的材料

■ 一般文档管理

1. 人力资源部正式形成发出的文件、传真、通知等，除保密文件外，均应保存一份原件或复印件归档，年终按内容类型、依成文时间编号装订成册；

2. 人力资源工作中形成的台账、报告，以及搜集的各种资料等，由各处归口管理，各经办人保存，年终根据内容价值酌情归档；

3. 公司文件，包括集团公司发文、所属公司的请示和报告（除保密的内容），平时收文入册保存，年终编排目录，装订成册归档；

4. 外部文件，包括国家和市政府有关部门（劳动人事部门）的发文，社会公开资讯等，应作为公开业务资料共享。

■ 员工人事档案管理

1. 人力资源部负责管理本机构内员工的人事档案；

2. 档案管理人员应在接到调入档案时当场拆封核查，如有缺漏或疑点，应将档案密封交员工本人退回原单位补齐；

3. 员工合法终止或解除劳动合同时，由各相关部门负责人在“终止/解除劳动关系手续清单”上签字，确认无遗留问题；

图6-38　人事档案管理文档

（1）输入人事档案管理的内容并保存文档。

（2）将标题格式设置为“方正大标宋简体、三号、字符间距-加宽1磅、居中”。

（3）将“基本要求”“人事档案分类”“一般文档管理”“员工人事档案管理”“员工管理档案的管理”段落的格式设置为“方正黑体简体、小四”，并分别添加样式为黑色正方形的项目符号。

（4）为"基本要求"段落下的段落添加"1,2,3,..."样式的编号，并设置字符格式为"中文字体-方正仿宋简体、西文字体-Times New Roman"，设置段落首行缩进为"0.74厘米"。按相同方法处理"一般文档管理""员工人事档案管理""员工管理档案的管理"段落下的内容。

（5）在"人事档案分类"段落下插入SmartArt图形，类型设置为"列表-线型列表"，并为其设置"深色1轮廓"颜色和"细微效果"样式。

（6）在SmartArt图形中输入人事档案分类的内容，将字体设置为"方正仿宋简体"，并将类别文本加粗显示。

（7）适当缩小SmartArt图形的高度和宽度。

（8）插入"请勿复制"文字水印，删除文档上方自动出现的边框线。

（9）保存并打印5份文档。

6.5 拓展课堂

SmartArt图形集形状、文本框和文本于一体，是丰富文档内容的有效工具。本章拓展课堂将进一步介绍与SmartArt图形操作相关的知识，通过学习可以更加灵活地运用该工具。

6.5.1 认识SmartArt图形的形状构成

创建SmartArt图形后，会经常对其结构进行更改。以图6-39为例，该图显示了公司的组织结构情况。如果需要增加主管或董事长，就可以在其中添加形状。但问题在于，应该将形状添加到哪个位置才合适呢？这就需要了解SmartArt图形的形状构成。

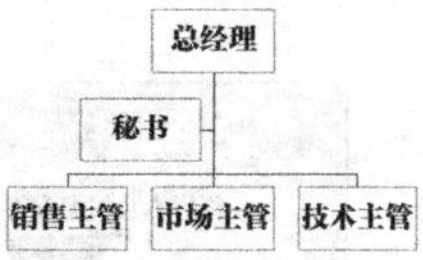

以图6-39中"总经理"形状为例，如果需要添加"客服主管"形状，则应该在其下方添加形状；如果需要添加"董事长"形状，则应该在其上方添加形状。

如果选择"市场主管"形状，则可以通过在其左侧或右侧添加形状的方式添加"客服主管"形状。

图6-39 组织结构

另外，图6-39中的"秘书"形状，相对于"总经理"形状而言，它就是"助理"形状。

综上所述，可以把SmartArt图形中的形状划分为"上级形状""下级形状""同级形状""助理形状"4种。"上级形状"需要通过在上方添加形状来实现；"下级形状"需要通过在下方添加形状来实现；"同级形状"需要通过在左侧或右侧添加形状来实现；"助理形状"则可以将形状添加在"上级形状"与"下级形状"之间。

6.5.2 SmartArt图形的格式设置

由于SmartArt图形集成了许多对象的特性，因此在设置时往往都是整体性应用，但有时如果需要突出显示其中的某个对象或文本效果，则可以进行单独设置，其方法为：选择SmartArt图形，然后选择其中需要设置的形状对象，在"SmartArt工具-格式"选项卡中即可对形状进行设置。该选项卡的"形状样式"组用于设置形状属性，如形状填充、形状轮廓、形状效果等；"艺术字样式"组用于设置文本属性，如文本填充、文本轮廓、文本效果等。单独设置某个形状的效果如图6-40所示。

图6-40 单独设置某个形状的效果

第7章 制作员工培训演示文稿

本章导读

　　为了使公司员工，特别是新进员工能够更快地了解公司的运作模式，熟悉相关业务，公司会定期或不定期地组织员工进行培训。目前许多公司都会使用演示文稿开展这类培训，本章将通过制作员工培训演示文稿，使读者进一步掌握PowerPoint 2016的各种操作技能。

案例效果

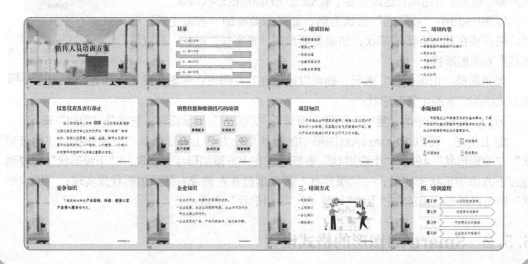

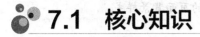 **7.1 核心知识**

制作员工培训演示文稿时，将会重点涉及幻灯片母版的编辑操作，同时会涉及图片与SmartArt图形的使用。由于SmartArt图形的基础知识在前面已经有所介绍，这里将重点说明如何编辑幻灯片母版和处理图片。

7.1.1 幻灯片母版的编辑

幻灯片母版是一种特殊的幻灯片，如果在其中设置了某种字体、内容或各种对象，则所有应用了该母版的幻灯片都将自动应用这些设置。因此，合理使用幻灯片母版，可以有效提高演示文稿的制作效率。

打开PowerPoint 2016，在"视图"→"母版视图"组中单击"幻灯片母版"按钮⊟即可进入幻灯片母版编辑状态，功能区中将显示"幻灯片母版"选项卡，利用其中的各种功能按钮即可实现对母版的编辑操作，如图7-1所示。

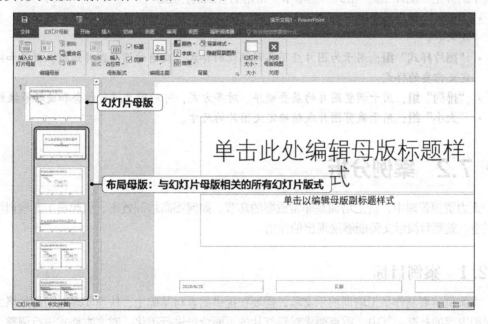

图7-1 幻灯片母版编辑视图

其中，功能区部分功能按钮的作用如下。

- **"插入幻灯片母版"按钮**：单击该按钮可创建新的幻灯片母版和对应的布局母版。多种幻灯片母版共存，可以在新建幻灯片时选择更多版式。
- **"插入版式"按钮**：单击该按钮可在幻灯片母版中创建新的布局母版，以满足对特定版式的设计需求。
- **"母版版式"按钮**：单击该按钮可选择幻灯片母版中包含的占位符，包括标题、文本、日期、页脚和幻灯片编号5种占位符。
- **"插入占位符"按钮**：单击该按钮可在布局母版中添加各种占位符，如文本、图片、表格等。
- **"主题"按钮**：单击该按钮可设置幻灯片母版的主题效果。

- **"背景样式"按钮**：单击该按钮可设置幻灯片母版的页面背景样式。

7.1.2 图片的应用

图片是演示文稿中常见的元素，相较于Word 2016，PowerPoint 2016对图片的需求更高，同时对图片的设置也更容易上手。在"插入"→"图像"组中单击"图片"按钮，在打开的"插入图片"对话框中选择并插入需要的图片，此时PowerPoint 2016将显示"图片工具-格式"选项卡，利用此选项卡即可实现对图片的各种编辑操作，如图7-2所示。

图7-2 设置图片的各种功能按钮

下面介绍"图片工具-格式"选项卡中常用的各组的作用。

- **"调整"组**：用于设置图片的各种效果，如亮度、对比度、锐化度、颜色饱和度、艺术效果等。
- **"图片样式"组**：用于为图片应用各种预设的样式，或通过调整图片边框、效果和版式定义需要的样式。
- **"排列"组**：用于调整图片的层叠顺序、对齐方式，可对图片进行组合和旋转等操作。
- **"大小"组**：用于裁剪图片或精确定义图片的尺寸。

7.2 案例分析

人力资源管理中，员工培训是非常重要的环节。如何提高培训效率、引起员工对培训活动的兴趣，就要看演示文稿能够展现出的作用。

7.2.1 案例目标

本案例将要制作员工培训演示文稿，需要在提供的素材基础上，快速实现对幻灯片格式的设置和内容的补充。其中，重点要求对幻灯片的页面背景进行美化，对文本格式进行调整，并使用SmartArt图形补充其他内容。

7.2.2 制作思路

本案例首先会利用幻灯片母版快速设置演示文稿的背景和文本格式，形成美观且统一的主题效果，实现快速美化幻灯片的目的，然后再利用SmartArt图形丰富演示文稿内容。本案例的具体制作思路如图7-3所示。

图7-3 员工培训演示文稿的制作思路

7.3 案例制作

根据案例目标和制作思路，下面开始案例的制作。

7.3.1 设置幻灯片母版的标题版式

为了快速调整各张幻灯片的背景和格式，需要利用幻灯片母版功能进行设置，下面开始设置标题母版，其具体操作如下。

设置幻灯片母版的标题版式

STEP 01 ▶打开"员工培训.pptx"演示文稿（配套资源:\素材\第7章\员工培训.pptx），在"视图"→"母版视图"组中单击"幻灯片母版"按钮▦，如图7-4所示。

STEP 02 ▶选择幻灯片窗格中的第2张幻灯片，在"插入"→"图像"组中单击"图片"按钮▦，如图7-5所示。

图7-4 进入幻灯片母版编辑状态　　　　　　图7-5 插入图片

STEP 03 ▶打开"插入图片"对话框，选择"pic.png"图片（配套资源:\素材\第7章\pic.png），单击 插入(S) ▾ 按钮，如图7-6所示。

STEP 04 ▶拖曳图片中间上、下的控制点，调整图片高度，使其刚好覆盖幻灯片页面，如图7-7所示。

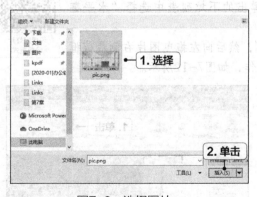

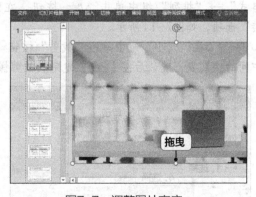

图7-6 选择图片　　　　　　图7-7 调整图片高度

STEP 05 ▶保持图片的选择状态，单击"图片工具-格式"→"排列"组中的"下移一层"按钮▯右侧的下拉按钮，在弹出的下拉列表中选择"置于底层"选项，如图7-8所示。

STEP 06 ▶选择标题占位符，将其字体设置为"方正大标宋简体"，单击"开始"→"字体"组的"文字阴影"按钮 S，为标题添加阴影效果，如图7-9所示。

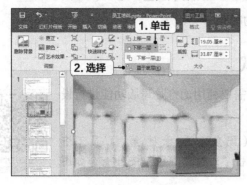
图7-8　调整图片层叠顺序

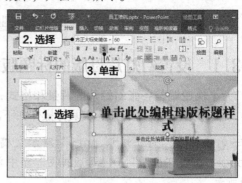
图7-9　设置标题占位符格式

STEP 07 ▶按相同方法将副标题占位符的字体设置为"方正小标宋简体"，并为其添加阴影效果，如图7-10所示。

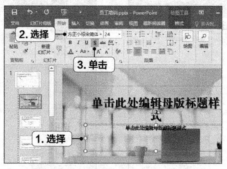
图7-10　设置副标题占位符格式

7.3.2　设置幻灯片母版版式

接下来继续对幻灯片母版的版式进行设置，其具体操作如下。

STEP 01 ▶将标题幻灯片版式中的图片复制到第1张幻灯片中，在"图片工具-格式"→"排列"组中单击 旋转 按钮，在弹出的下拉列表中选择"水平翻转"选项，如图7-11所示。

STEP 02 ▶在"大小"组中单击"裁剪"按钮 ，然后向左拖曳图片右侧裁剪框中间的控制点，确认后按【Esc】键完成裁剪操作，如图7-12所示。

设置幻灯片母版版式

图7-11　复制并翻转图片

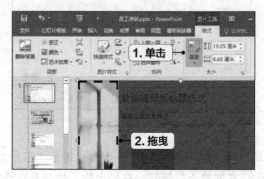
图7-12　裁剪图片

STEP 03 ▶直接在图片上单击鼠标右键，在弹出的快捷菜单中选择"置于底层"选项，调整图片层叠顺序，如图7-13所示。

STEP 04 ▶按住【Shift】键的同时选择标题占位符和文本占位符，向右拖曳中间的控制点，调整占位符宽度，如图7-14所示。

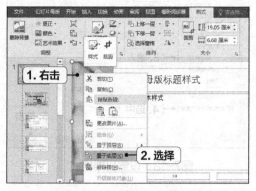

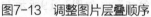

图7-13 调整图片层叠顺序

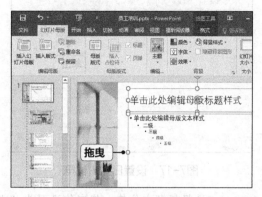

图7-14 调整占位符宽度

STEP 05 ▶在"幻灯片母版"→"母版版式"组中单击"母版版式"按钮，打开"母版版式"对话框，取消选中"幻灯片编号"和"页脚"复选框，单击 确定 按钮，如图7-15所示。

🎓 **专家指导**

> 在幻灯片母版编辑状态下，只有第1张幻灯片母版可以对占位符内容进行调整，即选择可以显示哪些占位符，但不能插入新的占位符，其他布局母版幻灯片则正好相反，可以在其中插入新的占位符，但不能利用"母版版式"按钮进行调整。

STEP 06 ▶拖曳幻灯片下方的日期占位符至页面右侧，然后将其格式设置为"方正黑体简体、加粗、右对齐"，如图7-16所示。

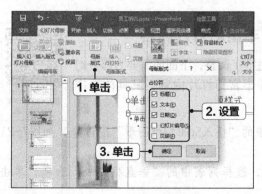

图7-15 设置母版占位符

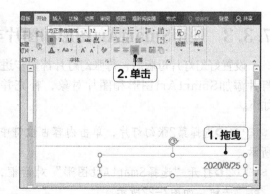

图7-16 调整日期占位符格式

STEP 07 ▶保持日期占位符的选择状态，在"插入"→"文本"组中单击"页眉和页脚"按钮，如图7-17所示。

STEP 08 ▶打开"页眉和页脚"对话框，选中"日期和时间"复选框，然后选中"固定"单选项，在下方的文本框中输入"2020年3月31日"文本，最后选中"标题幻灯片中不显示"

复选框，单击 全部应用(Y) 按钮，如图7-18所示。

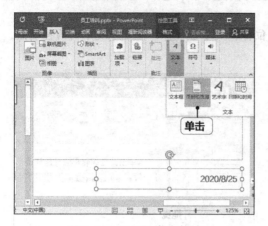

图7-17　设置日期占位符

图7-18　设置日期格式

STEP 09 ▶选择标题占位符，将字体设置为"方正小标宋简体"，如图7-19所示。

STEP 10 ▶选择正文占位符，删除二级～五级文本段落，如图7-20所示。将剩余文本的字体设置为"方正仿宋简体"，完成后在"幻灯片母版"→"关闭"组中单击"关闭母版视图"按钮 ✕，退出幻灯片母版编辑状态。

图7-19　设置标题占位符格式

图7-20　设置正文占位符格式

7.3.3　使用SmartArt图形和图片丰富幻灯片内容

使用SmartArt图形和图片丰富幻灯片内容

设置好幻灯片母版后，每张幻灯片都同步进行了调整，下面还需要为部分幻灯片添加SmartArt图形和图片对象，补充并丰富幻灯片内容，其具体操作如下。

STEP 01 ▶选择第2张幻灯片，单击内容占位符中的"插入SmartArt图形"按钮，如图7-21所示。

STEP 02 ▶打开"选择SmartArt图形"对话框，选择列表中的"垂直框列表"选项，单击 确定 按钮，如图7-22所示。

STEP 03 ▶在"SmartArt工具-设计"→"创建图形"组中单击 文本窗格按钮，在打开的窗格中输入文本内容，完成后关闭窗格，如图7-23所示。

STEP 04 ▶在"开始"→"字体"组的"字体"下拉列表中选择"方正仿宋简体"选项，然后在"SmartArt工具-设计"→"SmartArt样式"组中单击"更改颜色"按钮，在弹出的下拉列表中选择"深色2轮廓"选项，并在右侧的"快速样式"下拉列表中选择"细微效果"选项，如图7-24所示。

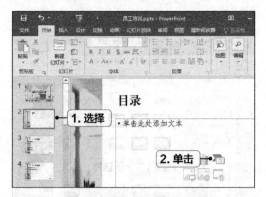

图7-21　插入SmartArt图形1

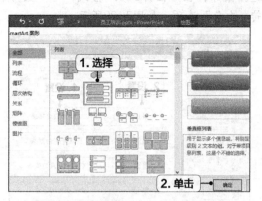

图7-22　选择SmartArt图形类型

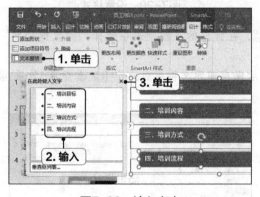

图7-23　输入文本

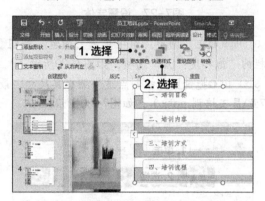

图7-24　设置样式

STEP 05 ▶选择第12张幻灯片，在内容占位符中创建"V型列表"SmartArt图形，输入文本内容后，设置与第2张幻灯片相同的字体、颜色和样式，如图7-25所示。

STEP 06 ▶按住【Shift】键的同时选择右侧的图形，向右拖曳控制点增加图形宽度，如图7-26所示。

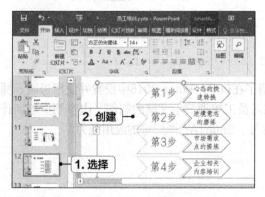

图7-25　插入SmartArt图形2

图7-26　调整形状

STEP 07 ▶将所选图形中文本的字号设置为"28"，然后将左侧图形中文本加粗显示，如图7-27所示。

STEP 08 ▶选择第13张幻灯片，在其中插入"pic2.png"图片（配套资源:\素材\第7章\pic2.png），选择图片，在"图片工具-格式"→"图片样式"组的"快速样式"下拉列表中选择"旋转，白色"选项，如图7-28所示。

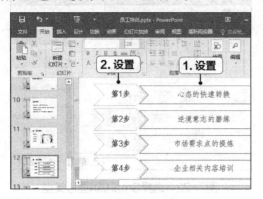

图7-27　设置字体

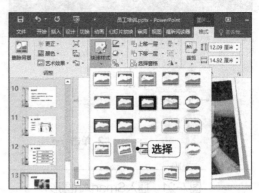

图7-28　设置样式

STEP 09 ▶在"调整"组中单击"颜色"按钮，在弹出的下拉列表中选择"颜色饱和度"栏的"饱和度：0%"选项，如图7-29所示。

STEP 10 ▶拖曳图片控制点适当缩小其尺寸，最后保存演示文稿完成操作（配套资源:\效果\第7章\员工培训.pptx），如图7-30所示。

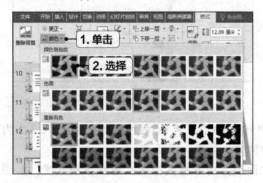

图7-29　设置饱和度

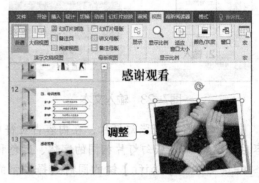

图7-30　调整图片大小

7.4　强化训练

本章以员工培训演示文稿的制作为例，介绍了在PowerPoint 2016中设置并使用母版、插入图片和SmartArt图形等操作。下面将继续练习员工培训演示文稿的制作，内容侧重培训计划和培训考核，通过练习强化对幻灯片母版、图片、SmartArt图形等的应用能力。

7.4.1　制作培训考核演示文稿

培训考核能够增强公司核心竞争力，打造优秀的员工团队，健全培训机制，提高员工的管理素质和工作效率，使公司培训和考核管理工作更加规范化、标准化，是人力资源管理的必要环节。

【制作效果与思路】

本例制作的培训考核演示文稿的部分效果如图7-31所示（配套资源:\效果\第7章\培训考

核.pptx），具体制作思路如下。

（1）打开"培训考核.pptx"演示文稿（配套资源:\素材\第7章\培训考核.pptx），将第1
张幻灯片中最大的图形剪切并粘贴到幻灯片母版的标题版式中，将较小的图形剪切并粘贴到节
标题版式中，将最小的图形剪切并粘贴到母版中，并按图7-31所示的效果调整位置。

图7-31　培训考核演示文稿

（2）利用幻灯片母版将演示文稿的字符格式统一设置为"中文字体-方正黑体简体、西
文字体-Arial Black"。

（3）在第4张幻灯片中插入"pic3.jpg"图片（配套资源:\素材\第7章\pic3.jpg），裁剪
左侧部分，并放置到幻灯片页面右侧，并在该幻灯片中绘制矩形（提示：在"插入"→"插
图"组中单击"形状"按钮，在弹出的下拉列表中选择"矩形"选项，拖曳鼠标指针可绘制图
形），填充为"水绿色，个性色2"，然后调整图片和矩形的层叠顺序。

（4）在第7张幻灯片中插入SmartArt图形，类型为"步骤上移流程"，输入文本并设置
字符格式为"方正黑体简体、24"。

7.4.2　制作培训计划演示文稿

培训计划可以从战略层面出发，在经过需求分析的基础上做出对培训内容、培训时间、
培训地点、培训人员、培训方式和培训费用等的预先设定。对于公司而言，制订合理的培训计
划是很有必要的。

【制作效果与思路】

本例制作的培训计划演示文稿的部分效果如图7-32所示（配套资源:\效果\第7章/培训计
划.pptx），具体制作思路如下。

（1）打开"培训计划.pptx"演示文稿（配套资源:\素材\第7章\培训计划.pptx），进入
幻灯片母版编辑状态，在幻灯片母版中插入"pic4.png"图片（配套资源:\素材\第7章\pic4.
png）作为背景，并绘制燕尾形箭头装饰幻灯片。该形状可在"形状"下拉列表中的"箭头总
汇"栏中选择"燕尾形"选项后得到，然后翻转并复制图形即可。

（2）在幻灯片中仅显示页脚，内容为"峰御集团"，移至燕尾形箭头图形上方。

（3）利用幻灯片母版将演示文稿的字体统一设置为"方正黑体简体"。

（4）在第4张幻灯片中插入"表层次结构"的SmartArt图形，输入内容后，修改字体为"方正黑体简体"，颜色设置为"彩色轮廓-个性色1"。

（5）在第5张幻灯片中插入"垂直项目符号列表"的SmartArt图形，输入内容后，修改字体为"方正黑体简体"，颜色设置为"彩色填充-个性色1"。

（6）为所有幻灯片设置"推入"切换效果，保存并放映演示文稿。

图7-32　培训计划演示文稿

7.5　拓展课堂

母版是快速设置演示文稿的有效工具，本章拓展课堂将继续介绍与母版相关的操作，以进一步了解和使用母版。

7.5.1　备注母版与讲义母版

PowerPoint 2016提供多种母版对象，除了幻灯片母版，还有备注母版和讲义母版可供使用。

- **备注母版：** PowerPoint 2016操作界面下方有备注区域，将鼠标指针移至其上时，鼠标指针会变为上下箭头的形状，此时向上拖曳鼠标指针即可显示备注区域。该区域的作用是说明当前幻灯片的情况。因此，备注母版是指具备统一设置幻灯片备注区域格式作用的母版。

- **讲义母版：** 讲义母版能为听众提供演讲内容的简要介绍，并且方便以后作为参考使用。讲义母版只显示幻灯片而不包括相应的备注内容。因此，讲义母版的作用主要是设置幻灯片的主题、每张讲义包含的幻灯片数量、幻灯片包含的占位符等内容。

7.5.2 在同一演示文稿中应用多个主题

如果希望在同一演示文稿中使用多个主题效果，则可以借助幻灯片母版来实现，其方法为：进入幻灯片母版编辑状态，在最后一张幻灯片版式下单击鼠标左键定位光标，然后在"幻灯片母版"→"编辑主题"组中单击"主题"按钮，在弹出的下拉列表中选择所需的主题即可。如果需要新建幻灯片，则可在"开始"→"幻灯片"组中单击 版式▼按钮，在弹出的下拉列表中选择不同的主题版式即可，如图7-33所示。

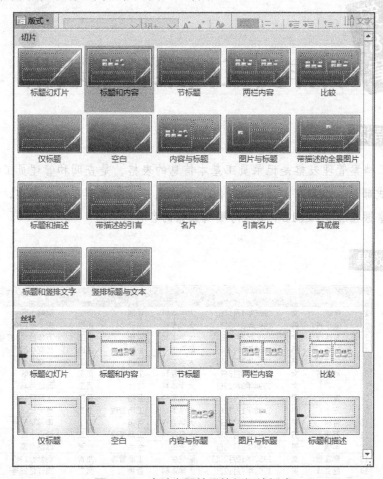

图7-33　多种主题效果的幻灯片版式

第8章 制作员工档案管理表格

本章导读

员工档案管理表格是记录员工基本信息的表格，是查阅和管理员工信息的重要组成部分。本章将利用Excel 2016完成员工档案管理表格的制作，使读者进一步掌握在Excel 2016中输入与编辑数据的各种方法。

案例效果

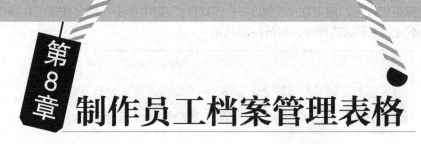

编号	姓名	性别	出生年月	学历	专业	职务	家庭住址
1	张敏	女	1995年4月17日	大学本科	营销	员工	凤鸣小区
2	宋子丹	男	1994年8月8日	大学专科	统计	员工	东大街18号
3	黄晓霞	女	1990年2月9日	大学本科	营销	员工	万华社区387号
4	刘伟	男	1985年6月30日	研究生	金融	经理	兰庭小区
5	郭建军	男	1992年9月15日	大学本科	营销	员工	东湖逸景
6	邓荣芳	女	1992年3月6日	大学专科	工商管理	员工	龙城社区
7	孙莉	女	1994年8月19日	大学本科	统计	员工	西江月4栋
8	黄俊	男	1990年5月26日	大学专科	营销	员工	人民路19号
9	陈子豪	男	1988年12月18日	大学本科	工商管理	员工	星光社区
10	蒋科	男	1993年4月9日	大学本科	营销	员工	南皋路52号
11	万涛	男	1996年1月18日	大学本科	工商管理	员工	绿洲小区
12	李强	男	1988年3月18日	研究生	金融	主管	绿盛家园
13	李雪莹	女	1987年10月20日	研究生	工商管理	主管	创新城19栋
14	赵文峰	男	1991年7月12日	大学本科	营销	员工	南江路28号
15	汪洋	男	1992年10月29日	大学专科	工商管理	员工	江花国际
16	王彤彤	女	1985年11月19日	大学本科	营销	员工	蝴蝶谷5号
17	刘明亮	男	1994年6月30日	大学专科	统计	员工	光明南路19号
18	宋健	男	1990年11月20日	大学本科	营销	员工	沿河大厦7楼
19	顾晓华	男	1989年3月19日	大学本科	金融	员工	解放路25号
20	陈芳	女	1995年11月10日	大学专科	营销	员工	万华广场16号

8.1 核心知识

数据操作是Excel的基本操作，无论是对数据的设置、验证还是保护，都是制作电子表格的重要内容，下面重点介绍有关Excel 2016数据类型、数据验证和数据保护方面的知识。

8.1.1 设置Excel数据类型

Excel中包含多种数据类型，如数值型数据、货币型数据、会计专用型数据、日期型数据等，不同数据有不同的输入方式。但一般来讲，为了提高数据的输入效率，往往会采取"先输入，后设置"的方式得到需要的数据结果。

在单元格中输入数据后，选择该单元格或单元格区域，在"开始"→"数字"组的"数字格式"下拉列表中可选择各种数据类型选项调整所选数据的类型，也可单击该组中的按钮设置数据系列，从左至右各按钮的作用分别为应用会计数字格式、应用百分比样式、应用千位分隔样式、增加小数位数和减少小数位数。

如果需要精确设置数据格式，则可单击"数字"组右下角的"展开"按钮，打开"设置单元格格式"对话框的"数字"选项卡，此时可在"分类"列表中选择需要的数据类型，然后在右侧对该类型进行精确设置，如图8-1所示。

图8-1 设置数据格式

8.1.2 添加数据验证

数据验证是Excel中非常有效且实用的功能，它可以在数据输入时和输入后全面地控制输入的数据。本案例主要涉及数据输入时的操作，在"数据"→"数据工具"组中单击"数据验证"按钮，打开"数据验证"对话框，单击"设置"选项卡，在其中即可进行设置，如图8-2所示。

- **"允许"下拉列表**：该下拉列表中可设置所选单元格的输入类型，如序列、整数、小数、日期等。
- **"数据"下拉列表**：该下拉列表中可设置数据输入的范围条件，如小于、大于、介于、小于或等于等，并可在下方的文本框（图8-2未显示）中设置数据范围，包括最小值、最大值等，这些参数组合起来就确定了数据的输入范围。
- **"来源"文本框**：该文本框中可输入数据的内容或引用数据所在的单元格区域。

图8-2 设置数据验证条件

8.1.3 保护工作表与单元格

Excel工作簿可以按加密Word文档的方式进行保护设置，即单击"文件"选项卡，选择"信息"选项，然后单击"保护工作簿"按钮，在弹出的下拉列表中选择"用密码进行加密"选项，输入并确认密码即可。

这里重点介绍工作表与单元格数据的保护方法。

1. 保护工作表

在"开始"→"单元格"组中单击"格式"按钮，在弹出的下拉列表中选择"保护工作表"选项，打开"保护工作表"对话框，在上方的文本框中输入密码，在下方的列表中设置可以允许工作表用户执行的操作，确认密码即可，如图8-3所示。

2. 保护单元格

只有设置了工作表保护后，单元格的保护才有意义。选择需要保护的单元格或单元格区域，在"开始"→"单元格"组中单击"格式"按钮，在弹出的下拉列表中选择"设置单元格格式"选项，打开"设置单元格格式"对话框的"保护"选项卡，选中相应的复选框并确认设置即可，如图8-4所示。

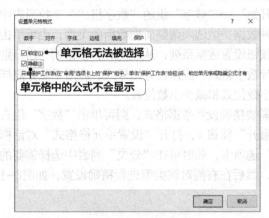

图8-3　保护工作表　　　　　　　　图8-4　保护单元格

8.2　案例分析

员工档案管理表格由于涉及员工的基本信息，因此应保证表格数据不能有任何差错，如何尽可能减少甚至避免输入时的错误，是本次案例的制作关键。

8.2.1　案例目标

本案例需要输入的数据较多，制作时重点应考虑加入各种自动输入的方法以减少错误，如数据填充、数据验证等。完成数据输入后，还需要适当美化数据，并对其进行保护设置。

8.2.2　制作思路

本案例在创建工作簿后，首先可以输入基础数据框架，然后通过数据验证方式实现选择输入以减少输入错误，最后对表格数据进行美化和保护设置。本案例的具体制作思路如图8-5所示。

图8-5　员工档案管理表格的制作思路

8.3 案例制作

根据案例目标和制作思路，下面开始案例的制作。

8.3.1 创建工作表

下面首先创建并保存工作簿，然后重命名工作表，输入表格基础数据，其具体操作如下。

创建工作表

STEP 01 ▶新建并保存"员工档案.xlsx"工作簿，双击工作表标签，将"Sheet1"重命名为"基础档案"，如图8-6所示。

STEP 02 ▶在第1行单元格中依次输入各项目，包括编号、姓名、性别、出生年月、学历、专业、职务和家庭住址，如图8-7所示。

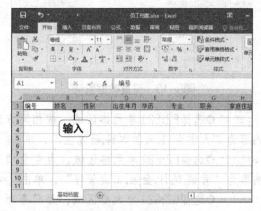

图8-6　重命名工作表　　　　　　　　图8-7　输入项目

STEP 03 ▶在A2单元格中输入"1"，按住【Ctrl】键不放拖曳该单元格的填充柄至A21单元格，自动填充员工编号，如图8-8所示。

STEP 04 ▶输入每位员工的姓名、出生年月和家庭住址等项目数据，如图8-9所示。

图8-8　填充编号　　　　　　　　　　图8-9　输入其他数据

8.3.2 设置数据验证条件

由于此处性别、学历、专业和职务等数据所输入的内容只有几种情况，因此可以为其设置数据验证，并通过选择输入来减少错误，其具体操作如下。

设置数据
验证条件

STEP 01 ❭选择C2:C21单元格区域，在"数据"→"数据工具"组中单击"数据验证"按钮，如图8-10所示。

STEP 02 ❭打开"数据验证"对话框，单击"设置"选项卡，在"允许"下拉列表中选择"序列"选项，在"来源"文本框中输入"男,女"文本内容，其中的","号为英文状态下输入的逗号，单击 确定 按钮，如图8-11所示。

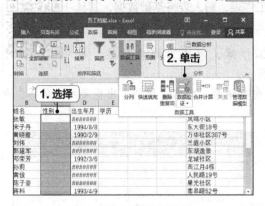

图8-10　设置数据验证　　　　　　　图8-11　设置性别的序列及内容

STEP 03 ❭选择E2:E21单元格区域，按相同方法设置数据验证条件，其中"来源"文本框的内容为"大学专科,大学本科,研究生"，单击 确定 按钮，如图8-12所示。

STEP 04 ❭选择F2:F21单元格区域，为专业项目设置序列验证条件，其中"来源"文本框的内容为"营销,统计,金融,工商管理"，单击 确定 按钮，如图8-13所示。

STEP 05 ❭选择G2:G21单元格区域，为职务项目设置序列验证条件，其中"来源"文本框的内容为"员工,主管,经理"，单击 确定 按钮，如图8-14所示。

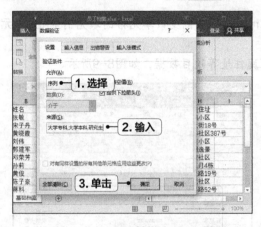
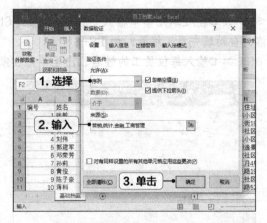

图8-12　设置学历的序列及内容　　　　图8-13　设置专业的序列及内容

STEP 06 ❭选择C2单元格，单击右侧的下拉按钮，在弹出的下拉列表中选择"女"选项，如图8-15所示。

STEP 07 ❭通过选择输入的方式继续输入该员工的学历、专业和职务数据，如图8-16所示。

STEP 08 ❭按相同方法继续输入其他员工的数据，如图8-17所示。

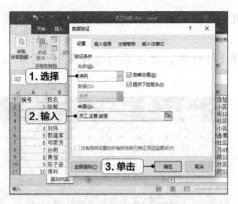

图8-14 设置职务的序列及内容

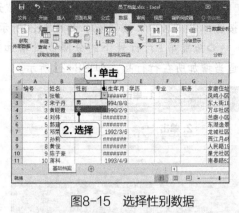

图8-15 选择性别数据

图8-16 选择输入

图8-17 输入其他数据

8.3.3 美化表格并设置格式

下面为工作表数据应用表格样式，然后对数据的对齐方式、行高、列宽和数据类型等进行设置，其具体操作如下。

美化表格
并设置格式

STEP 01 ▶选择A1:H21单元格区域，在"开始"→"样式"组中单击"套用表格格式"按钮，在弹出的下拉列表中选择"浅色"栏第2行第4列对应的选项，如图8-18所示。

STEP 02 ▶打开"套用表格式"对话框，选中"表包含标题"复选框，单击 确定 按钮，如图8-19所示。

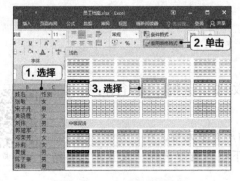

图8-18 应用表格样式

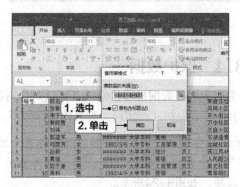

图8-19 设置数据来源

STEP 03 ❾保持单元格区域的选择状态，在"开始"→"对齐方式"组中依次单击"垂直居中"按钮 ≡ 和"居中"按钮 ≡，如图8-20所示。

STEP 04 ❾拖曳第1行行号下的分隔线，增加第1行行高，然后同时选择第2行至第21行行号，适当增加所在行行高，如图8-21所示。

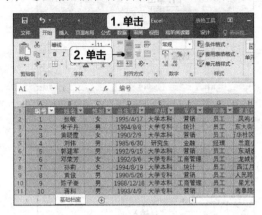

图8-20 设置对齐方式　　　　　　　　　　图8-21 调整行高

STEP 05 ❾选择D2:D21单元格区域，在"开始"→"数字"组中单击"展开"按钮 ⤢，打开"设置单元格格式"对话框的"数字"选项卡，在"分类"列表中选择"日期"选项，在右侧"类型"列表中选择"2012年3月14日"选项，单击 确定 按钮，如图8-22所示。

STEP 06 ❾拖曳各列列标分隔线，适当调整列宽，使内容更好地显示出来，如图8-23所示。

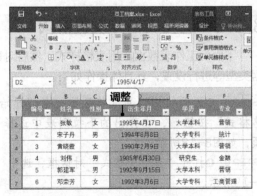

图8-22 设置日期类型　　　　　　　　　　图8-23 调整列宽

8.3.4 保护数据

为避免表格数据被非法修改，可以对含有数据的单元格区域进行保护，这需要结合工作表保护才能实现，其具体操作如下。

保护数据

STEP 01 ❾按【Ctrl+A】组合键选择工作表中的所有单元格，在"开始"→"单元格"组中单击"格式"按钮 🗒，在弹出的下拉列表中选择"设置单元格格式"选项，如图8-24所示。

STEP 02 ▶ 打开"设置单元格格式"对话框的"保护"选项卡，取消选中"锁定"复选框，单击 [确定] 按钮，如图8-25所示。

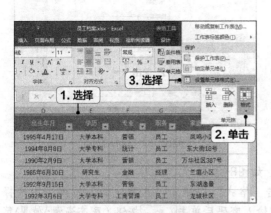

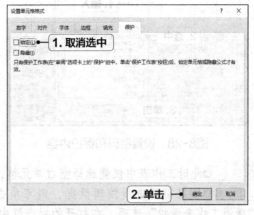

图8-24 设置所有单元格格式　　　　　　　图8-25 取消锁定

 专家指导

　　　　Excel默认状态下锁定的是工作表中的所有单元格，一旦启用保护工作表功能，工作表中的所有单元格都将被锁定。因此这里需要首先解除所有单元格的锁定状态，再重新锁定目标单元格区域。

STEP 03 ▶ 选择A1:H21单元格区域，再次打开"设置单元格格式"对话框的"保护"选项卡，选中"锁定"复选框，单击 [确定] 按钮，如图8-26所示。

STEP 04 ▶ 单击"单元格"组中的"格式"按钮，在弹出的下拉列表中选择"保护工作表"选项，如图8-27所示。

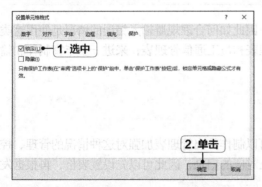

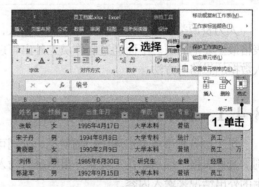

图8-26 锁定指定的单元格区域　　　　　　图8-27 保护工作表

STEP 05 ▶ 打开"保护工作表"对话框，在"取消工作表保护时使用的密码"文本框中输入需要的密码，在"允许此工作表的所有用户进行"列表中仅选中"选定未锁定的单元格"复选框，单击 [确定] 按钮，如图8-28所示。

STEP 06 ▶ 打开"确认密码"对话框，输入相同的密码，单击 [确定] 按钮，如图8-29所示。

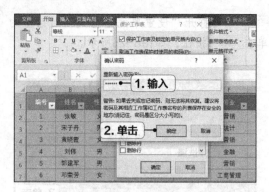

图8-28 设置密码和保护内容　　　　图8-29 确认密码

STEP 07 ▶此时工作表中仅能选择空白单元格，如图8-30所示。

STEP 08 ▶如果需要重新编辑数据，则可单击"格式"按钮，在弹出的下拉列表中选择"撤消工作表保护"选项，在打开的对话框中输入密码后单击 确定 按钮（配套资源:\效果\第8章\员工档案.xlsx），如图8-31所示。

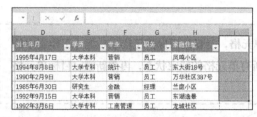

图8-30 查看效果　　　　图8-31 取消保护

8.4　强化训练

人力资源类表格往往涉及大量数据的输入，因此如何合理规避输入错误的情况是使用这类表格最主要的问题。下面通过制作员工外出管理表和员工通信管理表，来进一步丰富制作和输入数据的思路与方法。

8.4.1　制作员工外出管理表

员工因各种事务会出现外出的情况，公司可以制作外出管理表加强对这种情况的管理、控制。这种表格一般用于员工发生外出情况时输入对应的记录，因此可以先设置表格，再根据发生的外出情况来输入内容。

【制作效果与思路】

本例制作的员工外出管理表的效果如图8-32所示（配套资源:\效果\第8章\外出登记.xlsx），具体制作思路如下。

（1）为A:H列单元格区域应用"浅色"栏第1行第4列表格样式，应用时不包含标题区域。

（2）修改第1行项目内容，然后适当调整各列的列宽以及第1行的行高。

（3）设置项目内容对齐方式为"左对齐""垂直居中"。

（4）将A列除第1行单元格（先选择A列，然后按住【Ctrl】键选择A1单元格）以外的单元格区域数据类型设置为“文本”，将B列除第1行单元格以外的单元格区域数据类型设置为“2012-3-14”样式的日期型数据，将E列和G列除第1行单元格外的单元格区域数据类型设置为“13时30分”样式的时间型数据。

（5）为D列除第1行单元格以外的单元格区域设置数据验证，条件为“序列”，内容为“行政部,销售部,后勤部,财务部,技术部”。

（6）输入序号时从“01”开始，第2行的序号通过拖曳填充柄自动填充；日期只需输入月日；所属部门可选择输入。

序号	日期	姓名	所属部门	外出时间	外出事由	回岗时间	备注
01	2020-03-02	张慧	行政部	10时30分	为销售部购买办公用品	14时20分	
02	2020-03-03	刘芳	财务部	9时10分	到银行存入销售废品的收入	10时40分	

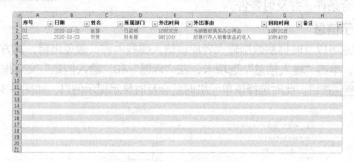

图8-32 员工外出管理表

8.4.2 制作员工通信管理表

员工通信管理表的作用是公司可以及时且准确地联系到员工或其第二联系人，方便传达或告知各种事宜。这类表格由于已经具备了完整的资料，因此可以先输入内容再进行设置。

【制作效果与思路】

本例制作的员工通信管理表的效果如图8-33所示（配套资源:\效果\第8章\通信管理.xlsx），具体制作思路如下。

（1）工号利用自动填充方式输入；部门和职务利用选择方式输入，内容分别为“装配车间,冷凝车间,切割车间”和“正式职工,编外职工”。

（2）应用“浅色”栏中第2行第1列表格样式，包含标题区域。

（3）适当调整行高、列宽和对齐方式。

（4）设置工作表保护，要求不能执行任何操作。

工号	姓名	部门	职务	手机号码	住址	邮箱地址	第二联系人	第二联系人手机号码
FYGC01-01	张敏	装配车间	正式职工	1354004****	人民东路西段	jia[illegible]hui@163.com	江嘉惠	1583927****
FYGC01-02	宋子丹	冷凝车间	正式职工	1306930****	南大街18号	jia[illegible]n@163.com	姜岩	1306930****
FYGC01-03	黄晓霞	装配车间	正式职工	1896776****	开发区1069号	lim[illegible]@163.com	李明	1394081****
FYGC01-04	刘伟	装配车间	编外职工	1336391****	总府路佳信大厦	wa[illegible]ongtong@163.com	王彤彤	1893927****
FYGC01-05	郭建军	冷凝车间	正式职工	1356006****	高新园星光大道	qi[illegible]n@163.com	钱敏	1375159****
FYGC01-06	邓荣芳	装配车间	正式职工	1303850****	高新区东路55号	ra[illegible]gjia@163.com	冉鸿嘉	1316930****
FYGC01-07	孙莉	冷凝车间	正式职工	1355929****	二环路南二段218号	su[illegible]gqiang@163.com	孙勇强	1314466****
FYGC01-08	黄俊	切割车间	正式职工	1894774****	沿江路311号	zh[illegible]enfeng@163.com	赵文峰	1807315****
FYGC01-09	陈子豪	装配车间	正式职工	1353850****	文化东路88号	tia[illegible]guo@163.com	田大国	1354697****
FYGC01-10	蒋科	切割车间	编外职工	1334928****	南大街18号	wa[illegible]eng@163.com	万晟	1374235****
FYGC01-11	万涛	装配车间	正式职工	1357238****	胶州路6号603室	so[illegible]n@163.com	宋健	1333850****
FYGC01-12	李强	切割车间	正式职工	1896853****	东二路华光大厦	wa[illegible]inquan@163.com	汪民全	1315159****
FYGC01-13	李雪莹	装配车间	正式职工	1306237****	工业大道	wa[illegible]e@163.com	王洁	1585621****
FYGC01-14	赵文峰	冷凝车间	正式职工	1807315****	沿江路311号	hu[illegible]un@163.com	黄俊	1894774****
FYGC01-15	汪洋	装配车间	正式职工	1355544****	人民北路商务大厦	wa[illegible]uan@163.com	王丽娟	1354620****
FYGC01-16	王彤彤	切割车间	编外职工	1893927****	总府路佳信大厦	liu[illegible]163.com	刘伟	1336391****
FYGC01-17	刘明亮	装配车间	正式职工	1357469****	一环路南四段10号	xu[illegible]@163.com	薛浩	1396160****
FYGC01-18	宋健	切割车间	正式职工	1333850****	胶州路6号603室	wa[illegible]@163.com	万涛	1357238****
FYGC01-19	顾晓华	装配车间	正式职工	1306622****	今山西路358号	ya[illegible]@163.com	严雨	1306468****
FYGC01-20	陈芳	冷凝车间	正式职工	1306083****	解放路8号A座	ya[illegible]nkai@163.com	杨新开	1376468****

图8-33 员工通信管理表

8.5 拓展课堂

本章拓展课堂将继续介绍数据验证的其他实用功能，以及通过隐藏窗口保证数据安全的操作。

8.5.1 数据验证的更多应用

设置数据验证不仅可以将数据输入限制在某个范围，还可以设置输入数据时进行提醒，以检查数据是否符合条件，并及时警告。

1. 设置提示信息

设置提示信息可以及时提醒数据输入者应该输入哪些内容，避免出错，其方法为：打开"数据验证"对话框，单击"输入信息"选项卡，在"标题"和"输入信息"文本框中输入需要提醒的内容，单击 确定 按钮。此时选择该单元格时就会及时显示提示信息，如图8-34所示。

图8-34 设置提示信息

2. 设置出错警告

设置数据验证，还可以实现当输入不符合条件的数据时，打开出错警告对话框的效果，其方法为：打开"数据验证"对话框，单击"出错警告"选项卡，在"样式"下拉列表中选择出错后的警告样式，在"标题"和"错误信息"文本框中输入出错警告文本，单击 确定 按钮。此时在设置了数据验证的单元格中输入不符合条件的内容并确认后，就会打开"错误"对话框，如图8-35所示。

图8-35 设置出错警告

8.5.2 隐藏窗口保证数据安全

在工作簿中可以利用隐藏窗口的功能保护表格数据，当需要再次查看或编辑表格时只需取消隐藏即可，其方法为：在"视图"→"窗口"组中单击 隐藏按钮。取消隐藏时，只需在"窗口"组中单击 取消隐藏按钮，在打开的对话框中选择需要取消隐藏的工作簿即可。

第3篇　市场营销篇

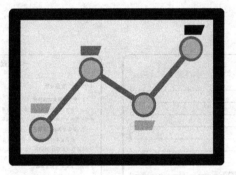

第 9 章

制作市场调查报告

本章导读

市场调查报告可以透过市场现状揭示市场运行的规律、本质，一份好的市场调查报告能给公司的市场经营活动提供有效的导向作用，能为公司的决策提供客观依据。本章将利用Word 2016制作市场调查报告文档，并通过Word 2016的样式、目录、封面制作等功能，美化文档，提高其专业性和可读性。

案例效果

一、调查结果的阐述

（一）单一变量分析

1. 受访者男女比例情况

此次参与调查的样本人数58人，其中男28人，占比例48.28%，女30人，占比例51.72%，男女比例相对较为平衡。可见此次调查抽取样本具有代表性。

2. 受访者年龄的比例情况

本次调查受访者年龄各异，18岁以下者占总比例约10.34%，19~30岁的人数占比例约32.77%，31~45岁的占比例约36.21%，46~60岁的人数占比例约10.34%，61岁以上的消费者占比约10.34%。调查结果及问卷不同年龄阶段的消费人群，相当具有广泛性和代表性，能够体现出年轻群体的消费群体。

3. 受访者月收入比例情况

本次被访者被访收入情况，月收入800元以下者占总份额比例约20.69%，801~1000元的人数占比例的24.14%，1201~2000元的人数比例为20.69%，2001~3500元占份额比例约22.71%，3501~5000元的人数占比例10.34%，5000以上则仅占总比例的1.7%，由此可以看出所调查的大多数消费者收入处于中等水平，青云鞋业可根据消费者收入会产出中等收入者的产品。

4. 跟随潮流购买鞋子的比例情况

经常跟随潮流购买鞋子的人仅占总比例约31.03%，而不经常跟随潮流购买鞋子的人则高达68.97%的比例。根据结果可以看出，在调查的人群中有大部分人都不是很爱跟潮流来购买鞋子。但这也可以是青云鞋业制鞋业的一个机会。

5. 受访者喜爱不同风格鞋子的比例情况

调查人群中喜欢休闲舒适鞋子风格的占比例约46.55%，高于排名第二位的风格20多个百分点。喜欢经典大方的人数占比例约24.14%，喜欢优雅时尚的约22.41%，偏好个性前卫的仅为5.17%，喜欢其他风格仅占比例约1.72%。由此可以看出青云鞋业应多注重鞋子的舒适度，创造于经典大方、优雅时尚风格的鞋子，以迎合消费者口味。

6. 受访者喜爱鞋子颜色的情况

经典色系占了总分额的一半以上，为58.62%，两色系以上为24.14%，杂艳色为13.79%，其他颜色比例为3.45%，由此可以看出可以多生产消费者欢迎的经典色系，并在鲜艳色及几种颜色的搭配上多花心思。

7. 消费者购买鞋子地点的情况

都分被调查者还是喜欢传统的购物方式，其中在商城和普通鞋店购买鞋子的占多数，分

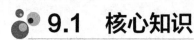

9.1 核心知识

市场调查报告的内容较多，需要经过必要的处理才能为阅读者创造更轻松的阅读环境。本章制作的案例，将重点涉及样式的创建与修改，以及目录与封面的应用操作。

9.1.1 样式的创建与修改

样式是字符格式、段落格式、边框、编号等属性的集合。创建一个样式后，便能为文本段落快速设置各种格式，这对经常使用某种样式的文档而言是非常高效的方法。

1. 创建样式

Word 2016预设了多种样式，在"开始"→"样式"组的"样式"下拉列表中选择某个选项，即可为所选段落应用该样式。如果对预设的样式不太满意，则可自行创建样式，其方法为：在"开始"→"样式"组中单击"样式"按钮，在打开的下拉列表中选择"创建样式"选项。在打开的对话框中单击 修改(M)... 按钮，此时将打开"根据格式化创建新样式"对话框，在其中可以设置该样式的名称、类型等属性，单击左下角的 格式(O)▾ 按钮，在弹出的下拉列表中便可为样式设置各种格式，如图9-1所示。

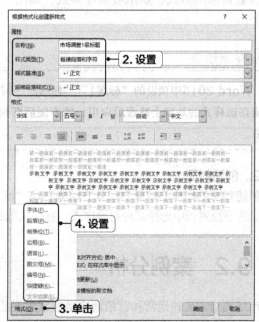

图9-1 创建新样式

2. 修改样式

无论是新建的样式，还是Word 2016自带的样式，都可以对格式进行修改，其方法为：在"开始"→"样式"组的"样式"下拉列表中的某种样式选项上单击鼠标右键，在弹出的快捷菜单中选择"修改"选项，即可在打开的对话框中按新建样式的方法修改当前样式的某种或某些格式。通常，如果Word 2016预设的某种样式较为符合需求，则可以通过修改的方式在该样式的基础上快速得到需要的效果，无须重新创建。

9.1.2 目录与封面的应用

制作内容较多的文档时，经常会涉及目录与封面的应用。前者的作用主要是帮助阅读者快速了解文档的整个内容框架，并能根据目录进行精准导航；后者则能使文档显得更加完整与专业，也方便打印后的整理与归档。

1. 插入目录

要想在文档中插入目录，首先需要为段落设置大纲级别，这是因为Word 2016默认是对大纲级别的段落进行提取并形成目录内容的。设置大纲级别的方法为：在"开始"→"段落"组中单击"展开"按钮，打开"段落"对话框，在"大纲级别"下拉列表中设置段落的级别即可。为所有段落设置了相应的大纲级别后，可在"引用"→"目录"组中单击"目录"按钮，在弹出的下拉列表中选择预设的目录样式，或选择"自定义目录"选项，并在打开的"目录"对话框中设置目录的格式、显示级别等参数，如图9-2所示。

图9-2 自定义目录样式

专家指导

　　Word 2016中预设的"标题1""标题2"等样式，已经设置好了大纲级别，应用这些样式或在该样式的基础上修改后应用，能方便后期快速插入目录，省去了手动设置大纲级别的环节。

2. 创建封面

创建封面的操作非常简单，其方法为：在"插入"→"页面"组中单击"封面"按钮，在弹出的下拉列表中选择某种封面样式，在生成的封面页上输入相应的内容即可。

9.2 案例分析

市场调查对公司运营和营销而言是非常重要的。Word 2016在制作这类文档时的首要责任，就是使整篇文档的内容和层次能够清晰地展现在阅读者面前。否则冗长的文本和枯燥的数据会影响阅读体验，甚至造成错误判断。

9.2.1 案例目标

本案例以青云鞋业即将进驻江林市鞋类市场为背景，专业的市场调查组织为其进行市场调查并给出市场调研报告逐一分析。要求该市场调查报告具备市场调查的大体背景和结果、调查结果的具体的分析结论、营销建议与对策等内容，以便青云鞋业相关负责人通过此报告做出正确的市场策略和运营方针。

9.2.2 制作思路

本案例需要将调查与分析的结果整理到文档中，本书为方便读者更好地学习Word 2016的操作方法，已经将内容提供到配套素材包中，因此这里需要做的操作主要是对文档格式进行设置。本案例的具体制作思路如图9-3所示。

图9-3 市场调查报告文档的制作思路

9.3 案例制作

根据案例目标和制作思路，下面开始案例的制作。

9.3.1 设置文档格式

下面利用提供的素材文档进行操作，首先需要插入分页符控制内容的显示页面，然后利用样式为文档进行格式设置，其具体操作如下。

设置文档格式

STEP 01 ▶打开"市场调查报告.docx"文档（配套资源:\素材\第9章\市场调查报告.docx），在"前 言"文本左侧定位光标，在"布局"→"页面设置"组中单击 ∺分隔符▾按钮，在弹出的下拉列表中选择"分页符"选项，如图9-4所示。

STEP 02 ▶在"一、调查结果的阐述"文本左侧定位光标，继续单击 ∺分隔符▾按钮，在弹出的下拉列表中选择"分页符"选项，如图9-5所示。

专家指导

这里在"前 言"前插入分页符，使文档生成一张空白页面，其目的是给后期插入目录提供页面空间，实际工作中也可以在插入目录时进行分页。

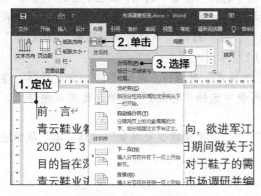

图9-4 插入分页符1

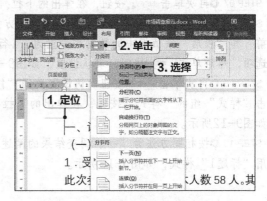

图9-5 插入分页符2

STEP 03 ▶按相同方法在"二、营销建议及对策"文本前和"结　尾"文本前插入分页符，使这些内容分页显示，如图9-6所示。

STEP 04 ▶在"开始"→"样式"组的"样式"下拉列表"标题1"选项上单击鼠标右键，在弹出的快捷菜单中选择"修改"选项，如图9-7所示。

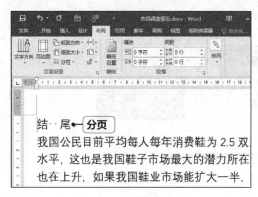

图9-6　文档分页

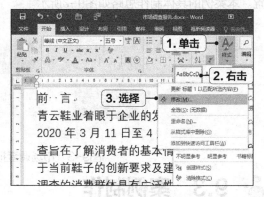

图9-7　修改样式1

STEP 05 ▶打开"修改样式"对话框，单击 格式(O)▼ 按钮，在弹出的下拉列表中选择"字体"选项，如图9-8所示。

STEP 06 ▶打开"字体"对话框，在"中文字体"下拉列表中选择"方正粗雅宋简体"选项，在"字形"列表中选择"常规"选项，在"字号"列表中选择"三号"选项，然后单击 确定 按钮，确认设置，如图9-9所示。

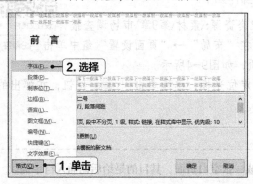

图9-8　修改字符格式

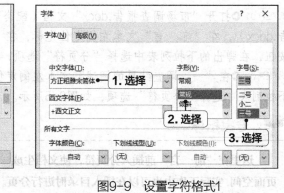

图9-9　设置字符格式1

STEP 07 ▶再次单击 格式(O)▼ 按钮，在弹出的下拉列表中选择"段落"选项，如图9-10所示。

STEP 08 ▶打开"段落"对话框，在"对齐方式"下拉列表中选择"居中"选项，将"段前"和"段后"数值框中的数据均设置为"1行"，在"行距"下拉列表中选择"2倍行距"选项，然后单击 确定 按钮，确认设置，如图9-11所示。

STEP 09 ▶再次单击 确定 按钮确认设置关闭"修改样式"对话框。选择"前　言"段落，单击"样式"组的"样式"按钮，在弹出的下拉列表中选择"标题1"选项，为其应用样式，如图9-12所示。

STEP 10 ▶按相同方法为"一、调查结果的阐述""二、营销建议及对策""结　尾"段落应用"标题1"样式，如图9-13所示。

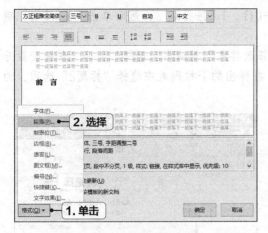

图9-10 修改段落格式

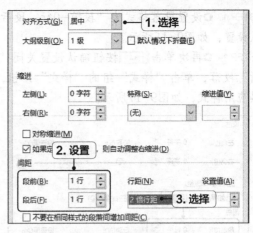

图9-11 设置段落格式1

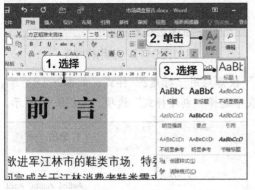

图9-12 应用样式1

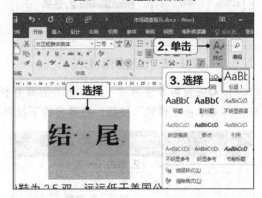

图9-13 应用样式2

 专家指导

应用样式时，可以利用【Ctrl】键同时选择所有需要应用样式的段落，然后选择对应的样式一次性进行设置；也可为第1个段落应用样式后，通过格式刷工具为其他段落快速复制格式。

STEP 11 ▶在"样式"下拉列表的"标题2"选项上单击鼠标右键，在弹出的快捷菜单中选择"修改"选项，如图9-14所示。

STEP 12 ▶按相同方法修改字符格式为"方正小标宋简体、常规、小四"，然后单击 确定 按钮，确认设置，如图9-15所示。

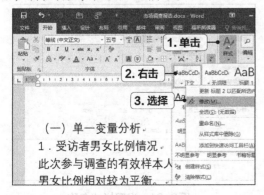

图9-14 修改样式2

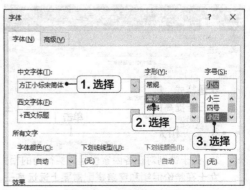

图9-15 设置字符格式2

STEP 13 ▶设置段落格式为"段前-0行、段后-0行、1.5倍行距"，然后单击 [确定] 按钮，确认设置，如图9-16所示。

STEP 14 ▶再次单击 [确定] 按钮确认设置关闭"修改样式"对话框。选择"（一）单一变量分析"段落，单击"样式"组的"样式"按钮，在弹出的下拉列表中选择"标题2"选项，为其应用样式，如图9-17所示。

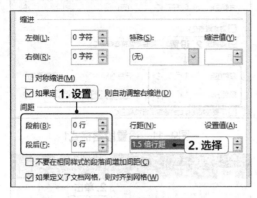

图9-16　设置段落格式2

图9-17　应用样式3

STEP 15 ▶按相同方法为"（二）相关因素分析"段落应用"标题2"样式，如图9-18所示。

STEP 16 ▶单击"样式"按钮，在弹出的下拉列表中选择"创建样式"选项，如图9-19所示。

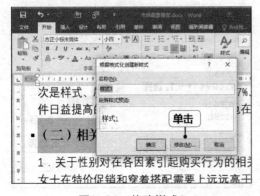

图9-18　应用样式4

图9-19　新建样式

STEP 17 ▶打开"根据格式化创建新样式"对话框，单击 [修改(M)...] 按钮，如图9-20所示。

STEP 18 ▶在打开的对话框的"名称"文本框中输入"市场调查标题3"文本，如图9-21所示。

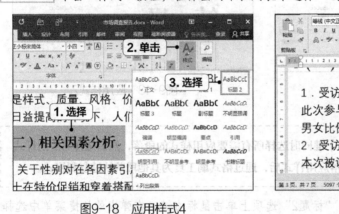

图9-20　修改样式3

图9-21　设置样式名称

STEP 19 ▶利用下方的 格式(O)▾ 按钮设置字符格式为"方正黑体简体、常规、五号",单击 确定 按钮,如图9-22所示。

STEP 20 ▶设置段落格式为"大纲级别-3级、首行缩进-2字符、1.5倍行距",单击 确定 按钮,如图9-23所示。

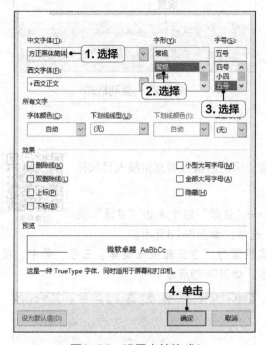

图9-22 设置字符格式3

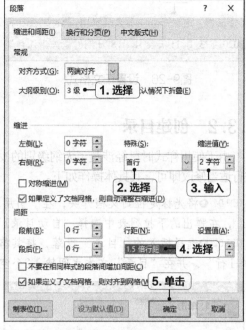

图9-23 设置段落格式3

STEP 21 ▶依次单击 确定 按钮确认设置关闭所有对话框。选择"1.受访者男女比例情况"段落,单击"样式"组的"样式"按钮,在弹出的下拉列表中选择"市场调查标题3"选项,为其应用样式,如图9-24所示。

STEP 22 ▶按相同方法为所有编号为"1.,2.,3.,..."样式的段落应用"市场调查标题3"样式,如图9-25所示。

图9-24 应用样式5

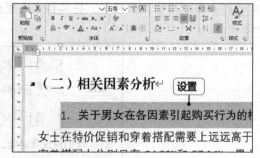

图9-25 应用样式6

STEP 23 ▶选择前言中的正文段落,将其格式设置为"中文字体-方正仿宋简体、西文字体-Times New Roman、首行缩进-2字符、多倍行距-1.2",如图9-26所示。

STEP 24 ▶利用格式刷工具为其他正文内容应用设置的正文格式,如图9-27所示。

图9-26　设置正文格式　　　　　　　　　图9-27　复制格式

9.3.2　创建目录

由于使用样式时已经涉及了大纲级别的设置，因此这里只需直接插入目录并进行适当修改即可，其具体操作如下。

创建目录

STEP 01 ▶将光标定位到文档开头，在"引用"→"目录"组中单击"目录"按钮，在弹出的下拉列表中选择"自动目录1"选项，如图9-28所示。

STEP 02 ▶选择插入的"目录"段落，将其格式设置为"方正粗雅宋简体、三号、居中、段后-1行"，并在"目录"文本之间输入2个空格，如图9-29所示。

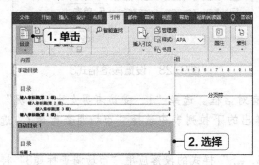

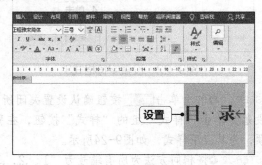

图9-28　选择目录样式　　　　　　　　　图9-29　设置格式1

STEP 03 ▶选择其他目录文本，将其格式设置为"方正小标宋简体、固定值-24磅"，如图9-30所示。

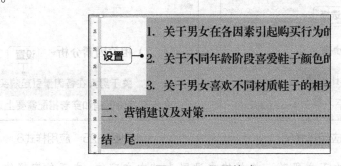

图9-30　设置格式2

9.3.3　创建封面

接下来为文档创建封面并输入内容，其具体操作如下。

创建封面

STEP 01 ▶ 在"插入"→"页面"组中单击"封面"按钮 ，在弹出的下拉列表中选择"边线型"选项，如图9-31所示。

STEP 02 ▶ 在插入的封面中依次输入公司名称、文档标题与副标题、制作者名称和日期等内容，保存文档即可（配套资源:\效果\第9章\市场调查报告.docx），如图9-32所示。

图9-31 选择封面样式

图9-32 输入封面内容

9.4 强化训练

本次强化训练将制作市场预测报告文档与可行性分析报告文档，通过制作，巩固在Word 2016中使用样式、目录和封面等功能的操作。

9.4.1 制作市场预测报告文档

市场预测报告可以依据已掌握的有关市场的信息和资料，通过科学的方法进行分析研究，从而预测未来发展趋势。这类报告可以为公司或有关部门提供信息，以改善经营管理，促使产销对路，提高经济效益。

【制作效果与思路】

本例制作的市场预测报告文档的部分效果如图9-33所示（配套资源:\效果\第9章\市场预测报告.docx），具体制作思路如下。

（1）打开"市场预测报告.docx"文档（配套资源:\素材\第9章\市场预测报告.docx），为标题段落应用"标题1"样式，然后设置字符格式为"方正北魏楷书简体"，对齐方式为"居中"。

（2）为"前言"和"正文"两个段落应用"标题2"样式；为编号为"一、,二、,三、,…"样式的段落应用"方正黑体简体、小四、加粗、段前-0行、段后-0行、单倍行距"的样式，并将其命名为"标题三"；为编号为"（一）,（二）,（三）,…"样式的段落应用"中文:方正仿宋简体、英文:等线 Light、五号、加粗、段前-0行、段后-0行、1.5

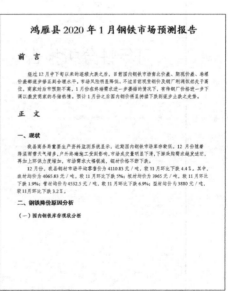

图9-33 市场预测报告文档

倍行距"的样式，并将其命名为"标题四"。

（3）修改"标题2"样式的格式为"方正北魏楷书简体、三号、加粗"。

（4）设置正文段落的格式为"中文字体-方正仿宋简体、西文字体-Times New Roman、首行缩进-2字符"。

9.4.2 制作可行性分析报告文档

可行性分析报告可以对某一项目进行可行性分析，包括市场和销售、规模和产品、厂址、供应、工艺技术、设备、人员、实施计划、投资与成本、效益与风险等，并就是否应该投资开发该项目给出结论性意见，为投资决策提供科学依据。

【制作效果与思路】

本例制作的可行性分析报告文档的部分效果如图9-34所示（配套资源:\效果\第9章\可行性分析报告.docx），具体制作思路如下。

（1）打开"可行性分析报告.docx"文档（配套资源:\素材\第9章\可行性分析报告.docx），设置标题段落格式为"方正大标宋简体、三号、居中、3倍行距"。

（2）设置所有正文段落的格式为"中文字体-方正仿宋简体、西文字体-Times New Roman、首行缩进-2字符、1.2倍行距"，加粗显示项目符号所在段落的文本（冒号后的文本不加粗），加粗显示带"1.,2.,3.,..."编号样式且包含冒号的文本。

（3）创建"可行性分析标题2"样式，格式为"方正大标宋简体、四号、大纲级别-1级、1.5倍行距"，应用到"一,二,三,..."编号样式所在的段落。

（4）创建"可行性分析标题3"样式，格式为"方正黑体简体、首行缩进-2字符、1.5倍行距"，应用到"（一),（二),（三),..."编号样式所在的段落。

（5）在标题文本前插入分页符，在空页中输入"目 录"并换行。

（6）利用"自定义目录"选项插入格式为"流行"、显示级别为"2"的目录。

（7）插入"花丝"封面，删除其中的副标题和作者域，输入其他指定的内容。

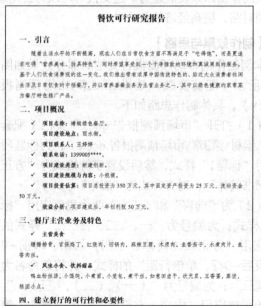

图9-34　可行性分析报告文档

9.5 拓展课堂

对于篇幅较长的文档而言，为各级别标题段落设置大纲级别的好处不只方便插入目录。本章拓展课堂便将介绍与大纲级别相关的更多实用性操作。

9.5.1 导航窗格的应用

在"视图"→"显示"组中选中"导航窗格"复选框，会在操作界面左侧显示该窗格，如果文档中包含设置了大纲级别的段落，则可以在该窗格中显示出相应的段落内容，选择某个段落对应的选项，即可快速定位到该段落中，如图9-35所示。

除此以外，在导航窗格的搜索框中输入文本，如果文档中包含该文本内容，则会显示到导航窗格中，选择相应的选项，可快速定位到对应的位置。

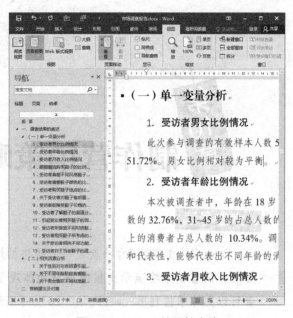

图9-35 Word的导航窗格

9.5.2 大纲视图的应用

在"视图"→"视图"组中单击 大纲 按钮，将切换到大纲视图模式，如图9-36所示，该模式有助在于快速了解文档结构，并组织文档内容。其常用的操作有以下3种。

- **设置显示级别**：在"显示级别"下拉列表中可设置显示的大纲级别，文档会同步显示出该级别及以上级别的内容。图9-36所示即为显示级别为"3级"时显示的内容。
- **调整内容**：选择对应的段落，拖曳鼠标指针后该段落及其包含的低级别内容都将被移动到目标位置，实现快速对文档内容的重新组织、操作。
- **调整级别**：在"大纲工具"组的"大纲级别"下拉列表中选择相应的级别后，所选段落将调整为设置的级别。也可通过单击该下拉列表左右两侧的按钮来实现升降级操作，这些按钮包括"提升至标题1"按钮 、"升级"按钮 、"降级"按钮 、"降级为正文"按钮 ，单击相应按钮，即可实现升降级操作。

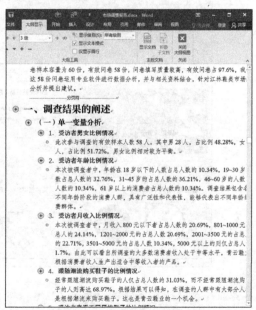

图9-36 Word的大纲视图

第10章 制作营销策略演示文稿

本章导读

　　PowerPoint 2016的特点之一便是将枯燥乏味的内容变得生动有趣，本章将要制作的营销策略演示文稿便很好地体现了这种特性。通过本案例的制作，读者可以熟练掌握利用PowerPoint 2016对图形、图片、文本框等对象进行创建和编辑的方法。

案例效果

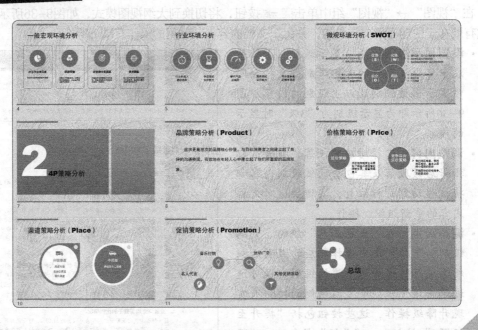

10.1 核心知识

在PowerPoint 2016中插入形状、文本框、图标等对象的方法大体是相似的，具体操作会在案例中详细演示，这里重点介绍如何控制多个创建好的图形对象，以及如何利用PowerPoint 2016的合并形状功能制作出各种创意形状的操作。

10.1.1 多个图形对象的控制

一张幻灯片中出现多个图形对象是很常见的情况，图形对象排列整齐、组合美观是决定幻灯片精美的因素之一。下面重点介绍对多个图形对象的组合、排列、对齐和叠放等操作。

- **组合：** 拖曳鼠标指针框选多个图形对象，或按住【Shift】键的同时选择多个对象，然后在"绘图工具-格式"→"排列"组中单击"组合"按钮，在弹出的下拉列表中选择"组合"选项，或直接按【Ctrl+G】组合键快速进行组合。若要取消组合，也可单击"组合"按钮，在弹出的下拉列表中选择"取消组合"选项，或直接按【Ctrl+Shift+G】组合键。图10-1所示为缩小未组合的形状与缩小组合后的形状的效果对比。

图10-1 缩小未组合的形状与缩小组合后的形状的效果对比

- **排列：** 选择多个图形对象，在"绘图工具-格式"→"排列"组中单击"对齐"按钮，在弹出的下拉列表中选择"横向分布"或"纵向分布"选项，前者可以在水平方向等距离排列对象，后者可以在垂直方向等距离排列对象。
- **对齐：** 选择多个图形对象，在"绘图工具-格式"→"排列"组中单击"对齐"按钮，在弹出的下拉列表中选择相应的对齐选项可对齐图形对象，包括左对齐、水平居中、右对齐、顶端对齐、垂直居中、底端对齐等多种对齐效果。
- **叠放：** 选择某一个图形对象，在"绘图工具-格式"→"排列"组中单击"上移一层"按钮或"下移一层"按钮可调整叠放顺序，单击下方的下拉按钮，可在弹出的下拉列表中选择"置于顶层"选项或"置于底层"选项快速调整叠放顺序。

10.1.2 创意形状的创建

利用PowerPoint 2016的"合并形状"功能可实现对形状的"联合""组合""拆分""相交""剪除"等操作。选择多个图形对象后，在"绘图工具-格式"→"插入形状"组中单击合并形状按钮，在弹出的下拉列表中即可选择需要的合并方式。各种合并选项的作用分别如下，具体效果如图10-2所示。

- **联合：** 将多个图形对象合并为一个整体，重叠部分去除边框，共用外部边框。
- **组合：** 将多个图形对象合并为一个整体，去除重叠部分。
- **拆分：** 将多个图形对象以重叠部分为分隔点，拆分为多个对象。

- **相交：** 仅保留多个图形对象的重叠部分。
- **剪除：** 以先选择的图形对象为基准，减去该图形对象与其他图形对象重叠的部分。

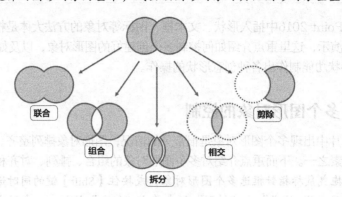

图10-2　各种合并效果

专家指导

　　制作图形对象时，首先应尽可能地利用现有的形状，如PowerPoint 2016提供的图标和各种基础的形状，然后再考虑如何通过现有形状来组合得到需要的图形，以尽量提高设计与制作效率。

10.2　案例分析

　　本案例涉及大量的图形对象，主要包括各种形状、图标、文本框和组合图形，这里重点制作两张较为典型的幻灯片，以说明图形对象在幻灯片中的使用方法。

10.2.1　案例目标

　　在提供素材的基础上，以图形对象来表现幻灯片内容，使演示文稿能够呈现出生动且丰富的演示效果。

10.2.2　制作思路

　　本案例首先需要利用形状、图标和文本框制作一般宏观环境分析幻灯片，并通过多对象的控制使页面内容整齐有序，然后通过组合图形来制作渠道策略分析幻灯片。本案例的具体制作思路如图10-3所示。

图10-3　营销策略演示文稿的制作思路

10.3 案例制作

根据案例目标和制作思路，下面开始案例的制作。

10.3.1 添加并管理多个图形对象

图形、图标与文本框的组合是制作幻灯片内容的经典方案，下面便根据这一思路来制作幻灯片页面，其具体操作如下。

添加并管理
多个图形对象

STEP 01 ▶打开"营销策略.pptx"演示文稿（配套资源:\素材\第10章\营销策略.pptx），选择第3张幻灯片，在"开始"→"幻灯片"组中单击"新建幻灯片"按钮下方的下拉按钮，在弹出的下拉列表中选择"仅标题"选项，如图10-4所示。

STEP 02 ▶在标题占位符中输入"一般宏观环境分析"文本，如图10-5所示。

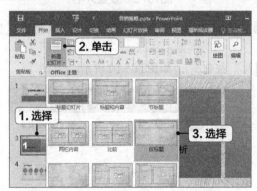

图10-4 插入幻灯片

图10-5 输入标题

STEP 03 ▶在"插入"→"插图"组中单击"形状"按钮，在弹出的下拉列表中选择"圆角矩形"选项，如图10-6所示。

STEP 04 ▶在幻灯片中单击鼠标左键创建圆角矩形，在"绘图工具-格式"→"形状样式"组中单击"形状填充"按钮形状填充 ▪右侧的下拉按钮，在弹出的下拉列表中选择"无填充颜色"选项，如图10-7所示。

STEP 05 ▶在"形状样式"组中单击"形状轮廓"按钮形状轮廓 ▪右侧的下拉按钮，在弹出的下拉列表中选择主题颜色中的"水绿色，个性色2"选项，如图10-8所示。

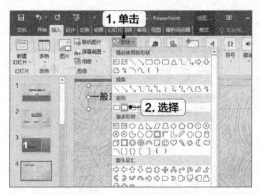

图10-6 插入圆角矩形

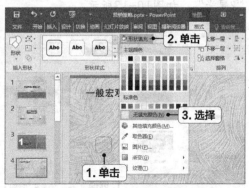

图10-7 设置填充色

STEP 06 ▶ 在"大小"组中设置圆角矩形的高度和宽度分别为"10厘米"和"7厘米"，如图10-9所示。

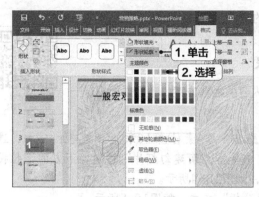
图10-8　设置轮廓色

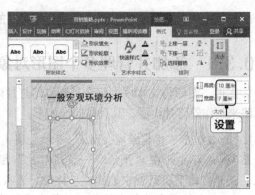
图10-9　设置大小

STEP 07 ▶ 按相同方法创建圆形，填充色设置为"水绿色，个性色2"，无轮廓，高度和宽度都为"4厘米"，如图10-10所示。

STEP 08 ▶ 在"插入"→"图像"组中单击"图片"按钮🖼，如图10-11所示。

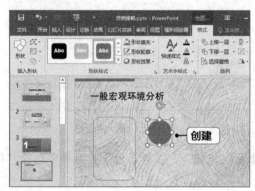
图10-10　插入圆形

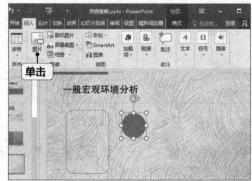
图10-11　插入图片

STEP 09 ▶ 打开"插入图片"对话框，选择"营销策略01.png"文件（配套资源：素材\第10章\营销策略0.1png），单击 插入(S) ▼按钮，如图10-12所示。

STEP 10 ▶ 在"图片工具-格式"→"大小"组中设置插入的图标尺寸，将宽度和高度均设置为"2厘米"，如图10-13所示。

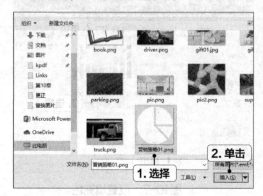
图10-12　选择图片

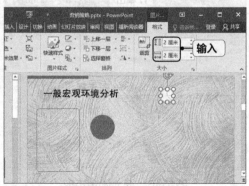
图10-13　设置大小

专家指导

为了方便用户设计出更好的幻灯片内容，PowerPoint 2019增加了"插入图标"功能，利用该功能可以选择各种类型的图标，并能轻松调整图标的轮廓色和填充色。感兴趣的用户可安装使用。

STEP 11 ▶框选圆形和图标，在"图片工具-格式"（或"绘图工具-格式"）→"排列"组中单击 对齐·按钮，在弹出的下拉列表中选择"水平居中"选项，再次单击该按钮，在弹出的下拉列表中选择"垂直居中"选项，如图10-14所示。

STEP 12 ▶按【Ctrl+G】组合键组合图形，将其移至圆角矩形内部，然后将其对齐方式设置为"水平居中"，如图10-15所示。

图10-14 对齐形状1

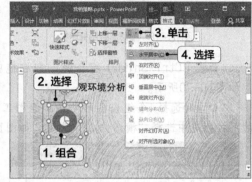

图10-15 对齐形状2

专家指导

PowerPoint 2016提供智能参考线功能，拖曳图形时会根据图形位置显示出参考线，提醒用户当前位置，使用此功能可以很方便地实现图形的对齐效果。如果没有该功能，可在幻灯片中单击鼠标右键，在弹出的快捷菜单中选择"网格和参考线"→"智能参考线"选项启用。

STEP 13 ▶在"插入"→"文本"组中单击"文本框"按钮，在幻灯片中单击鼠标左键插入文本框，输入文本内容后将字号设置为"18"，并与圆角矩形水平居中对齐，如图10-16所示。

STEP 14 ▶选择文本框边框，然后按住【Ctrl】键的同时向下拖曳文本框边框，复制文本框及其中的内容，修改其中的文本后，将字号设置为"12"，并与圆角矩形水平居中对齐，如图10-17所示。

图10-16 插入文本框

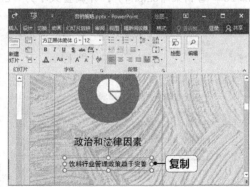

图10-17 复制文本框

STEP 15 ○ 选择圆角矩形，拖曳左上角的黄色控制点减小圆角的角度，如图10-18所示。

STEP 16 ○ 框选所有图形，按【Ctrl+G】组合键将其组合起来，如图10-19所示。

图10-18 调整圆角矩形

图10-19 组合图形

STEP 17 ○ 按【Ctrl+Shift】组合键，向右拖曳组合图形的边框，水平复制出3个相同的图形，如图10-20所示。

STEP 18 ○ 同时选择4个组合图形，在"绘图工具-格式"→"排列"组中单击按钮，在弹出的下拉列表中选择"横向分布"选项，如图10-21所示。

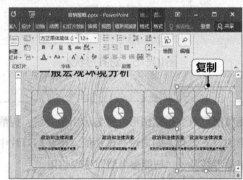

图10-20 复制组合图形

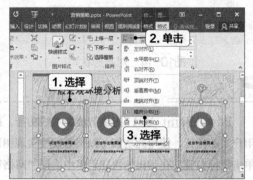

图10-21 分布图形

STEP 19 ○ 修改其他组合图形中的文本框内容，并根据内容调整文本框宽度，使文本框与圆角矩形居中对齐，如图10-22所示。

STEP 20 ○ 按【Delete】键删除其他组合图形中的图标对象，重新插入新的图标（配套资源：素材\第10章\营销策略02.png），并调整大小为"2厘米"，放置在圆形中央，如图10-23所示。

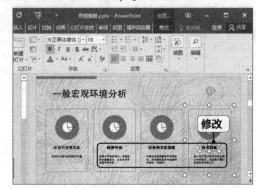

图10-22 修改文本框

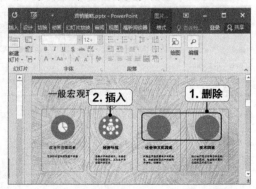

图10-23 插入图标1

STEP 21 ▶按相同方法插入并设置图标（配套资源：素材\第10章\营销策略03.png、营销策略04.png），然后框选所有图形，适当向上移动其在页面的位置，如图10-24所示。

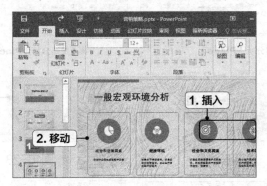

图10-24　插入图标2

10.3.2　制作创意形状美化幻灯片

下面以泪滴形状和圆形为基础，通过合并图形功能制作出新的形状对象，并借助图标和文本框来显示幻灯片内容，其具体操作如下。

制作创意形状
美化幻灯片

STEP 01 ▶在第9张幻灯片后面插入一张版式为"仅标题"的幻灯片，在标题占位符中输入"渠道策略分析（Place）"，如图10-25所示。

STEP 02 ▶插入"基本形状"类别中的泪滴形状，填充色设置为"水绿色，个性色2"，无轮廓，高度和宽度都为"10厘米"，如图10-26所示。

STEP 03 ▶插入2个圆形，尺寸分别为"9厘米"和"1厘米"，将其移至泪滴形状的中央和右上角，选择泪滴形状，利用【Ctrl】键继续选择两个圆形，在"绘图工具-格式"→"插入形状"组中单击 合并形状▾按钮，在弹出的下拉列表中选择"剪除"选项，如图10-27所示。

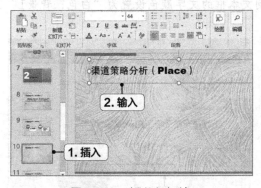

图10-25　插入幻灯片

图10-26　插入泪滴形状

STEP 04 ▶插入圆形，将高度和宽度设置为"9.5厘米"，填充色设置为"白色，背景1"，将圆形移至组合形状的中央，如图10-28所示。

STEP 05 ▶选择圆形，在"绘图工具-格式"→"排列"组中单击"下移一层"按钮右侧的下拉按钮，在弹出的下拉列表中选择"置于底层"选项，如图10-29所示。

STEP 06 ▶框选两个图形，按住【Ctrl+Shift】组合键的同时向右拖曳鼠标指针，水平复制出相同的对象，并调整泪滴形状的填充色为"白色，背景1"，圆形的填充色为"水绿色"，如图10-30所示。

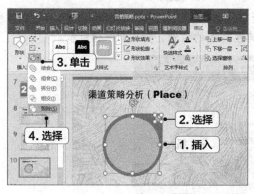

图10-27　剪除形状

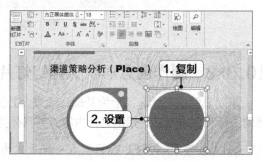

图10-28　创建圆形

图10-29　调整叠放顺序

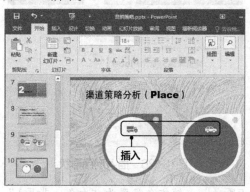

图10-30　复制并修改图形

STEP 07 ● 在两组图形中插入"营销策略05.png"和"营销策略06.png"图标（配套资源：素材\第10章\营销策略05.png、营销策略06.png），大小设置为"2厘米"，左侧图标填充色设置为"水绿色"，右侧图标填充色设置为"白色，背景1"，如图10-31所示。

STEP 08 ● 在两组图形中插入文本框，输入内容后调整位置，字号设置为"24"，并将左侧文本框的文字颜色设置为"水绿色"，将右侧文本框的文字颜色设置为"白色，背景1"，如图10-32所示。

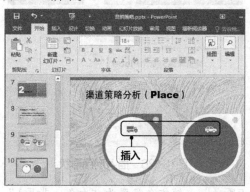

图10-31　插入图标

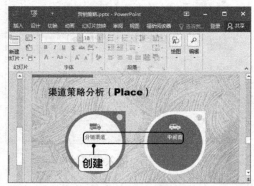

图10-32　插入文本框

STEP 09 ● 按【Ctrl+Shift】组合键垂直向下复制两组文本框，修改内容后将字号调整为"18"，文本对齐方式调整为"居中"，然后设置左侧文本框行距为"1.5"，如图10-33所示。

STEP 10 ● 框选所有图形对象，按【Ctrl+G】组合键组合，然后将其设置为"水平居中"的对齐效果，如图10-34所示。

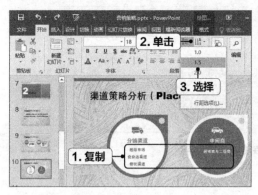
图10-33 复制文本框

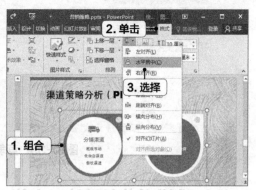
图10-34 对齐图形

10.4 强化训练

营销策略涉及许多方面的内容，如产品策略、价格策略、竞争策略、品牌策略等。这些内容如何以生动形象的方式展示到演示文稿中，是制作者应该重视的问题。下面继续通过制作竞争策略和价格策略演示文稿，强化使用形状、文本框、图标等对象的能力。

10.4.1 制作竞争策略演示文稿

竞争策略应主要从竞争的角度来展示公司采取的应对方针。这里将通过各种图形对象来呈现竞争策略的具体内容。

【制作效果与思路】

本例制作的竞争策略演示文稿的效果如图10-35所示（配套资源:\效果\第10章\竞争策略.pptx），具体制作思路如下。

（1）打开"竞争策略.pptx"演示文稿（配套资源:\素材\第10章\竞争策略.pptx），在第2张幻灯片中首先使用圆角矩形和文本框制作左侧的目录文本区域，然后利用圆角矩形、矩形和文本框制作具体的目录内容区域。

（2）在第3张幻灯片中利用对角圆角矩形和图标（配套资源:\素材\第10章\竞争策略01.png～竞争策略04.png）制作中央的图形区域，再利用文本框制作对应的文本内容。

（3）在第4张幻灯片中通过插入流程图类别下的延期形状、圆形和图标（配套资源:\素材\第10章\竞争策略05.png～竞争策略12.png）制作左侧的图形，然后通过复制和水平翻转（单击"绘图工具-格式"→"排列"组中的 旋转·按钮进行操作）的方式得到右侧图形，修改图标内容后插入文本框输入文本内容。

（4）在第5张幻灯片中首先利用圆角矩形和圆形进行"组合"操作，然后继续利用圆形、文本框和图标（配套资源:\素材\第10章\竞争策略13.png～竞争策略16.png）构成第1个图形对象，然后通过复制操作得到其他图形对象，修改格式、文本内容和图标即可。

（5）在第6张幻灯片中插入图标（配套资源:\素材\第10章\竞争策略17.png～竞争策略20.png）和SmartArt图形，在SmartArt图形中输入文本。

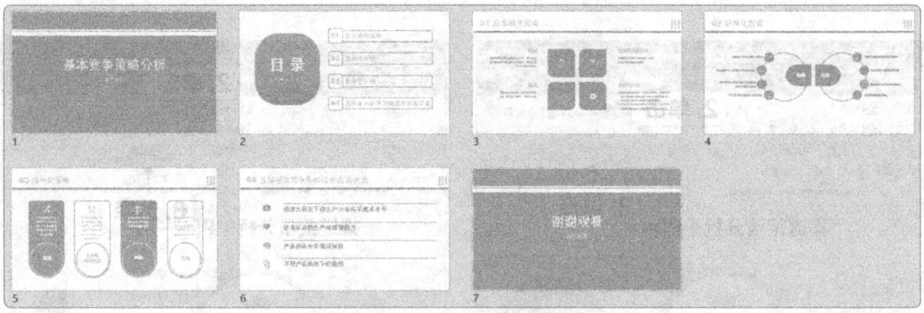

图10-35　竞争策略演示文稿

10.4.2　制作价格策略演示文稿

演示文稿的基本结构一般为"封面页+目录页+过渡页+内容页+结束页"，其中过渡页除文本内容外，其他页面元素可以保持高度一致。下面将要制作的价格策略演示文稿就将涉及这些页面的制作。

【制作效果与思路】

本例制作的价格策略演示文稿的部分效果如图10-36所示（配套资源:\效果\第10章\价格策略.pptx），具体制作思路如下。

（1）打开"价格策略.pptx"演示文稿（配套资源:\素材\第10章\价格策略.pptx），在第3张幻灯片中首先利用矩形和文本框制作色块和内容区域。然后以圆形为基础剪除文本框"fy"得到目标形状，再以该形状剪除圆环得到公司Logo图标。

（2）将第3张幻灯片的所有元素复制粘贴到第5张、第7张和第9张幻灯片，修改文本内容完成过渡页的制作。

（3）在第4张幻灯片中利用圆形、图标（配套资源:\素材\第10章\价格策略01.png～价格策略04.png）、文本框和直线来设计一组对象，然后通过复制粘贴对象的方式快速得到其他几组对象，修改格式、文本内容和图标即可。其中，直线需要设置为渐变填充，添加3个渐变光圈，位置分别位于"0%、50%和100%"，透明度依次设置为"100%、0%、100%"。

（4）在第10张幻灯片中利用选择角度的圆角矩形、图标（配套资源:\素材\第10章\价格策略05.png～价格策略07.png）和文本框制作一组对象，然后通过复制粘贴对象的方式快速得到其他几组对象，修改格式、文本内容和图标即可。

图10-36　价格策略演示文稿

10.5 拓展课堂

图形对象是演示文稿中不可或缺的元素，缺少了它们，演示文稿会显得呆板木讷，毫无生机。本章拓展课堂将进一步介绍与图形对象相关的应用操作。

10.5.1 顶点的编辑

对形状而言，可以通过编辑其顶点来得到更符合需求的对象。在形状上单击鼠标右键，在弹出的快捷菜单中选择"编辑顶点"选项即可进入顶点编辑状态，如图10-37所示。

图10-37 顶点编辑状态

下面介绍5种常用的顶点编辑方法。

- **拖曳顶点**：拖曳黑色顶点可以调整顶点位置，从而改变顶点两侧线条的形状。
- **拖曳控制柄**：选择某个顶点后，顶点左右两侧将出现白色控制柄，默认情况下，拖曳任意控制柄会同时调整顶点两侧线条的方向和长度。若只需要调整一侧的线条，可在按住【Alt】键的同时拖曳该侧的控制柄。
- **更改顶点类型**：选择某个顶点后，可在其上单击鼠标右键，在弹出的快捷菜单中更改顶点类型，包括"平滑顶点""直线点""角部顶点"3种类型。其中：平滑顶点两侧为相同长度的线条，拖曳该顶点任意控制柄会同时调整另一控制柄的状态；直线点顶点两侧为不同长度的线条，拖曳该顶点任意控制柄也会同时调整另一控制柄的状态；角部顶点两侧为不同方向的线条，拖曳该顶点任意控制柄不会影响另一控制柄的状态。
- **添加与删除顶点**：顶点编辑状态下形状边框上的红色线条代表路径，按住【Ctrl】键的同时在路径上单击鼠标左键即可添加顶点，若按住【Ctrl】键并单击已有的某个顶点，则可将该顶点从路径上删除。当然，也可在路径上或顶点上单击鼠标右键，在弹出的快捷菜单中选择"添加顶点"选项或"删除顶点"选项实现顶点的添加与删除操作。
- **退出顶点编辑状态**：按【Esc】键或单击形状以外的其他区域可退出顶点编辑状态。

10.5.2 图表的应用

利用图表可以更容易得到数据的对比情况、组成情况、趋势情况等信息。利用PowerPoint 2016的"插入"→"插图"组可以插入各种类型的图表，如柱形图、折线图、饼图等（图表的具体操作，本书会在后面介绍Excel 2016时再详细介绍），但即便如此，其生动性与图形对象相比也有所欠缺。

当涉及可能使用图表来表现数据的情况时，也可以考虑用图形对象来代替。图10-38所示即为使用图标、圆形、文本框和合并形状对象表达产品各种功能的用户满意度。如果直接用柱形图来表现，则效果会差许多。因此在设计幻灯片内容时，应该活用各种图形，打造出不同的对象。

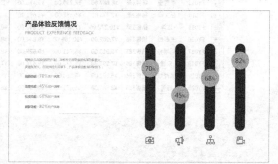

图10-38 以图形为基础的图表效果

第11章

制作销售统计表

本章导读

销售统计表不仅能够方便公司查看销售情况、考核销售业绩，还能方便决策者根据销售结果对营销策略进行相应调整。因此，销售统计表对于公司营销管理而言，作用是非常大的。本章将利用Excel 2016制作销售统计表，介绍数据管理的方法。

案例效果

	A	B	C	D	E	F	G	H	I	J	K	L
1	工号	姓名	部门	1月份	2月份	3月份	4月份	5月份	6月份	销售总额	每月平均	排名
2	FY001	张敏	销售1部	¥7,704.00	¥6,099.00	¥9,844.00	¥10,379.00	¥10,058.00	¥5,457.00	¥49,541.00	¥8,256.83	10
3	FY002	宋子丹	销售2部	¥9,309.00	¥5,564.00	¥9,416.00	¥5,885.00	¥6,741.00	¥7,490.00	¥44,405.00	¥7,400.83	18
4	FY003	黄晓霞	销售1部	¥7,597.00	¥7,169.00	¥9,630.00	¥8,774.00	¥10,379.00	¥7,383.00	¥50,932.00	¥8,488.67	4
5	FY004	刘伟	销售3部	¥8,774.00	¥6,848.00	¥8,132.00	¥6,848.00	¥9,630.00	¥8,453.00	¥48,685.00	¥8,114.17	12
6	FY005	郭建军	销售2部	¥5,564.00	¥8,132.00	¥9,309.00	¥8,667.00	¥10,593.00	¥5,457.00	¥47,722.00	¥7,953.67	14
7	FY006	邓荣芳	销售3部	¥6,420.00	¥5,671.00	¥5,671.00	¥9,737.00	¥10,058.00	¥10,379.00	¥47,936.00	¥7,989.33	13
8	FY007	孙莉	销售1部	¥7,169.00	¥8,346.00	¥10,165.00	¥8,132.00	¥9,844.00	¥6,955.00	¥50,611.00	¥8,435.17	7
9	FY008	黄俊	销售3部	¥7,704.00	¥7,490.00	¥6,527.00	¥6,634.00	¥8,560.00	¥8,881.00	¥45,796.00	¥7,632.67	16
10	FY009	陈子豪	销售3部	¥9,309.00	¥10,165.00	¥5,885.00	¥9,095.00	¥7,490.00	¥8,881.00	¥50,825.00	¥8,470.83	6
11	FY010	蒋科	销售2部	¥9,951.00	¥6,420.00	¥8,988.00	¥9,202.00	¥6,206.00	¥8,239.00	¥49,006.00	¥8,167.67	11
12	FY011	万涛	销售1部	¥6,527.00	¥10,379.00	¥8,239.00	¥10,165.00	¥8,774.00	¥6,527.00	¥50,611.00	¥8,435.17	7
13	FY012	李强	销售3部	¥9,737.00	¥5,457.00	¥6,741.00	¥8,881.00	¥6,848.00	¥7,918.00	¥45,582.00	¥7,597.00	17
14	FY013	李雪莹	销售3部	¥8,667.00	¥8,239.00	¥9,416.00	¥10,272.00	¥8,667.00	¥7,704.00	¥52,965.00	¥8,827.50	1
15	FY014	赵文峰	销售2部	¥8,774.00	¥5,457.00	¥5,671.00	¥8,667.00	¥10,486.00	¥7,276.00	¥46,331.00	¥7,721.83	15
16	FY015	汪洋	销售1部	¥10,272.00	¥7,490.00	¥6,848.00	¥8,132.00	¥10,058.00	¥8,132.00	¥50,932.00	¥8,488.67	4
17	FY016	王彤彤	销售3部	¥7,062.00	¥10,165.00	¥9,844.00	¥8,667.00	¥10,379.00	¥5,885.00	¥52,002.00	¥8,667.00	3
18	FY017	刘明亮	销售1部	¥6,313.00	¥6,741.00	¥9,523.00	¥9,630.00	¥9,095.00	¥9,309.00	¥50,611.00	¥8,435.17	7
19	FY018	宋健	销售1部	¥7,597.00	¥8,774.00	¥9,416.00	¥7,918.00	¥9,202.00	¥9,523.00	¥52,430.00	¥8,738.33	2
20	FY019	顾晓华	销售3部	¥5,992.00	¥5,564.00	¥6,313.00	¥6,420.00	¥8,988.00	¥8,667.00	¥41,944.00	¥6,990.67	19
21	FY020	陈芳	销售1部	¥8,881.00	¥5,671.00	¥6,741.00	¥6,527.00	¥6,741.00	¥5,350.00	¥39,911.00	¥6,651.83	20

11.1 核心知识

本章制作的电子表格，重点会使用到Excel 2016管理数据的功能，包括排序、筛选和汇总等，同时还将使用条件格式标记特殊的数据。

11.1.1 数据管理

数据管理主要是指对表格数据的排列顺序、显示内容和统计汇总的管理，以方便表格使用者更好地阅读数据信息。

1. 数据排序

对数据进行排序有助于更好地理解、组织和查阅数据，其方法主要有以下2种。

- **快速排序**：快速排序，是指利用功能区的排序按钮快速实现数据排序的目的。选择需排序的数据区域后，单击"数据"→"排序和筛选"组中的"升序"按钮 或"降序"按钮 即可。
- **关键字排序**：如果排序的数据比较复杂，需要以多种条件才能实现排列时，就可以使用关键字进行排序，其方法为，选择需排序的数据区域，单击"排序和筛选"组中的"排序"按钮 ，打开"排序"对话框，在其中设置关键字、排序依据和次序即可。

专家指导

> 无论是排序，还是筛选和汇总操作，都必须保证数据区域中含有数据的单元格区域是连续的，不能出现空行或空列。同时，数据区域中，以每一列为各数据的项目、以每一行为一条数据记录。

2. 数据筛选

如果表格数据量非常大，则往往可以通过筛选操作有目的地显示符合条件的数据，以便查阅和分析。在Excel 2016中可以选择预设的条件进行数据筛选操作，也可以手动设置更加精确的条件来筛选数据。

- **自动筛选**：选择需要进行筛选的数据区域，单击"数据"→"排序和筛选"组中的"筛选"按钮 ，进入筛选状态，单击某个项目数据右侧的下拉按钮，在弹出的下拉列表中选择"数字筛选"选项，并根据需要在弹出的子列表中选择需要的筛选条件并进行设置即可。
- **手动筛选**：如果自动筛选的条件仍无法满足需求，则可进行高级筛选操作，其方法为，在Excel 2016工作表中手动输入筛选条件，然后单击"排序和筛选"组中的 高级按钮，打开"高级筛选"对话框，在其中指定列表区域和条件区域，确认操作即可。

3. 分类汇总

分类汇总的目的是对数据进行各种统计和分析，通过分类汇总可以轻松实现对表中数据的各种统计和计算。在创建分类汇总之前，应先对需分类汇总的数据进行排序，选择排序后的任意单元格，然后在"数据"→"分级显示"组中单击"分类汇总"按钮 ，打开"分类汇总"对话框，在其中设置分类字段（即排序字段）、汇总方式和汇总项即可。

11.1.2　条件格式的进阶应用

在数据区域中应用条件格式，可以让满足条件的单元格应用指定的格式效果，从而起到强调、突出等作用。在"开始"→"样式"组中单击"条件格式"按钮，可以在弹出的下拉列表中为数据区域指定各种数据条、色阶和图标集效果，也可以指定条件并设置格式。如果这些操作都无法满足需要，则可在该下拉列表中选择"新建规则"选项，在打开的对话框中自行定义各种条件，并指定相应的格式。

11.2　案例分析

公司销售员业绩直接影响产品销售效果，为了加强对销售业绩的管理与控制，可以记录每位销售员每月的销售情况，然后通过Excel的数据管理功能管理并分析数据结果，从而对各销售员的工作情况进行全面了解。

11.2.1　案例目标

本章制作的销售统计表以每位销售员在上半年每个月的销售业绩为数据记录，能够全面反映出每位销售员的业绩情况。后期在这些数据的基础上，利用函数、排序、筛选、汇总和条件格式等功能，详细分析并管理这些数据内容。

11.2.2　制作思路

本章存在已有的表格框架，只需按实际情况输入基础数据，然后计算销售总额并进行排名，再依次对数据进行排序、筛选、汇总，最后利用条件格式强调需要的数据。本案例的具体制作思路如图11-1所示。

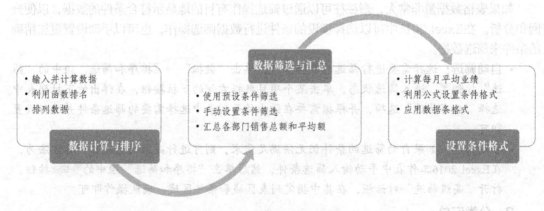

图11-1　销售统计表的制作思路

11.3　案例制作

根据案例目标和制作思路，下面开始案例的制作。

11.3.1 计算并排列数据

　　下面在提供的工作簿文件中输入基础数据记录，然后计算每位员工的销售总额和排名，并对数据记录进行排序管理，其具体操作如下。

计算并排列数据

STEP 01 ▶打开"销售统计.xlsx"工作簿（配套资源:\素材\第11章\销售统计.xlsx），在其中输入每位员工的工号、姓名、部门和1月份至6月份的销售数据，如图11-2所示。

STEP 02 ▶选择J2:J21单元格区域，在"公式"→"函数库"组中单击"自动求和"按钮∑，Excel会自动计算出每位员工的销售总额，如图11-3所示。

图11-2　输入数据记录　　　　　图11-3　自动求和

STEP 03 ▶选择K2:K21单元格区域，在编辑框中输入"=RANK(J2,$J$2:$J$21)"，该函数表示当前销售总额数据在所有销售总额数据中的排名情况，由于是在同一个数据区域进行比较，因此该区域需要绝对引用。按【Ctrl+Enter】组合键确认即可，如图11-4所示。

STEP 04 ▶选择K2单元格，在"数据"→"排序和筛选"组中单击"升序"按钮，使数据记录按排名情况升序排列，如图11-5所示。

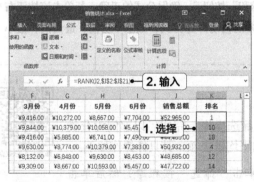

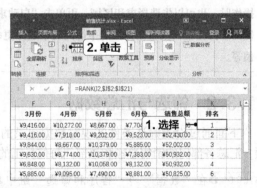

图11-4　计算排名　　　　　　　图11-5　按排名排序

STEP 05 ▶单击"排序和筛选"组中的"排序"按钮，打开"排序"对话框，在"主要关键字"下拉列表中选择"部门"选项，如图11-6所示。

STEP 06 ▶单击 添加条件(A) 按钮，在"次要关键字"下拉列表中选择"销售总额"选项，在对应的"次序"下拉列表中选择"降序"选项，单击 确定 按钮，如图11-7所示。

STEP 07 ▶此时数据记录将按部门升序排列，当部门相同时，则按销售总额降序排列，如图11-8所示。

 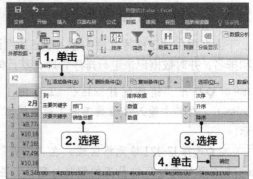

图11-6　设置关键字　　　　　　图11-7　添加关键字

工号	姓名	部门	1月份	2月份	3月份	4月份	5月份	6月份	销售总额	排名
FY018	宋健	销售1部	¥7,597.00	¥8,774.00	¥9,416.00	¥7,918.00	¥9,202.00	¥9,523.00	¥52,430.00	2
FY003	黄晓璇	销售1部	¥7,597.00	¥7,169.00	¥9,630.00	¥8,774.00	¥10,379.00	¥7,383.00	¥50,932.00	4
FY015	汪洋	销售1部	¥10,272.00	¥7,490.00	¥6,848.00	¥8,132.00	¥10,058.00	¥8,132.00	¥50,932.00	4
FY007	孙莉	销售1部	¥7,169.00	¥8,346.00	¥10,165.00	¥8,132.00	¥9,844.00	¥6,955.00	¥50,611.00	7
FY011	万涛	销售1部	¥6,527.00	¥10,379.00	¥8,239.00	¥10,165.00	¥8,774.00	¥6,527.00	¥50,611.00	7
FY001	张敏	销售1部	¥7,704.00	¥6,099.00	¥9,844.00	¥10,379.00	¥10,058.00	¥5,457.00	¥49,541.00	10
FY020	陈芳	销售1部	¥8,881.00	¥5,671.00	¥6,741.00	¥6,527.00	¥6,741.00	¥5,350.00	¥39,911.00	20
FY017	刘明亮	销售2部	¥6,313.00	¥6,741.00	¥9,523.00	¥9,630.00	¥9,095.00	¥9,309.00	¥50,611.00	7
FY010	蒋科	销售2部	¥9,951.00	¥6,420.00	¥8,988.00	¥9,202.00	¥6,206.00	¥8,239.00	¥49,006.00	11
FY005	郭建军	销售2部	¥5,564.00	¥8,132.00	¥9,309.00	¥8,667.00	¥10,593.00	¥5,457.00	¥47,722.00	14
FY014	赵文峰	销售2部	¥8,774.00	¥5,457.00	¥5,671.00	¥8,667.00	¥10,486.00	¥7,276.00	¥46,331.00	15
FY002	宋子丹	销售2部	¥9,309.00	¥5,564.00	¥9,416.00	¥5,885.00	¥6,741.00	¥7,490.00	¥44,405.00	18

图11-8　排序结果

专家指导

如果目标单元格左侧或上方的单元格区域包含数据型数据，则可单击"自动求和"按钮Σ，此时Excel 2016会判断单元格区域并自动给出求和公式，节省了手动引用单元格地址的麻烦。实际操作时，也可以先选择求和区域，再单击"自动求和"按钮Σ，确保公式的正确。若单击该按钮右侧的下拉按钮，则可在弹出的下拉列表中选择更多的自动计算方式，如求平均值、最大值、最小值等。

11.3.2　筛选与汇总数据

下面通过设置筛选条件实现对数据记录的筛选操作，完成后以部门为分类项，汇总各部门的销售总额和该部门每位员工的平均销售额，其具体操作如下。

筛选与汇总数据

STEP 01 在"数据"→"排序和筛选"组中单击"筛选"按钮，然后单击"销售总额"项目右侧的下拉按钮，在弹出的下拉列表中选择"数字筛选"→"大于"选项，如图11-9所示。

STEP 02 打开"自定义自动筛选方式"对话框，在"大于"下拉列表右侧的文本框中输入"50000"，单击　确定　按钮，如图11-10所示。

STEP 03 Excel 2016将自动隐藏销售总额小于50 000元的数据记录，单击"排序和筛选"组中的　清除按钮，即可取消筛选状态，如图11-11所示。

STEP 04 在任意空白的单元格区域中输入条件，这里在E23:G24单元格区域中输入图11-12所示的条件，然后单击　高级按钮。

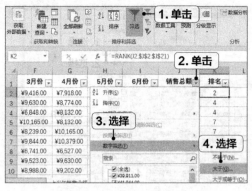

图11-9 选择筛选条件

图11-10 设置条件

图11-11 筛选结果1

图11-12 输入筛选条件

STEP 05 ▶打开"高级筛选"对话框,将列表区域设置为A1:K21单元格区域,将条件区域设置为E23:G24单元格区域,单击 确定 按钮,如图11-13所示。

STEP 06 ▶此时表格中将仅显示同时满足4月份销售额大于8 000元,5月份销售额大于9 000元,6月份销售额大于10 000元的数据记录,单击 ▼ 清除按钮即可取消筛选状态,如图11-14所示。

图11-13 设置高级筛选条件

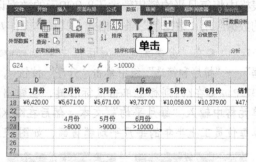

图11-14 筛选结果2

STEP 07 ▶选择C2单元格(前面已经按部门进行了排序,否则这里需要先执行排序操作),在"数据"→"分级显示"组中单击"分类汇总"按钮 ,如图11-15所示。

STEP 08 ▶打开"分类汇总"对话框,在"分类字段"下拉列表中选择"部门"选项,在"汇总方式"下拉列表中选择"求和"选项,在"选定汇总项"列表中选中"销售总额"复选框,单击 确定 按钮,如图11-16所示。

STEP 09 ▶重新打开"分类汇总"对话框,将"汇总方式"设置为"平均值",取消选中"替换当前分类汇总"复选框,单击 确定 按钮,如图11-17所示。

STEP 10 ▶此时Excel 2016将汇总出不同部门各员工的销售总额与平均销售额,如图11-18所示。

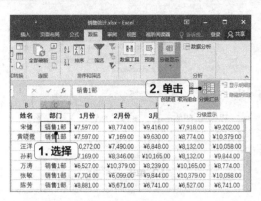

图11-15 分类汇总

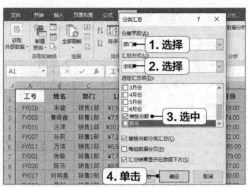

图11-16 设置汇总参数

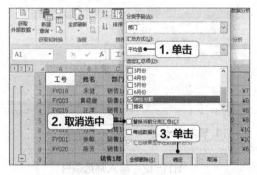

图11-17 汇总平均值

图11-18 汇总结果

11.3.3 设置条件格式

通过条件格式可以有目的地强调需要的数据，节省数据查阅的时间，下面在表格中将每月平均销售额大于8 200元的数据记录加粗显示，并为销售总额项目的数据应用"数据条"条件格式，其具体操作如下。

设置条件格式

STEP 01 ▶在"分类汇总"对话框中单击 全部删除(R) 按钮取消汇总状态。选择A2单元格，在"数据"→"排序和筛选"组中单击"升序"按钮 ↓，使数据记录按工号升序排列，如图11-19所示。

STEP 02 ▶在K列列标上单击鼠标右键，在弹出的快捷菜单中选择"插入"选项，在插入的K1单元格中输入"每月平均"文本，然后在K2:K21单元格区域中输入"=AVERAGE(D2:I2)"，计算每位员工上半年的每月平均销售额，如图11-20所示。

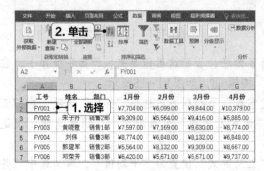

图11-19 按工号排序

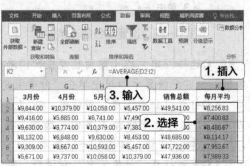

图11-20 计算每月平均销售额

STEP 03 ◐选择A2:L21单元格区域,在"开始"→"样式"组中单击"条件格式"按钮,在弹出的下拉列表中选择"新建规则"选项,如图11-21所示。

STEP 04 ◐打开"新建格式规则"对话框,在"选择规则类型"列表中选择"使用公式确定要设置格式的单元格"选项,在细分的文本框中输入"=$K2>8200",单击 格式(F)... 按钮,如图11-22所示。

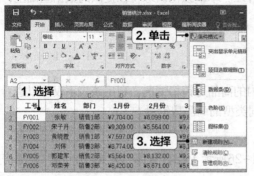

图11-21　新建规则

图11-22　设置公式规则

STEP 05 ◐打开"设置单元格格式"对话框,在"字形"列表中选择"加粗"选项,单击 确定 按钮,如图11-23所示。

STEP 06 ◐返回"新建格式规则"对话框,单击 确定 按钮,此时Excel 2016将加粗显示每月平均销售额大于8 200元的数据记录,如图11-24所示。

图11-23　加粗字体

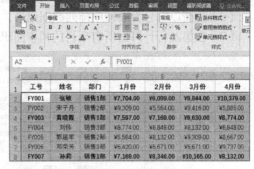

图11-24　应用条件格式

STEP 07 ◐选择J2:J21单元格区域,再次单击"条件格式"按钮,在弹出的下拉列表中选择"数据条"选项,在子列表中选择"浅蓝色数据条"选项,此时销售总额数据所在的单元格将根据数据大小填充不同长度的数据条样式(配套资源:\效果\第11章\销售统计.xlsx),如图11-25所示。

图11-25　应用数据条格式

11.4 强化训练

销售数据统计管理在营销管理中应用较多，无论销售数据多么庞大，只要能够建立规范的数据表格，就能利用Excel 2016来完成数据的管理。本章强化训练将在提供的数据基础上，进一步巩固所学的知识。

11.4.1 制作商品房销售汇总表

商品房销售汇总表记录了某市在特定时间内的商品房销售情况，利用该表不仅可以查看商品房销售总体情况，也能分析出不同区域、不同类型的商品房销量。

【制作效果与思路】

本例制作的商品房销售汇总表效果如图11-26所示（配套资源:\效果\第11章\商品房销售.xlsx），具体制作思路如下。

（1）打开“商品房销售.xlsx”工作簿（配套资源:\素材\第11章\商品房销售.xlsx），按销售面积降序排列数据记录。

（2）筛选出南江区高层类型的商品房数据记录。

（3）取消筛选状态，重新筛选出销售套数大于或等于30的数据记录。

（4）以所在区域为分类项目，汇总出各区域销售面积和销售数量。

（5）删除汇总结果，计算并汇总出各区域销售面积和销售数量的平均值。

（6）重新以编号为准升序排列数据记录，为销售面积添加“红色数据条”条件格式。

（7）在第22行计算出所有项目的销售面积和销售套数总和。

	A	B	C	D	E	F	G	H
1	编号	项目名称	所在区域	销售面积（平方米）	销售套数	商品类型		
2	1	福昕嘉城	华景区	1411	17	小高层		
3	2	锦绣宫	南江区	508	5	高层		
4	3	万亩良田	成立区	923	8	高层		
5	4	国宾府	华景区	2759	31	多层		
6	5	骊龙湾	茂祥区	2880	40	小高层		
7	6	蓝山亭	成立区	852	8	多层		
8	7	若花城	富荣区	3395	35	高层		
9	8	金岸城邦	南江区	1139	17	高层		
10	9	东方花苑	茂祥区	1296	18	多层		
11	10	创智庄园	华景区	996	9	高层		
12	11	天宝丽园	富荣区	1032	12	小高层		
13	12	锦艺新世界	成立区	2652	34	多层		
14	13	康园大邸	南江区	724	6	高层		
15	14	卧龙华庭	华景区	991	15	多层		
16	15	万和城	茂祥区	2074	34	高层		
17	16	山水名苑	华景区	2624	32	高层		
18	17	龙城国际	富荣区	1218	21	多层		
19	18	瑞宏名苑	南江区	1989	39	多层		
20	19	星月时代广场	华景区	2035	25	高层		
21	20	东方温哥华	成立区	2052	38	小高层		
22	总计			33550	444			

图11-26 商品房销售汇总表

11.4.2 制作商品销售占比表

商品销售占比表以公司在各地区的产品销售数据为基础，可以实现不同种类商品销售额和销售占比的分析。

【制作效果与思路】

本例制作的商品销售占比表效果如图11-27所示（配套资源:\效果\第11章\地区销售.xlsx），具体制作思路如下。

（1）打开"地区销售.xlsx"工作簿（配套资源:\素材\第11章\地区销售.xlsx），计算各地区的销售总额和各商品的销售占比（其中销售占比需乘以100才能匹配项目中的百分比单位）。

（2）按销售总额降序排列数据，然后筛选出礼品类商品销售占比小于55个百分点，同时工艺品类和饰品类商品销售占比高于20个百分点的数据记录（使用高级筛选功能操作）。

（3）分类汇总出各负责人的商品销售总额。

（4）重新按序号升序排列数据记录，然后将礼品类商品销售额低于120万元的数据记录加粗且标红。

	A	B	C	D	E	F	G	H	I	J	K
1	序号	地区	负责人	礼品类 （万元）	工艺品类 （万元）	饰品类 （万元）	销售总额 （万元）	礼品类销售占比 （%）	工艺品类销售占比 （%）	饰品类销售占比 （%）	
2	1	广州	刘宏伟	88.40	35.00	44.80	168.20	52.56	20.81	26.63	
3	2	深圳	邓洁	137.70	56.00	39.20	232.90	59.12	24.04	16.83	
4	3	佛山	孙莉	139.40	47.60	46.20	233.20	59.78	20.41	19.81	
5	4	东莞	刘宏伟	108.80	60.20	44.80	213.80	50.89	28.16	20.95	
6	5	中山	张军	112.20	39.20	53.90	205.30	54.65	19.09	26.25	
7	6	珠海	何亮	115.60	49.70	52.50	217.80	53.08	22.82	24.10	
8	7	江门	郭子维	142.80	63.00	39.90	245.70	58.12	25.64	16.24	
9	8	肇庆	李静	136.00	67.90	63.70	267.60	50.82	25.37	23.80	
10	9	惠州	张军	108.80	39.90	48.30	197.00	55.23	20.25	24.52	
11	10	汕头	邓洁	161.50	41.30	66.50	269.30	59.97	15.34	24.69	
12	11	潮州	孙莉	159.80	38.50	49.00	247.30	64.62	15.57	19.81	
13	12	揭阳	刘宏伟	161.50	50.40	58.80	270.70	59.66	18.62	21.72	
14	13	汕尾	王寒	117.30	59.50	39.20	216.00	54.31	27.55	18.15	
15	14	湛江	郭子维	147.90	51.10	42.70	241.70	61.19	21.14	17.67	
16	15	茂名	何亮	166.60	65.80	44.80	277.20	60.10	23.74	16.16	
17	16	阳江	王寒	88.40	62.30	57.40	208.10	42.48	29.94	27.58	

图11-27　商品销售占比表

11.5 拓展课堂

本章拓展内容将主要集中在Excel 2016管理功能的其他高级用法上，包括自定义排序和高级筛选的其他用法等。通过学习可以掌握数据管理的更多应用技能。

11.5.1 自定义排序

自定义排序是指根据需要建立数据序列，然后按序列内容的先后排列数据记录。例如，公司需要按财务部、技术部、销售部、市场部、后勤部、安保部顺序排列员工工资，无论以升序或降序方式都无法达到这个效果时，便可建立自定义序列实现排序目的。其方法为：打开"排序"对话框，在"次序"下拉列表中选择"自定义序列"选项，打开"自定义序列"对话框，在其中的列表中输入数据序列，各项目之间按【Enter】键分段，单击 添加(A) 按钮即可完成序列的建立，如图11-28所示，之后在"排序"对话框中即可选择该排序次序。

图11-28　建立新序列

11.5.2 高级筛选的其他用法

在使用高级筛选功能时，本章前面所介绍的输入筛选条件的方式，表示数据记录需要同时满足这些条件才能被筛选出来。如果需要满足其中一个或多个条件，则只需要将条件输入在其他行中即可。图11-29所示的条件表示"只要满足礼品类大于100，或工艺品类大于50，或饰品类大于60这3个条件的其中一个即可"。

17	16	阳江	王寒	88.40	62.30	57.40	208.10	42.48	29.94	27.58
18	17	云浮	李静	136.00	46.90	53.20	236.10	57.60	19.86	22.53
19	18	韶关	王寒	124.10	52.50	64.40	241.00	51.49	21.78	26.72
20	19	清远	孙莉	115.60	58.10	44.80	218.50	52.91	26.59	20.50
21	20	梅州	李静	146.20	41.30	41.30	228.80	63.90	18.05	18.05
22	21	河源	邓洁	112.20	64.40	45.50	222.10	50.52	29.00	20.49
23										
24							礼品类（万元）		工艺品类（万元）	饰品类（万元）
25							>100			
26									>50	
27										>60
28										

图11-29　高级筛选

 专家指导

> 需要注意的是，在手动输入筛选条件时，各条件对应的项目内容必须与数据区域中的项目内容完全一致，如数据区域的项目为"礼品类（万元）"，设置筛选条件时，就不能简化为"礼品类"，因为这样是无法执行筛选操作的。

制作电商数据分析表

本章导读

数据分析是Excel 2016的重要功能之一，借助公式、函数、图表等工具，Excel 2016能实现各种复杂的数据分析。本章将制作与电子商务相关的数据分析表，通过对流量数据、交易数据和服务数据的输入与计算，来分析电商运营情况。

案例效果

	A	B	C	D	E	F	G
1	种类	人均浏览量	客单价	支付转化率	退款率		
2	T恤	2.3	98.5	19.8%	3.2%		
3	半身裙	3.0	429.6	29.3%	17.9%		
4	连衣裙	2.4	363.7	15.9%	11.8%		
5							
6	种类	人均浏览量得分	客单价得分	支付转化率得分	退款率得分		
7	T恤	1	1	3	5		
8	半身裙	5	5	5	1		
9	连衣裙	3	3	3	3		
10							
11	选择种类	半身裙					
12							
13	得分项目	分值					
14	人均浏览量	5					
15	客单价	5					
16	支付转化率	5					
17	退款率	1					
18							
19							
20							
21							
22							
23							

12.1 核心知识

制作电商数据分析表时，会涉及嵌套函数和图表的应用，这两种工具也是Excel表格中经常用到的对象，下面进行简单介绍。

12.1.1 嵌套函数的应用

嵌套函数，指的是某个函数作为其他函数或公式中的一个参数，参与该函数或公式进行计算的情况。例如，需要计算A1、B1、B2、B3、B4和C1单元格中数据之和，则可以输入计算公式"=A1+B1+B2+B3+B4+C1"，由于这里包含一个单元格区域，则可以简化公式内容为"=A1+SUM(B1:B4)+C1"，求和函数SUM就是计算公式中的一个参数，此时该简化公式中就包含嵌套函数。

在Excel 2016中，也可以利用名称框插入函数并设置对应的参数。其方法为：在编辑框中输入公式或函数，在需要插入嵌套函数时，单击名称框右侧的下拉按钮，在弹出的下拉列表中选择某个常用的函数，或选择"其他函数"选项，在打开的对话框中选择函数后，继续利用对话框设置函数参数即可。

除上述方法以外，也可以通过直接输入的方式使用嵌套函数，这是简单且实用的一种方法，但需要用户对该函数的语法结构较为熟悉，才能在输入时避免出错。

12.1.2 图表的结构剖析

Excel 2016的图表可以将单元格中的数据以图形化的形式显示出来，方便更加直观地展现数据的关系。就图表而言，由于类型的不同，其组成对象也不尽相同，为了便于理解，下面以三维柱形图为例，介绍图表的组成。

三维柱形图的组成对象主要包括图表标题、图例、数据系列、数据标签、网格线和坐标轴等。

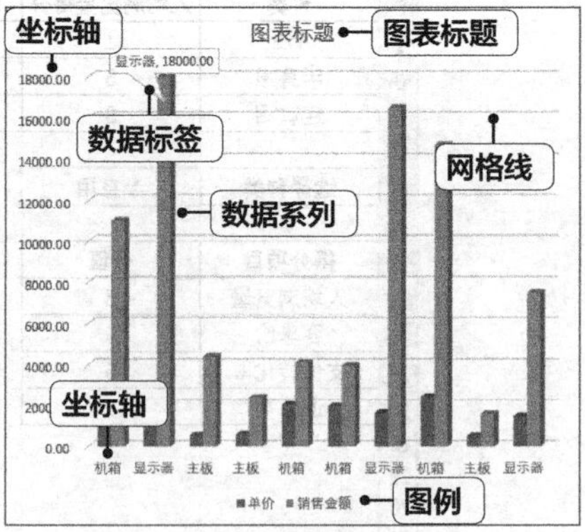

- **图表标题：** 图表标题即图表名称，能够提醒使用者图表中所反映的数据，可删除。
- **图例：** 显示图表中各组数据系列表示的对象。从图12-1中图例可以清楚地发现蓝色的数据系列代表商品的单价；黄色的数据系列代表商品的销售金额。当图表中仅存在一种数据系列时，则图例可删除，通过图表标题表明数据系列表示的数据即可。但当存在多个数据系列时，则必须以图例区分不同数据。
- **数据系列：** 图表中的图形部分就是数据系列，每一组相同的数据系列对应图例中相同格式的对象。图表中可以同时存在多组数据系列，但不能没有数据系列。

图12-1　三维柱形图

- **数据标签：** 显示数据系列对应的具体数据，可删除。
- **网格线：** 网格线包括水平网格线和垂直网格线，用于更好地表现数据系列对应的数据大小，可删除。

- **坐标轴：** 坐标轴包括横坐标轴和纵坐标轴，用于辅助显示数据系列的类别和大小。坐标轴上的文本和数据信息也可以根据需要进行调整。

12.2 案例分析

电子商务依托于大数据环境，公司会更加重视对数据的收集、整理和分析工作，为公司不断发展提供系统且准确的信息，以便能随时根据情况调整运营策略，避免在激烈的竞争中处于下风。

12.2.1 案例目标

本案例需要输入各商品的基础数据，包括流量数据、交易数据和服务数据等，然后计算出各种指标，并给予对应的评分，最终让图表使用者可以轻松查看各类别商品的电商数据运营情况。

12.2.2 制作思路

本案例首先需要输入基本数据，然后计算不同类型数据的指标和平均值，随后通过复制工作表的方式快速得到其他种类商品的运营数据结果，再汇总数据并给出对应的评分，最后通过使用函数实现图文交互的效果。本案例的具体制作思路如图12-2所示。

图12-2 电商数据分析表的制作思路

12.3 案例制作

根据案例目标和制作思路，下面开始案例的制作。

12.3.1 数据的输入、计算与美化

下面首先创建并保存工作簿，然后在其中完成对数据的输入、计算和美化操作，其具体操作如下。

数据的输入、计算与美化

STEP 01 ▶创建并保存"电商数据.xlsx"工作簿，将工作表名称重命名为"连衣裙"，并在其中输入基础数据，如图12-3所示。

STEP 02 ▶依次输入各商品的访客数、浏览量、支付买家数、支付金额和退款金额等数据，如图12-4所示。

图12-3 输入基础数据　　　　图12-4 输入商品数据

STEP 03 ○选择D3:D12单元格区域，在编辑框中输入"=C3/B3"，表示"人均浏览量=浏览量/
访客数"，按【Ctrl+Enter】组合键完成计算，如图12-5所示。

STEP 04 ○选择G3:G12单元格区域，在编辑框中输入"=F3/E3"，表示"客单价=支付金额/
支付买家数"，按【Ctrl+Enter】组合键完成计算，如图12-6所示。

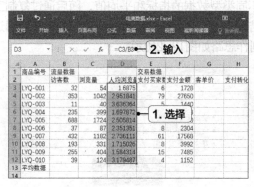

图12-5 计算人均浏览量　　　　图12-6 计算客单价

专家指导

由于公式和函数具有相对引用的特性，因此在需要输入相似公式的单元格区域中进行操作
时，便可以选择这些单元格区域，输入公式或函数后按【Ctrl+Enter】组合键快速确认并自动
引用，从而省略了手动填充的步骤。

STEP 05 ○选择H3:H12单元格区域，在编辑框中输入"=E3/B3"，表示"支付转化率=支付买
家数/访客数"，按【Ctrl+Enter】组合键完成计算，如图12-7所示。

STEP 06 ○选择J3:J12单元格区域，在编辑框中输入"=I3/F3"，表示"退款率=退款金额/支
付金额"，按【Ctrl+Enter】组合键完成计算，如图12-8所示。

STEP 07 ○选择B13:J13单元格区域，在编辑框中输入"=AVERAGE(B3:B12)"，表示计算连衣
裙类别下各项目平均值，按【Ctrl+Enter】组合键完成计算，如图12-9所示。

STEP 08 ○将所有单元格区域对齐方式设置为"居中、垂直居中"，然后依次合并A1:A2单元
格区域、B1:D1单元格区域、E1:H1单元格区域和I1:J1单元格区域，如图12-10所示。

图12-7　计算支付转化率

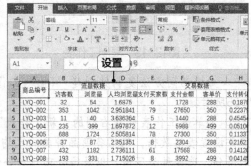

图12-8　计算退款率

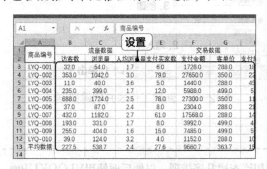

图12-9　计算平均数据

图12-10　合并单元格

STEP 09 ► 将访客数、浏览量、人均浏览量、支付买家数、支付金额、客单价、退款金额的数据类型设置为含有1位小数的数据，将支付转化率和退款率的数据类型设置为含有1位小数的百分比数据，如图12-11所示。

STEP 10 ► 加粗显示第1行和第2行单元格，然后根据内容适当调整各行行高与各列列宽，并为包含数据的单元格区域添加边框，如图12-12所示。

图12-11　设置数据类型

图12-12　美化表格

12.3.2 复制工作表并修改数据

完成连衣裙种类下各种商品的电商运营数据的计算后，可以以此工作表为基础，通过复制和修改的方法创建其他种类的商品运营数据，然后再通过新建工作表建立数据分析表格，其具体操作如下。

复制工作表
并修改数据

STEP 01 ▶按住【Ctrl】键的同时向右拖曳"连衣裙"工作表标签，当出现黑色三角形标记时释放鼠标复制工作表，如图12-13所示。

STEP 02 ▶修改工作表名称为"半身裙"，删除并重新输入各商品的编号、访客数、浏览量、支付买家数、支付金额、退款金额等数据，如图12-14所示。

商品编号	流量数据			交易数据			
	访客数	浏览量	人均浏览量	支付买家数	支付金额	客单价	支付转化
LYQ-001	32.0	54.0	1.7	6.0	1728.0	288.0	18.8%
LYQ-002	353.0	1042.0	3.0	79.0	27650.0	350.0	22.4%
LYQ-003	11.0	40.0	3.6	5.0	1440.0	288.0	45.5%
LYQ-004	235.0	399.0	1.7	12.0	5988.0	499.0	5.1%
LYQ-005	688.0	1724.0	2.5	78.0	27300.0	350.0	11.3%
LYQ-006	37.0	87.0	2.4	8.0	2304.0	288.0	21.6%
LYQ-007	432.0	1182.0	2.7	61.0	17568.0	288.0	14.1%
LYQ-008	193.0	331.0	1.7	8.0	3992.0	499.0	4.1%
LYQ-009	255.0	404.0	1.6	15.0	7485.0	499.0	5.9%
LYQ-010	39.0	124.0	3.2	4.0	1152.0	288.0	10.3%
平均数据	227.5	538.7	2.4	27.6	9660.7	363.7	15.9%

连衣裙　连衣裙(2)　**复制**

图12-13　复制工作表

2. 输入

商品编号	数据				交易数据			
	访客数	浏览量	人均浏览量	支付买家数	支付金额	客单价	支付转化率
BSQ-001	105.0	375.0	3.6	48.0	18600.0	387.5	45.71%
BSQ-002	45.0	403.0	9.0	8.0	4280.0	535.0	17.78%
BSQ-003	12.0	55.0	4.6	1.0	325.0	325.0	8.33%
BSQ-004	1008.0	3278.0	3.3	208.0	85420.0	410.7	20.63%
BSQ-005	540.0	658.0	1.2	122.0	34850.0	285.7	22.59%
BSQ-006	328.0	498.0	1.5	152.0	74108.0	487.6	46.34%
BSQ-007	78.0	205.0	2.6	22.0	4768.0	216.7	28.21%
BSQ-008	11.0	23.0	2.1	5.0	2080.0	416.0	45.45%
BSQ-009	589.0	684.0	1.2	148.0	100582.0	679.6	25.13%
BSQ-010	1385.0	2036.0	1.5	460.0	254178.0	552.6	33.21%
平均数据	410.1	821.5	3.0	117.4	57919.1	429.6	29.34%

连衣裙　半身裙　**1. 输入**

平均值: 14507.0　计数: 50　求和: 725350.0

图12-14　修改商品数据

STEP 03 ▶按相同方法复制并创建"T恤"工作表，删除并重新输入其中的各项数据，如图12-15所示。

STEP 04 ▶单击工作表标签右侧的"新工作表"按钮⊕，新建"数据分析"工作表，在其中创建并设置表格数据，包括各商品种类的人均浏览量、客单价、支付转化率、退款率，各项目的得分，选择种类区域，以及得分项目和分值区域，如图12-16所示。

电商数据.xlsx - Excel

文件　开始　插入　页面布局　公式　数据　审阅　视图　福昕阅读器

J2　退款率

2. 输入

商品编号	数据			交易数据		
	访客数	浏览量	人均浏览量	支付买家数	支付金额	客单价
TX-001	3.0	9.0	3.0	1.0	58.0	58.0
TX-002	32.0	54.0	1.7	1.0	98.0	98.0
TX-003	11.0	40.0	3.6	2.0	128.0	64.0
TX-004	8.0	25.0	3.1	1.0	88.0	88.0
TX-005	7.0	7.0	1.0	2.0	156.0	78.0
TX-006	11.0	28.0	2.5	4.0	220.0	55.0
TX-007	688.0	1724.0	2.5	84.0	6850.0	81.5
TX-008	432.0	1182.0	2.7	67.0	7520.0	112.2
TX-009	44.0	73	2.5	1.0	220.0	220.0
TX-010			5.0	1.0	650.0	130.0
平均数据	125.0	316.1	2.3	16.8	1598.8	98.5

1. 复制

连衣裙　半身裙　T恤　⊕

图12-15　复制工作表并修改数据

种类	人均浏览量	客单价	支付转化率	退款率
T恤				
半身裙				
连衣裙				
种类	人均浏览量得分	客单价得分	支付转化率得分	退款率得分
T恤				
半身裙				
连衣裙				
选择种类		**3. 创建**		
得分项目	分值			
人均浏览量				
客单价		**2. 输入**		
支付转化率				
退款率				

连衣裙　半身裙　T恤　数据分析　⊕　**1. 单击**

图12-16　新建工作表并创建数据

🎓 专家指导

> 建立工作表后，商品种类按照T恤、半身裙和连衣裙升序排列，以便后面使用VLOOKUP函数查找数据时不会出错。

STEP 05 ▶选择B2单元格，在编辑框中输入"="，然后切换到"T恤"工作表，选择D13单元格，按【Ctrl+Enter】组合键确认引用，如图12-17所示。

STEP 06 ▶按相同方法将各商品种类的人均浏览量、客单价、支付转化率、退款率等数据引用到"数据分析"工作表中，如图12-18所示。

图12-17 引用单元格数据1　　　　图12-18 引用单元格数据2

12.3.3 利用函数和图表分析数据

利用函数和图表
分析数据

下面将通过引用数据的方式将其他工作表中的关键数据引用到"数据分析"
工作表中，并利用IF函数、VLOOKUP函数，以及图表对象来实现数据交互的效
果，其具体操作如下。

STEP 01 ▶选择B7:B9单元格区域，在编辑框中输入"=IF(B2<2.4,1,IF(B2>2.7,5,3))"文本，表示
如果人均浏览量小于2.4，则返回"1"，若人均浏览量大于2.7，则返回"5"，如果不满足这两个
条件，则返回"3"，按【Ctrl+Enter】组合键确认，如图12-19所示。

STEP 02 ▶选择C7:C9单元格区域，在编辑框中输入"=IF(C2<200,1,IF(C2>400,5,3))"文本，表
示如果客单价小于200，则返回"1"，若客单价大于400，则返回"5"，如果不满足这两个
条件，则返回"3"，按【Ctrl+Enter】组合键确认，如图12-20所示。

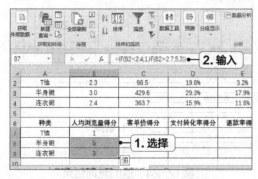
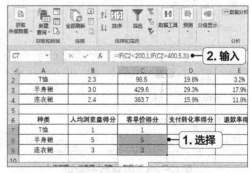

图12-19 人均浏览量评分　　　　图12-20 客单价评分

专家指导

IF函数是Excel 2016中最常用的函数之一，它可以对值进行逻辑比较。因此，IF函数可能
有两个结果，第一个结果是比较结果为True，第二个结果是比较结果为False。例如，"=IF
(A1="Excel",1,2)"，表示如果A1单元格中的数据为Excel，则返回1，否则返回2。

STEP 03 ▶选择D7:D9单元格区域，在编辑框中输入"=IF(D2<15%,1,IF(D2>25%,5,3))"文本，表
示如果支付转化率小于15%，则返回"1"，若支付转化率大于25%，则返回"5"，如果不满
足这两个条件，则返回"3"，按【Ctrl+Enter】组合键确认，如图12-21所示。

STEP 04 ▶选择E7:E9单元格区域，在编辑框中输入"=IF(E2<5%,5,IF(E2>15%,1,3))"文本，表

示如果退款率小于5%，则返回"5"，若退款率大于15%，则返回"1"，如果不满足这两个条件，则返回"3"，按【Ctrl+Enter】组合键确认，如图12-22所示。

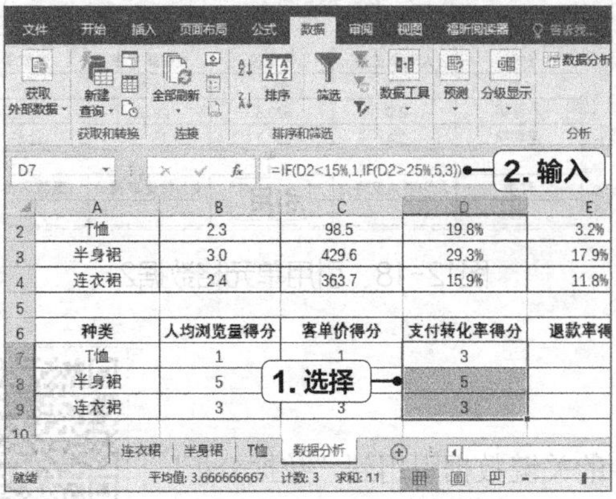

图12-21　支付转化率评分

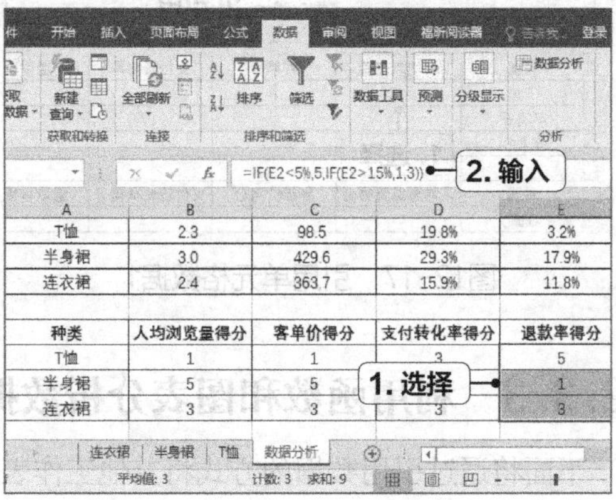

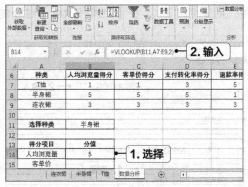

图12-22　退款率评分

STEP 05 ◐选择B11单元格，为其设置数据验证，通过选择输入的方式来输入数据，序列内容为"T恤,连衣裙,半身裙"，如图12-23所示。

STEP 06 ◐选择B14单元格，在编辑框中输入"=VLOOKUP(B11,A7:E9,2)"文本，表示在A7:E9单元格区域中查询与B11单元格相同的值，并返回该值所在区域第2列对应的数据，按【Ctrl+Enter】组合键确认，如图12-24所示。

图12-23　设置数据验证

图12-24　返回查询结果

STEP 07 ◐选择B15单元格，在编辑框中输入"=VLOOKUP(B11,A7:E9,3)"文本，表示在A7:E9单元格区域中查询与B11单元格相同的值，并返回该值所在区域第3列对应的数据，按【Ctrl+Enter】组合键确认，如图12-25所示。

STEP 08 ◐按相同方法依次在B16和B17单元格中输入"=VLOOKUP(B11,A7:E9,4)"和"=VLOOKUP(B11,A7:E9,5)"文本，表示在A7:E9单元格区域中查询与B11单元格相同的值，并分别返回该值所在区域第4列和第5列对应的数据，如图12-26所示。

STEP 09 ◐选择A13:B17单元格区域，在"插入"→"图表"组中单击"插入柱形图或条形图"按钮，在弹出的下拉列表中选择第1种柱形图，然后选择图表标题，在编辑框中输入"="，单击B11单元格引用其地址，按【Enter】键确认，如图12-27所示。

STEP 10 ◐双击纵坐标轴，打开"设置坐标轴格式"窗格，在"边界"栏的"最大值"文本框中输入"6.0"，如图12-28所示。

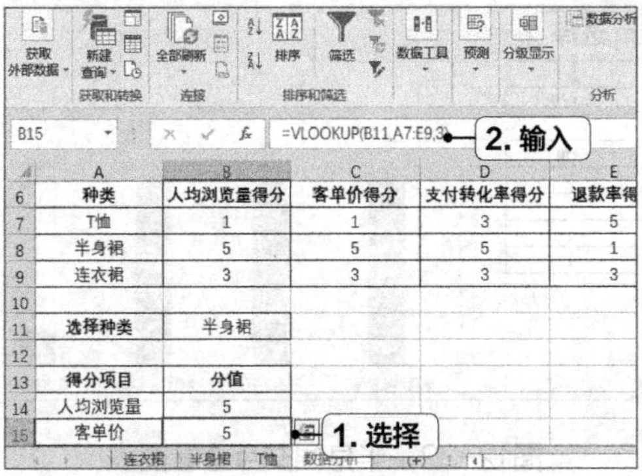

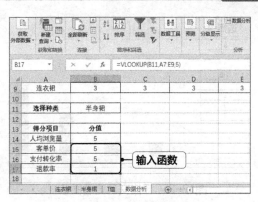

图12-25　强制转换为数据

图12-26　查询其他数值

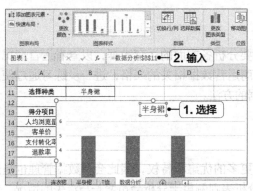

图12-27　引用图表标题

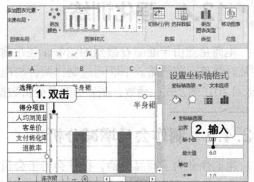

图12-28　设置坐标轴

STEP 11 ▶在横坐标轴上单击鼠标右键，在弹出的快捷菜单中选择"选择数据"选项，打开"选择数据源"对话框，单击"水平（分类）轴标签"栏的 编辑 按钮，如图12-29所示。

STEP 12 ▶打开"轴标签"对话框，删除文本框中的内容，重新引用B6:E6单元格区域，单击 确定 按钮，如图12-30所示。

图12-29　编辑横坐标轴

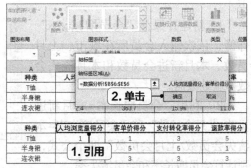

图12-30　引用单元格区域

STEP 13 ▶返回"选择数据源"对话框，单击 确定 按钮。适当调整图表大小和位置，在B11单元格中选择"T恤"选项，此时图表将同步显示T恤类商品运营数据的得分情况，如图12-31所示。

STEP 14 ▶重新在B11单元格中选择"半身裙"选项，此时图表将同步显示半身裙类商品运营数据的得分情况（配套资源:\效果\第12章\电商数据.xlsx），如图12-32所示。

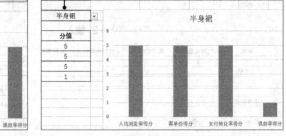

图12-31　T恤交互查看图表　　　　　　　图12-32　半身裙交互查看图表

12.4　强化训练

电商企业由于面临着激烈的竞争，经常需要分析各方面的运营数据，以查看运营情况，并及时调整运营策略。下面通过制作两种与电商运营数据相关的表格，进一步练习通过使用Excel 2016的公式、函数、图表等对象分析数据的方法。

12.4.1　制作会员增减分析表

电商企业为了商品促销，往往会给予会员更多的优惠和特权，因此会员数据管理也是这类企业非常重视的方面。下面制作的会员增减分析表则侧重于分析会员增长与流失的情况，便于企业更好地对不同地区采取不同的管理策略，增加会员数量，减小流失率。

【制作效果与思路】

本例制作的会员增减分析表的效果如图12-33所示（配套资源:\效果\第12章\会员增减.xlsx），具体制作思路如下。

（1）新建并保存"会员增减.xlsx"工作簿，依次输入会员所在城市、上月会员数、本月新进会员数和本月流失会员数等基础数据。

（2）利用"会员增长率=本月新进会员数/上月会员数"和"会员流失率=本月流失会员数/上月会员数"两个公式，分别计算会员增长率和会员流失率。

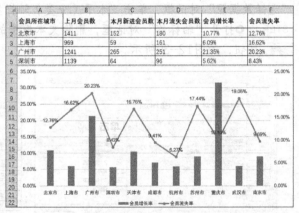

图12-33　会员增减分析表

（3）将计算结果的数据类型设置为两位小数的百分比数据，并适当美化表格内容，包括调整对齐方式、行高、列宽，加粗字体，添加边框等。

（4）以会员所在城市、会员增长率、会员流失率为数据源创建组合图表（按【Ctrl】键加选单元格区域），其中会员流失率数据系列为带数据标签的折线图，且设置为次坐标轴。

（5）删除图表标题，为会员流失率数据系列添加数据标签（选择该数据系列，在"图表工具-设计"→"图表布局"组中单击"添加图表元素"按钮▇添加）。

12.4.2　制作商品周销量数据表

电商销售数据每段时间都会有很大的变化，因此可以对商品销售数据进行监控，以及时发现销量滞后的商品，针对其采取有效的营销措施，提高销量。下面制作的销售数据表采集了商品一周的销售数据，通过建立查询系统可以对每个商品的数据进行查询，通过条形图则可以直观地对比各商品的销售情况。

【制作效果与思路】

本例制作的商品周销量数据表的效果如图12-34所示（配套资源:\效果\第12章\商品销售.xlsx），具体制作思路如下。

（1）新建并保存"商品销售.xlsx"工作簿，输入商品名称、类目和一周内每天的销量数据。

（2）利用SUM函数汇总各商品的销量总额，然后适当美化表格。

（3）在数据下方建立查询系统，其中商品可通过数据验证的方式选择输入，然后利用VLOOKUP函数查询所选商品的类别和每天的销量数据。

（4）以商品名称和汇总数据为数据源建立条形图，应用"样式3"图表样式。

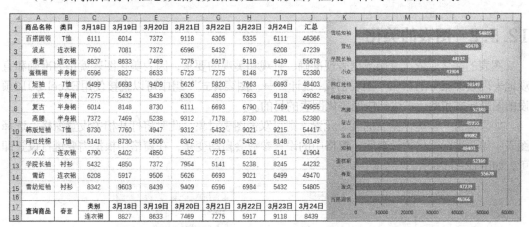

图12-34　商品周销量数据表

12.5　拓展课堂

图表是数据分析的常用工具，下面将在熟悉图表构成的基础上，拓展介绍图表的布局和美化操作，以便让图表更加合理、美观地表现数据情况。

12.5.1　图表的布局

图表布局指的是对图表各组成元素的安排。创建图表后，可以根据需要添加、删除（按【Delete】键）或移动各图表元素。选择图表，在"图表工具-设计"→"图表布局"组中单击"快速布局"按钮，在弹出的下拉列表中选择某种布局样式，可快速为图表进行布局设置。如果预设的布局效果无法满足实际需要，则可单击"图表布局"组中的"添加图表元素"按钮，在弹出的下拉列表中可针对当前图表含有的各种元素，执行添加或删除等操作，如图12-35所示。

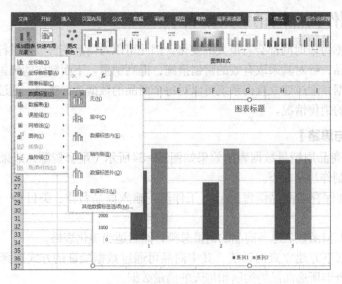

图12-35　添加图表元素

12.5.2　图表的美化

图表的美化应依次遵循数据表现准确、直观和美观的要求，因为美化图表就是为准确和直观地表现数据服务的。在"图表工具–设计"→"图表样式"组中可以直接使用Excel 2016预设的图表样式和颜色，达到快速美化图表的目的。

如果想进一步美化图表的某个元素，则可双击图表对象，此时将打开相关设置窗格，选择图表中需要进行美化的元素后，窗格中的设置参数会自动变化，在窗格中根据需要进行设置即可，如图12-36所示。

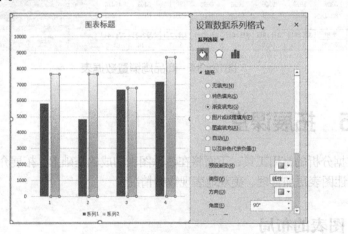

图12-36　设置图表元素格式

第 4 篇　物流管理篇

第13章 制作公司采购手册

本章导读

　　公司可以通过不同采购手册对采购、供应商管理等方面的内容做出明确规定，使物流管理中的采购环节能得到有效控制。本章将利用Word 2016制作公司采购手册文档，使读者通过制作掌握在Word 2016中创建链接、设置页眉与页脚，以及检查文档错误等操作。

案例效果

13.1 核心知识

公司的手册类文档较多，如员工手册、采购手册等，这类文档的内容也较多，制作与阅读都不太方便，因此在制作这类文档时，可以合理使用Word 2016提供的工具解决这些问题。本次制作的采购手册，会用到一些比较实用的功能。

13.1.1 创建链接

这里所说的链接是一种广义的说法，指的是从一个位置指向另一个目标位置的连接关系。在Word 2016中，使用得较多的链接有两种，分别是书签和超链接。

1. 插入书签

书签是一种链接，在Word 2016中可以结合超链接使用，更好地实现目标位置的定位问题。插入书签的方法为：选择需插入书签的文本，在"插入"→"链接"组中单击"书签"按钮，打开"书签"对话框，在"书签名"文本框中输入该书签的名称，单击 添加(A) 按钮即可，如图13-1所示。

2. 插入超链接

Word 2016中的超链接可以访问网页、文件、文档内部的任意文本、书签等各种对象，可以使长篇文档的阅读更加便捷。插入超链接的方法为：选择需创建超链接的文本或定位到该位置，在"插入"→"链接"组中单击"超链接"按钮，打开"插入超链接"对话框，在左侧"链接到"列表中选择需要链接的目标对象位置，然后在右侧界面中进行详细设置，完成后单击 确定 按钮即可，如图13-2所示。

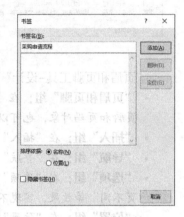

图13-1 添加书签

"链接到"列表中各选项的作用分别如下。

图13-2 插入超链接

- **现有文件或网页**：选择"现有文件或网页"选项，可在右侧界面中选择链接的目标文件，或直接在"地址"下拉列表中输入网址，创建后单击该超链接即可访问对应的网页。
- **本文档中的位置**：选择"本文档中的位置"选项，可链接到文档顶端、应用了预设标题样式的段落，或创建了书签的位置。
- **新建文档**：选择"新建文档"选项，可设置新文档的保存位置和名称，并新建一个Word文档。
- **电子邮件地址**：选择"电子邮件地址"选项，可设置目标电子邮件地址，并启用电子邮件工具进行发送。

13.1.2　设置页眉与页脚

页眉与页脚是辅助显示文档信息的对象，一般情况下，页眉位于文档上方，可以插入公司名称、公司Logo图片、文档名称等内容；页脚位于文档下方，可以插入页码、部门名称、文档作者、制作日期等内容。

在Word 2016中设置页眉与页脚的方法为：双击文档上方或下方的空白区域，进入页眉与页脚编辑状态，此时功能区中将显示"页眉和页脚工具–设计"选项卡，在其中可以完成对页眉与页脚的各种设计与编辑操作，如图13-3所示。

图13-3　页眉与页脚的编辑工具

"页眉和页脚工具–设计"选项卡中各组的作用分别如下。

- **"页眉和页脚"组：** 在"页眉和页脚"组中可以快速插入Word 2016预设的各种页眉、页脚和页码对象，也可以手动进行制作与编辑。
- **"插入"组：** 在"插入"组中可以插入日期、时间、图片和文档信息等对象。
- **"导航"组：** 在"导航"组中可以快速定位页眉和页脚区域。
- **"选项"组：** 在"选项"组中可以将文档的页眉与页脚内容设置为"首页不同""奇偶页不同"等效果，实现不同页码具备不同页眉和页脚的效果。
- **"位置"组：** 在"位置"组中可以调整页眉与页脚距页面边界的距离。
- **"关闭"组：** 在"关闭"组中可退出页眉与页脚编辑状态。

13.1.3　检查文档拼写与语法错误

长篇文档由于包含了大量的文本内容，在制作时难免出现输入错误的情况，此时可以利用Word 2016的拼写和语法功能，自动检查文档内容并进行标识，便于及时更正。

使用拼写和语法功能的方法为：在"审阅"→"校对"组中单击"拼写和语法"按钮，打开"语法"窗格，其中逐条显示了Word 2016发现的错误，用户可以根据需要进行修改或忽略错误，如图13-4所示。

图13-4　拼写和语法检查

13.2　案例分析

采购管理主要针对企业在采购职责、流程、权限、供应商、监督管理等方面的管理工作；而采购手册则是将这些要求和规定进行整理和说明，让公司相关人员及时知晓和随时参考的文件。

13.2.1　案例目标

本案例内容较多，因此文档内容的编写与格式设置已经提前进行了处理，下面需要对文档内容进行补充，确保内容的准确率，方便阅读者使用。本次案例将主要利用Word 2016的书签、超链接、页眉与页脚等功能进行制作，然后检查文档内容并进行修改。

13.2.2　制作思路

本案例首先需要创建链接对象，方便阅读者随时定位到目标位置，其次需要补充页眉与页脚，完善文档内容，最后需要对文档进行检查并更正错误。本案例的具体制作思路如图13-5所示。

图13-5　公司采购手册文档的制作思路

13.3　案例制作

根据案例目标和制作思路，下面开始案例的制作。

13.3.1　插入书签与超链接对象

首先在文档中插入书签对象，并结合超链接对象实现快速定位附录并返回文档开头的效果，其具体操作如下。

插入书签与超链接对象

STEP 01 ▶打开"采购手册.docx"文档（配套资源:\素材\第13章\采购手册.docx），选择"附录：采购物流部门日常工作细则"段落，在"插入"→"链接"组中单击"书签"按钮，如图13-6所示。

STEP 02 ▶打开"书签"对话框，在"书签名"文本框中输入"附录"文本，单击 添加(A) 按钮，如图13-7所示。

图13-6　插入书签

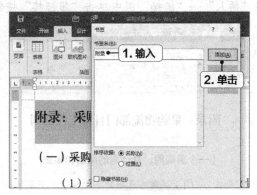

图13-7　添加书签

STEP 03 ▶返回文档开头，选择"一、目的和适用范围"段落下第2段正文内容中的"附录"文本，在"插入"→"链接"组中单击"超链接"按钮，如图13-8所示。

STEP 04 ▶打开"插入超链接"对话框，在左侧"链接到"列表中选择"本文档中的位置"选项，在右侧的"请选择文档中的位置"列表框中选择"书签"栏下的"附录"选项，单击 确定 按钮，如图13-9所示。

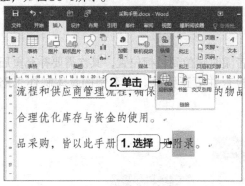

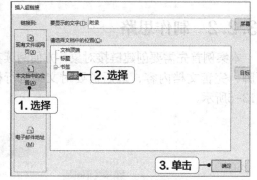

图13-8　插入超链接　　　　　　　　　图13-9　指定链接目标

STEP 05 ▶选择创建了超链接的"附录"文本，在"开始"→"字体"组中单击"下划线"按钮 U 右侧的下拉按钮，在弹出的下拉列表中选择"无"选项，如图13-10所示。

STEP 06 ▶按住【Ctrl】键的同时单击"附录"超链接，如图13-11所示。

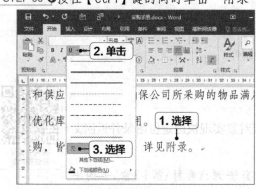

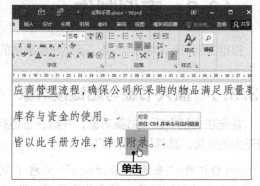

图13-10　取消下划线　　　　　　　　　图13-11　验证超链接1

STEP 07 ▶此时光标将跳转至文档中的附录位置，如图13-12所示。

STEP 08 ▶在该段落后输入2个空格和">>返回首页"文本，然后选择">>返回首页"文本，在"插入"→"链接"组中单击"超链接"按钮，如图13-13所示。

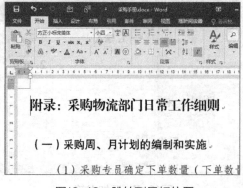

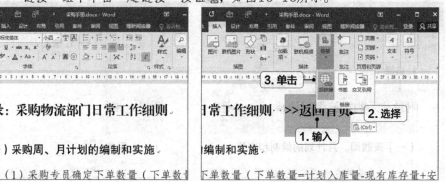

图13-12　跳转到目标位置　　　　　　　图13-13　插入链接

STEP 09 ▶打开"插入超链接"对话框，在左侧"链接到"列表中选择"本文档中的位置"选项，在右侧的"请选择文档中的位置"列表框中选择"文档顶端"选项，单击 确定 按钮，如图13-14所示。

STEP 10 ▶选择">>返回首页"文本，取消其下划线，并将字体颜色设置为"白色，背景1，深色35%"，如图13-15所示。

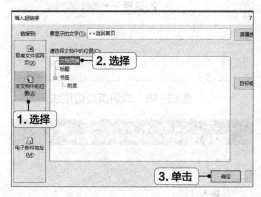

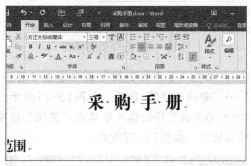

图13-14　指定目标位置　　　　图13-15　设置文本格式

STEP 11 ▶按住【Ctrl】键的同时单击">>返回首页"超链接，此时光标将跳转至文档开头，如图13-16所示。

图13-16　验证超链接2

13.3.2　创建页眉与页脚

创建页眉与页脚

下面将在页眉和页脚区域适当补充一些信息，完善文档内容，其具体操作如下。

STEP 01 ▶双击文档上方空白区域，进入页眉与页脚编辑状态，在"页眉和页脚工具-设计"→"选项"组中选中"首页不同"复选框，表示文档第1页的页眉与页脚内容可以与其他页面的页眉与页脚内容不同，如图13-17所示。

STEP 02 ▶选择第1页页眉区域中的段落标记，单击"开始"→"段落"组中的"边框"按钮田右侧的下拉按钮，在弹出的下拉列表中选择"无框线"选项，如图13-18所示。

STEP 03 ▶将光标定位到第2页的页眉区域，在"页眉和页脚工具-设计"→"页眉和页脚"组中单击"页眉"按钮，在弹出的下拉列表中选择"空白（三栏）"选项，如图13-19所示。

STEP 04 ▶此时在页眉区域将出现3个文本输入区域，从左至右依次输入公司名称、文档名称和制作部门，如图13-20所示。

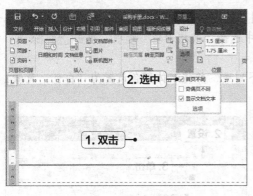

图13-17　设置首页不同

图13-18　取消首页边框线

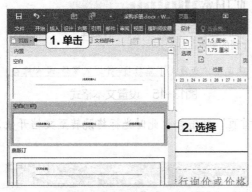

图13-19　选择页眉样式

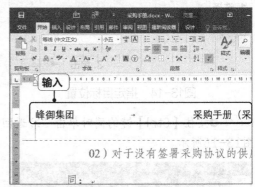

图13-20　输入页眉内容

STEP 05 ● 在"页眉和页脚"组中单击"页码"按钮▦，在弹出的下拉列表中选择"页面底端"→"普通数字2"选项，如图13-21所示。

STEP 06 ● 完成页码的插入后单击"关闭"组中的"关闭页眉和页脚"按钮☒，退出页眉与页脚编辑状态，如图13-22所示。

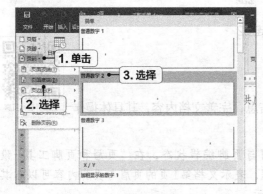

图13-21　选择页码样式

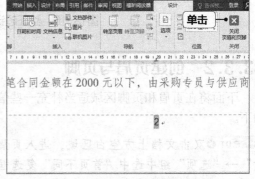

图13-22　退出页眉与页脚编辑状态

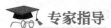
专家指导

　　如果在"页眉和页脚工具-设计"→"选项"组中选中"奇偶页不同"复选框，则文档中的奇数页页面和偶数页页面可以设置不同的页眉和页脚内容。

13.3.3 检查并更正文档

由于文档内容较多，因此需要利用Word 2016的拼写和语法功能检查文档，以便及时发现错误并更正，其具体操作如下。

STEP 01 ▶ 按【Ctrl+Home】组合键快速定位到文档开头，在"审阅"→"校对"组中单击"拼写和语法"按钮，如图13-23所示。

STEP 02 ▶ 打开"语法"窗格，Word 2016将从头开始进行拼写和语法检查工作并显示发现的第1处问题，检查该问题，若发现并不存在错误，可单击 忽略规则(G) 按钮，如图13-24所示。

图13-23 启用拼写和语法功能

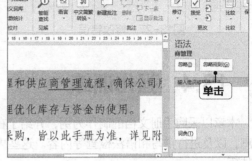

图13-24 检查错误1

STEP 03 ▶ "语法"窗格中将继续显示下一处可能存在的问题，检查该内容，若发现不存在错误，继续单击 忽略规则(G) 按钮，如图13-25所示。

STEP 04 ▶ 按相同方法继续检查内容，如此处发现文档中错将"且"输入为"商"，如图13-26所示。

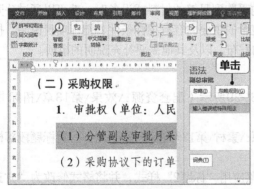

图13-25 检查错误2

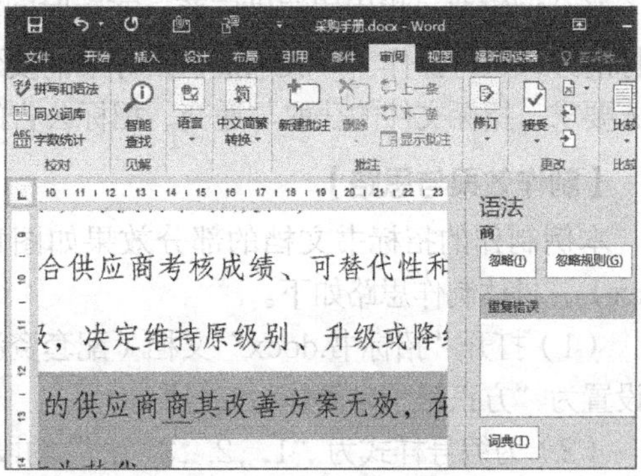

图13-26 发现错误

STEP 05 ▶ Word 2016会自动选择校对的文本段落，将其中的"商"修改为"且"，确认无误后，继续单击"拼写和语法"按钮，如图13-27所示。

STEP 06 ▶ 根据Word的提示检查并更改错误，直至打开提示对话框提示拼写和语法检查完成，单击 确定 按钮即可（配套资源:\效果\第13章\采购手册.docx），如图13-28所示。

🎓 专家指导

在拼写和语法检查过程中，单击"忽略规则"按钮将会忽略文档中出现的相同问题；单击"忽略"按钮则只能忽略当前的问题。

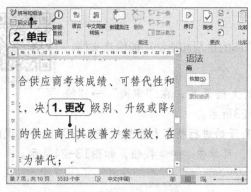
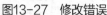

图13-27　修改错误

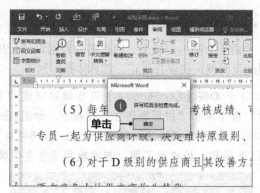

图13-28　完成检查

13.4　强化训练

本章以采购手册文档的制作为例，介绍了在Word 2016中使用书签和超链接、设置页眉与页脚，以及进行拼写和语法检查等内容。这些内容常用于制作长篇文档，是非常有效的文档编制技巧。

下面将以采购环节中可能会涉及的招标书文档与投标书文档的制作为例，对所学知识进行巩固。

13.4.1　制作招标书文档

当公司需要寻找优质的供应商，在短时间内采购到足够的材料或设备时，就可以通过公开招标的方式进行操作。一般来说，招标书需要包含的主要内容有招标条件、招标项目说明、投标人要求、招标文件的获取与递交、招标公告的发布，以及其他需要补充说明的事项。

【制作效果与思路】

本例制作的招标书文档的部分效果如图13-29所示（配套资源:\效果\第13章\招标书.docx），具体制作思路如下。

（1）打开"招标书.docx"文档（配套资源:\素材\第13章\招标书.docx），将标题段落格式设置为"方正粗雅宋简体、二号"。

（2）为编号样式为"1.,2.,3.,…"的段落应用"标题2"样式，并将格式修改为"方正小标宋简体、三号、不加粗"。

（3）将其余正文段落的格式设置为"中文字体-方正仿宋简体、西文字体-Times New Roman、首行缩进-2字符、1.5倍行距"。

（4）设置"首页不同"的页眉与页脚，删除首页页眉区域的边框线，在其页脚区域插入"普通数字2"样式的页码，在页码前后分别添加"（"和"）"，并设置字体为"中文字体-方正仿宋简体、西文字体-Times New Roman"。

（5）在第2页页眉区域中插入样式为"花丝"的页眉，输入文档名称和招标人，将字符格式设置为"方正仿宋简体、加粗、黑色"。

（6）在第2页页脚区域中插入页码，样式与首页页码相同。

（7）对文档内容进行拼写和语法检查。

图13-29　招标书文档

13.4.2　制作投标书文档

投标书是投标公司按照招标书的条件和要求，向招标公司提交的填有具体标单的报价文书，是招投标双方都要承认、遵守的具有法律效应的文件，因此逻辑性要强，不能前后矛盾、模棱两可，用语要精练。投标书内容一般包括投标公司的报价情况、承诺情况和资质情况等。

【制作效果与思路】

本例制作的投标书文档的部分效果如图13-30所示（配套资源:\效果\第13章\投标书.docx），具体制作思路如下。

（1）打开"投标书.docx"文档（配套资源:\素材\第13章\投标书.docx），为"附：投标人资格证明文件"段落添加书签，名称为"资格证明"，并删除文档中原有的所有书签（在"书签"对话框中选择书签后单击 删除(D) 按钮）。

图13-30　投标书文档

（2）将文档中原有的"下述文件"超链接的目标位置修改为添加的"资格证明"书签（在文本超链接处单击鼠标右键，在弹出的快捷菜单中选择"编辑超链接"选项进行修改）。

（3）为文档添加页眉与页脚，其中在页眉区域手动输入"平安物业"，格式设置为"方正黑体简体、右对齐"，删除原有的边框线；页脚内容则是样式为"- 1 -"的页码，格式设置为"方正黑体简体、居中"（提示：页码除了手动输入，还可以单击"页码"按钮 后选择"设置页码格式"选项，在打开的对话框中选择页码样式）。

（4）对文档内容进行拼写和语法检查。

（5）保存并将文档打印6份。

13.5 拓展课堂

学术论文是常见的一种长篇文档，其中不乏各种复杂的计算公式，以及对各种专业术语的解释等内容。利用Word 2016能够轻松完成对这些对象的编辑操作，本章拓展课堂便将介绍如何在Word 2016中编制公式，以及如何插入脚注和尾注。

13.5.1 编制公式

在"插入"→"符号"组中单击"公式"按钮π下方的下拉按钮，在弹出的下拉列表中可选择Word 2016预设的各种常用公式，如二项式定理、勾股定理等。如果需要使用其他公式，则可以选择"插入新公式"选项，在文档中插入公式域，并在功能区中显示"公式工具-设计"选项卡，在"符号"组中可选择需要输入的各种符号，在"结构"组中则可选择各种公式结构，充分利用各种结构与符号，并结合手动输入的数字，就能建立任何需要的公式，如图13-31所示。

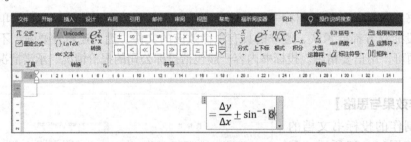

图13-31　在Word 2016中编制公式

13.5.2 插入脚注与尾注

脚注是对文档中某个词组的解释，一般显示在该词组所在页面的底部；尾注则一般位于文档末尾，即该文档中某些引用内容的出处、参考文献处等。在Word 2016中，我们可以轻松实现脚注与尾注的插入。

- **插入脚注**：选择需要插入脚注的文本，在"引用"→"脚注"组中单击"插入脚注"按钮AB'，此时当前页面底部将出现脚注区域，在其中输入需要的注释内容即可，如图13-32所示。
- **插入尾注**：在"引用"→"脚注"组中单击插入尾注按钮，光标将定位到文档末尾的尾注区域，在其中输入需要的注释内容即可，如图13-33所示。

图13-32　创建的脚注效果

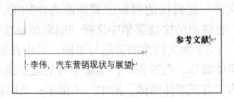

图13-33　创建的尾注效果

第14章

制作库存管理表

本章导读

　　库存管理表可以对商品、半成品、原材料等对象进行管理，避免公司因为库存问题出现断货、大量滞销等现象。本章将利用Excel 2016制作库存管理表，读者通过该表可以查看商品的进货、销售或库存数据，方便及时补货或改变某些商品的营销策略。

案例效果

	A	B	C	D	E	F	G	H	I	J
1	商品编号	类别	功能	是否新品	销量	上月结存	本月进货	本月库存	标准库存	剩余
2	S-V-702N	运动套装	透气	是	1373	774	649	50	103	-53
3	P-S-952	运动裤系列	吸汗		1169	111	1877	819	159	660
4	J-D-226	上衣系列	速干		727	859	751	883	88	795
5	S-V-608	运动套装	透气		1594	587	1649	642	105	537
6	P-S-265N	运动裤系列	吸汗	是	1526	366	2154	994	103	891
7	J-V-521	上衣系列	透气		897	706	564	373	105	268
8	S-D-845	运动套装	速干		1067	672	1237	842	156	686
9	J-S-623N	上衣系列	吸汗	是	895	366	1371	842	164	678
10	P-D-703	运动裤系列	速干		1135	383	1207	455	161	294
11	S-V-304N	运动套装	透气	是	1169	587	1156	574	130	444
12	P-S-212	运动裤系列	吸汗		1356	111	1734	489	146	343
13	J-V-212N	上衣系列	透气	是	1339	706	700	67	90	-23
14	S-D-603	运动套装	速干		1407	594	951	138	90	48
15	P-V-635	运动裤系列	透气		676	243	717	284	153	131
16	P-S-901N	运动裤系列	吸汗	是	1050	689	394	33	156	-123
17	J-D-656	上衣系列	速干		1101	111	1171	181	113	68
18	P-V-724	运动裤系列	透气		1509	989	581	61	86	-25
19	S-S-542N	运动套装	吸汗	是	806	587	819	600	95	505
20	J-D-142	上衣系列	速干		1237	757	683	203	107	96
21	S-V-330N	运动套装	透气	是	863	577	428	142	107	35

结存　进货　网店销量　门店销量　总销量　**库存管理**

14.1 核心知识

本章制作的电子表格将重点用到3种文本函数以及Excel 2016的合并计算功能，这些功能在实际工作中的运用较为广泛，是提高表格制作效率的有效工具。

14.1.1 文本函数的应用

Excel 2016中的文本函数可以返回指定的字符内容。下面主要介绍LEFT函数、MID函数和RIGHT函数的作用和用法。

- **LEFT函数：** LEFT函数的语法格式为"=LEFT(text, num_chars)"，表示从指定的单元格中返回左侧的1个或多个字符。例如，A1单元格中的数据为"办公软件高级应用"，则"=LEFT(A1,1)"将返回"办"，"=LEFT(A1,2)"将返回"办公"。
- **MID函数：** MID函数的语法格式为"=MID(text, start_num, num_chars)"，表示从指定的单元格中的指定位置返回1个或多个字符。例如，A1单元格中的数据为"办公软件高级应用"，则"=MID(A1,3,2)"将返回"软件"，"=MID(A1,5,4)"将返回"高级应用"。
- **RIGHT函数：** RIGHT函数的语法格式为"=RIGHT(text, num_chars)"，表示从指定的单元格中返回右侧的1个或多个字符。例如，A1单元格中的数据为"办公软件高级应用"，则"=RIGHT(A1,1)"将返回"用"，"=RIGHT(A1,2)"将返回"应用"。

14.1.2 工作表之间的合并计算

当多个工作表的结构相同，并需要汇总各工作表的数据时，可以使用合并计算功能快速实现汇总操作。具体而言，合并计算有以下两种情况。

- **按位置合并：** 如果工作表的项目、数据记录等结构和顺序完全相同，则可使用按位置合并操作来汇总，其方法为：切换到目标工作表，选择目标单元格，在"数据"→"数据工具"组中单击"合并计算"按钮，打开"合并计算"对话框，在其中设置汇总方式，然后引用并添加需要汇总的工作表中的单元格区域，单击 确定 按钮即可，如图14-1所示。
- **按类合并：** 如果需要进行合并的区域中数据记录的排列顺序相同，但数据记录不同，或项目不同，或二者均不相同时，则可使用按类合并操作汇总，其方法与按位置合并操作相似，但

图14-1 合并计算

需要在对话框中根据具体的结构情况选中"首行"或"最左列"复选框。

14.2 案例分析

库存管理表是物流管理中非常重要的数据表格，涉及进货、销售和库存等多个环节的内容，能对公司更好地管理商品起到不可忽视的作用。

14.2.1 案例目标

本案例制作的库存管理表，需要借助上月结存、本月进货以及本月销量等多方面数据，最终汇总出库存情况，并根据标准库存数据，通过建立图表展现各商品的当前库存情况。

14.2.2 制作思路

本案例首先制作"结存"工作表，充分利用文本函数快速输入数据内容，然后通过复制工作表的方法快速制作与进货、销量数据相关的工作表，最后引用这些工作表数据计算库存数据，并建立条形图直观反映各商品的库存现状。本案例的具体制作思路如图14-2所示。

图14-2 库存管理表的制作思路

14.3 案例制作

根据案例目标和制作思路，下面开始案例的制作。

14.3.1 制作结存与进货工作表

首先制作结存工作表，输入各商品的编号，利用编号输入商品类别、功能，并判定是否属于新品，然后输入上月结存量，并通过复制与修改操作快速制作进货工作表，其具体操作如下。

制作结存与
进货工作表

STEP 01 ▶ 创建并保存"库存管理.xlsx"工作簿，将工作表重命名为"结存"，然后输入各项目数据和商品编号，如图14-3所示。

STEP 02 ▶ 选择B2:B21单元格区域，在编辑框中输入"=IF(LEFT(A2,1)="S","运动套装",IF(LEFT(A2,1)="P","运动裤系列","上衣系列"))"，表示如果商品编号的第1个字符为"S"，则返回"运动套装"；如果为"P"，则返回"运动裤系列"，否则返回"上衣系列"，如图14-4所示。

图14-3 输入数据

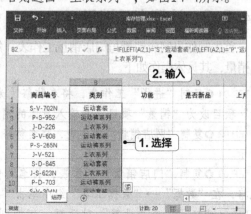

图14-4 判断商品类别

STEP 03 ▶选择C2:C21单元格区域，在编辑框中输入"=IF(MID(A2,3,1)="V","透气",IF(MID(A2,3,1)="S","吸汗","速干"))"，表示如果商品编号的第3个字符为"V"，则返回"透气"；如果为"S"，则返回"吸汗"，否则返回"速干"，如图14-5所示。

STEP 04 ▶选择D2:D21单元格区域，在编辑框中输入"=IF(RIGHT(A2,1)="N","是","")"，表示如果商品编号的最后一个字符为"N"，则返回"是"，否则返回空值，如图14-6所示。

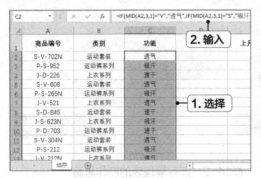

图14-5 判断商品功能

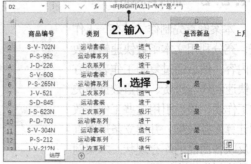

图14-6 判断是否为新品

STEP 05 ▶在E2:E21单元格区域中依次输入各商品上月结存的库存数据，如图14-7所示。

STEP 06 ▶复制"结存"工作表，将名称修改为"进货"，然后将"上月结存"项目改为"本月进货"项目，并输入具体的进货数据，如图14-8所示。

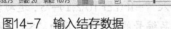

图14-7 输入结存数据

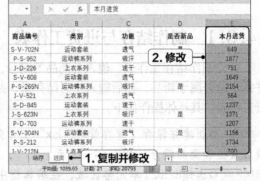

图14-8 复制工作表并修改数据

14.3.2 计算商品销量

首先制作出网店销量与门店销量工作表，然后利用这些数据计算出各商品的总销量，其具体操作如下。

计算商品销量

STEP 01 ▶复制"进货"工作表，将名称修改为"网店销量"，然后将"本月进货"项目改为"销量"项目，并输入具体的销量数据，如图14-9所示。

STEP 02 ▶复制"网店销量"工作表，将名称修改为"门店销量"，修改销量数据，如图14-10所示。

STEP 03 ▶复制"门店销量"工作表，将名称修改为"总销量"，删除销量数据，选择E2单元格，在"数据"→"数据工具"组中单击"合并计算"按钮，如图14-11所示。

STEP 04 ▶打开"合并计算"对话框，切换到"网店销量"工作表，选择E2:E21单元格区域，单击 添加(A) 按钮，如图14-12所示。

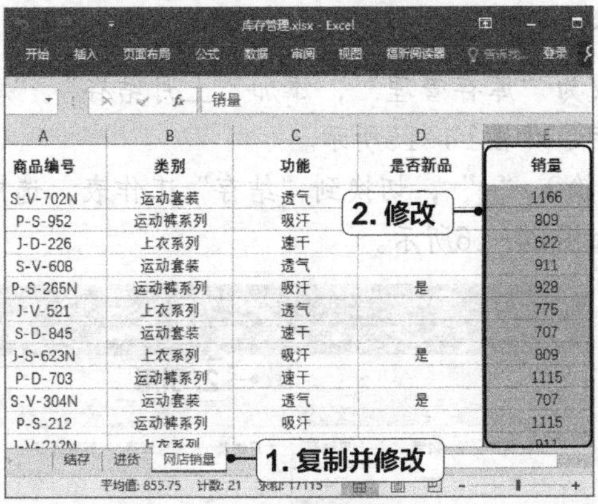

图14-9　输入销量数据

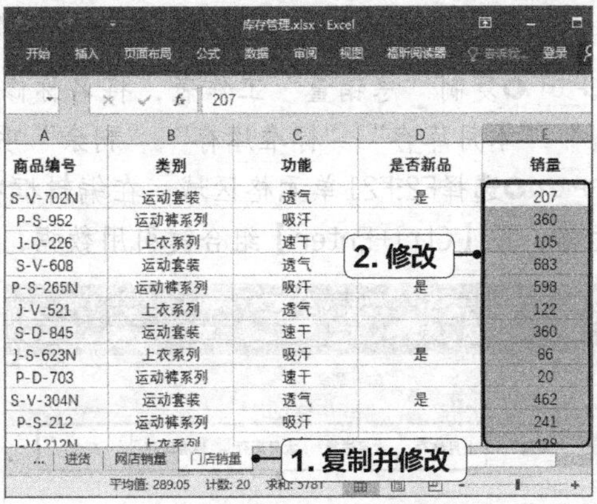

图14-10　修改销量数据

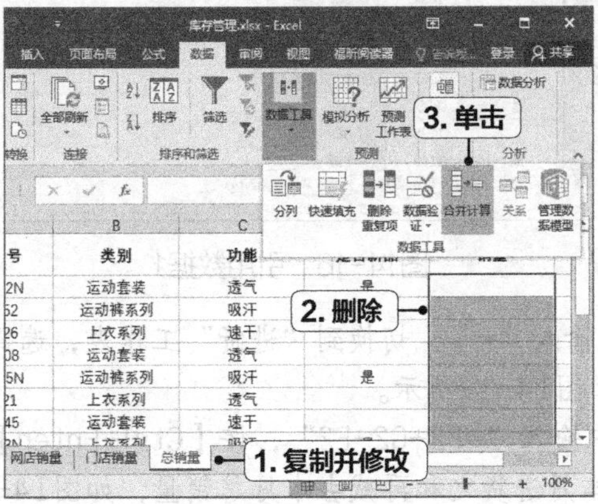

图14-11　删除数据

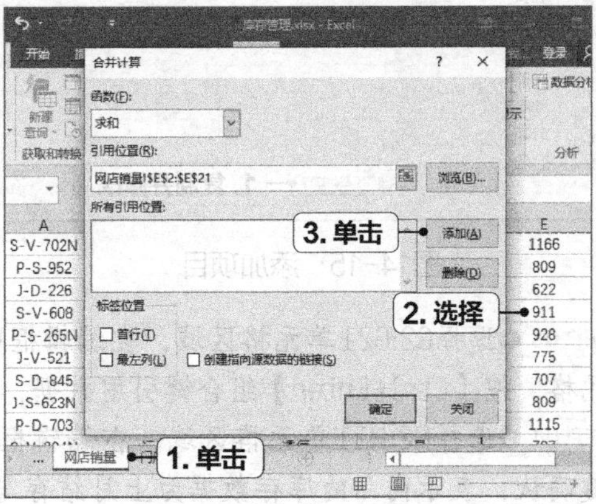

图14-12　引用单元格区域1

STEP 05 ◐切换到“门店销量”工作表，选择E2:E21单元格区域，单击 添加(A) 按钮，然后单击 确定 按钮，如图14-13所示。

STEP 06 ◐此时Excel 2016将网店销量和门店销量工作表中的销量数据汇总到“总销量”工作表中，如图14-14所示。

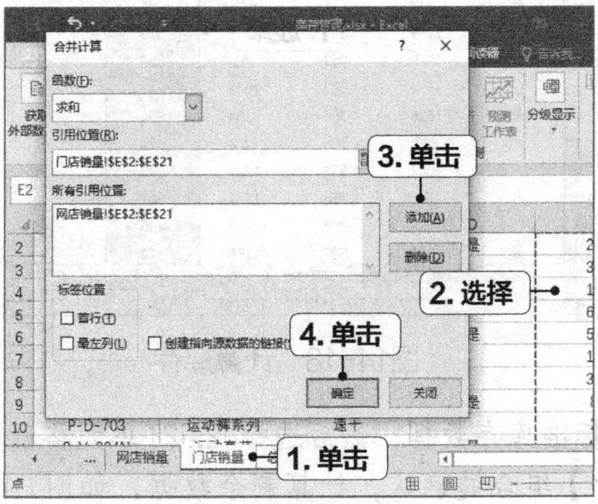

图14-13　引用单元格区域2

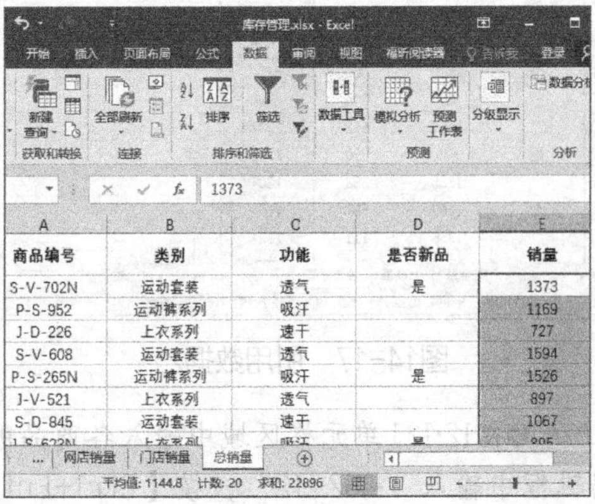

图14-14　完成合并

14.3.3　计算并管理库存

库存数据需要结合结存、进货与销量数据得到，下面便引用这些数据进行计

计算并管理库存

算，并利用图表显示各商品的库存情况，其具体操作如下。

STEP 01 ▶复制"总销量"工作表，将名称修改为"库存管理"，添加"上月结存""本月进货""本月库存""标准库存""剩余"项目，如图14-15所示。

STEP 02 ▶选择F2:F21单元格区域，在编辑框中输入"="，切换到"结存"工作表，选择E2单元格，按【Ctrl+Enter】组合键引用数据，如图14-16所示。

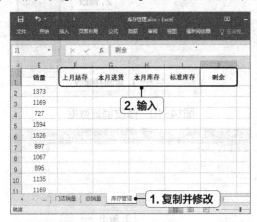

图14-15　添加项目

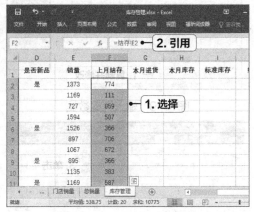

图14-16　引用数据1

STEP 03 ▶选择G2:G21单元格区域，在编辑框中输入"="，切换到"进货"工作表，选择E2单元格，按【Ctrl+Enter】组合键引用数据，如图14-17所示。

STEP 04 ▶选择H2:H21单元格区域，在编辑框中输入"=F2+G2-E2"，按【Ctrl+Enter】组合键确认，表示商品的库存数据为上月结存与本月进货之和再减去本月总销量，如图14-18所示。

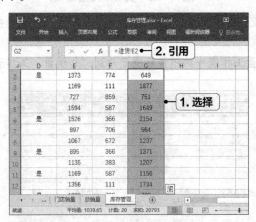

图14-17　引用数据2

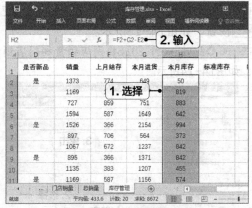

图14-18　计算库存

STEP 05 ▶在I2:I21单元格区域中输入各商品的标准库存数据，然后选择J2:J21单元格区域，在编辑框中输入"=H2-I2"，按【Ctrl+Enter】组合键确认，计算剩余数据，如图14-19所示。

STEP 06 ▶以商品编号和剩余项目为数据源，创建条形图，双击纵坐标轴，打开"设置坐标轴格式"窗格，在"标签"栏的"标签位置"下拉列表中选择"低"选项，如图14-20所示。

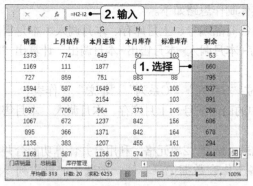

图14-19 输入并计算数据

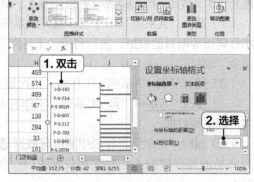

图14-20 创建条形图

STEP 07 ▶选择数据系列，再次单击从上至下第4个数据图形，在"图表工具-格式"→"形状样式"组中单击"形状填充"按钮形状填充▾右侧的下拉按钮，在弹出的下拉列表中选择"标准色"栏中的"红色"选项，如图14-21所示。

STEP 08 ▶按相同方法设置其他小于0的数据图形，将图表标题修改为"当前库存"，然后适当调整图表大小和位置即可（配套资源:\效果\第14章\库存管理.xlsx），如图14-22所示。

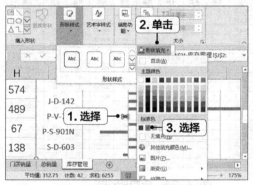

图14-21 设置数据系列

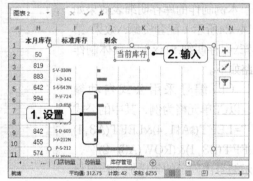

图14-22 设置图表标题

14.4 强化训练

　　本章介绍了Excel 2016几种文本函数的应用和合并计算功能、制作库存管理表的方法，下面将继续练习与库存管理相关表格的制作，包括库存汇总表和库存明细表等。

14.4.1 制作库存汇总表

　　库存汇总表可以将所有商品数据汇总到一个工作表中，适合在某个时期查看和管理所有商品库存的情况。

【制作效果与思路】

　　本例制作的库存汇总表效果如图14-23所示

图14-23 库存汇总表

（配套资源:\效果\第14章\库存汇总.xlsx），具体制作思路如下。

（1）建立“A系列”工作表，输入该系列各商品编号、上月库存、本月调入、本月售出和本月调出等项目的数据，然后利用“上月库存+本月调入-本月售出-本月调出”计算出“本月结余”项目。

（2）通过复制“A系列”工作表，依次建立“B系列”“C系列”“汇总”工作表。

（3）修改“B系列”和“C系列”工作表中的商品编号、上月库存、本月调入、本月售出和本月调出等数据。

（4）删除“汇总”工作表中的所有数据记录。选择A2单元格，利用合并计算功能合并各系列商品的库存数据（合并库存数据时由于各工作表数据记录不同，需选中“最左列”复选框）。

14.4.2 制作库存明细表

库存明细表主要针对某一种商品的库存数据进行管理，通过该表可以详细了解商品的明细库存数据，包括入库、出库和结存数据等，能够完全掌握该商品的库存动态。

【制作效果与思路】

本例制作的库存明细表效果如图14-24所示（配套资源:\效果\第14章\库存明细.xlsx），具体制作思路如下。

2020年		编号	经手人	入库			出库			结存		
月	日			数量	单价	金额	数量	单价	金额	数量	单价	金额
4	8	2020481	金友国	90	45	¥4,050.00				90	45	¥4,050.00
4	8	2020482	金友国				24	45	¥1,080.00	66	45	¥2,970.00
4	8	2020483	金友国				10	45	¥450.00	56	45	¥2,520.00
4	8	2020484	张敬				8	45	¥360.00	48	45	¥2,160.00
4	9	2020495	张敬				38	45	¥1,710.00	10	45	¥450.00
4	9	2020496	刘文山	120	45	¥5,400.00				130	45	¥5,850.00
4	9	2020497	刘文山				20	45	¥900.00	110	45	¥4,950.00
4	9	2020498	刘文山				18	45	¥810.00	92	45	¥4,140.00
4	10	2020419	张敬				13	45	¥585.00	79	45	¥3,555.00
4	10	20204110	金友国				10	45	¥450.00	69	45	¥3,105.00
4	10	20204111	金友国				35	45	¥1,575.00	34	45	¥1,530.00
4	10	20204112	刘文山	100	45	¥4,500.00				134	45	¥6,030.00
4	10	20204113	刘文山				86	45	¥3,870.00	48	45	¥2,160.00
4	10	20204114	刘文山				8	45	¥360.00	40	45	¥1,800.00
4	11	20204115	金友国				12	45	¥540.00	28	45	¥1,260.00
4	11	20204116	金友国				15	45	¥675.00	13	45	¥585.00
4	11	20204117	金友国				8	45	¥360.00	5	45	¥225.00

图14-24　库存明细表

（1）编号采用公式自动输入，以C3单元格为例，其中的公式为“=LEFT($A$1,4)&LEFT(A3,1)&LEFT(B3,1)&(ROW(A3)-2)”，表示编号由固定的年份加上当日日期，再加上从“1”开始的号码组合（提示：ROW函数可以返回行号对应的数字；“&”为连接符，可以连接前后的字符串）。

（2）单价为固定值“45”，根据数量自动输入，如果数量为空，则单价为空，否则为“45”。以F3单元格为例，其中的公式应为“=IF(E3="","",45)”。

（3）金额=数量×单价，如果数量为空，则金额为空，否则应该是数量与单价的乘积。以G3单元格为例，其中的公式应为“=IF(E3="","",E3*F3)”。

（4）结存栏的单价和金额的公式与入库、出库栏相似。

（5）结存栏数量的计算分两种情况，K3单元格的值引用E3单元格的值，K4单元格开始的值则由公式“=K3+E4-H4”自动计算，表示当前结存数量为上一次结存数量加上本次入库数量再减去本次出库数量的结果。

14.5 拓展课堂

本章拓展课堂将进一步介绍当表格数据的结构不同时，如何使用合并计算功能完成合并，其关键在于目标区域的选择和数据区域的引用。

14.5.1　项目相同、数据记录不同时合并计算数据

若项目相同但数据记录不同，则在合并时需保留项目数据，然后选择A2单元格，引用其他工作表中除了项目的数据区域，选中"最左列"复选框进行合并，效果如图14-25所示。

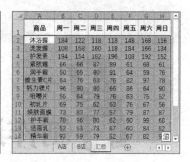

图14-25　项目相同、数据记录（商品）不同

14.5.2　数据记录相同、项目不同时合并计算数据

若数据记录相同但项目不同，则在合并时需保留A列数据，然后选择B2单元格，引用其他工作表中除了A列的数据区域，选中"首行"复选框进行合并，效果如图14-26所示。

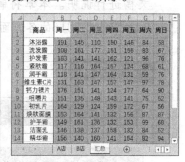

图14-26　数据记录相同、项目（销售日期）不同

14.5.3　数据记录和项目均不同时合并计算数据

若数据记录与项目都不相同，则在合并时无须保留数据，然后选择A1单元格，引用其他工作表中的所有数据区域，同时选中"首行"和"最左列"复选框进行合并，效果如图14-27所示。

图14-27　数据记录和项目均不同

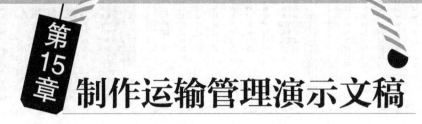

第15章 制作运输管理演示文稿

本章导读

公司物流管理中，运输管理是非常重要的环节。当需要对相关人员进行运输管理制度与规定方面的培训或讲解时，就可以利用PowerPoint 2016制作演示文稿进行说明。本章将制作运输管理演示文稿，读者通过练习可进一步掌握PowerPoint 2016的各方面操作，以及多媒体对象的插入和交互对象的使用。

案例效果

15.1 核心知识

PowerPoint 2016不仅能制作图文并茂的幻灯片，还能插入音乐、影像等多媒体对象，使幻灯片内容更加生动和丰富。除此以外，为了方便演示文稿的讲解和放映，还可以利用超链接、动作按钮等交互对象进行定位，提高演讲效率。

15.1.1 多媒体对象的插入

这里所说的多媒体对象，主要是指音频和视频，在PowerPoint 2016中可以轻松插入并应用这两种对象。

1. 插入音频文件

在PowerPoint 2016中可以插入计算机中存在的音频文件，也可录制音频并插入幻灯片。

- **插入计算机中的音频文件**：在"插入"→"媒体"组中单击"音频"按钮🔊，在弹出的下拉列表中选择"PC上的音频"选项，打开"插入音频"对话框，选择并插入需要的文件后，可以在"音频工具-格式"选项卡和"音频工具-播放"选项卡设置该文件的外观样式和播放参数。

- **录制音频**：在"插入"→"媒体"组中单击"音频"按钮🔊，在弹出的下拉列表中选择"录制音频"选项，打开"录制声音"对话框，设置声音文件的名称后单击●按钮开始录制，完成后单击■按钮完成录制，单击 确定 按钮即可将录制的音频文件插入幻灯片，如图15-1所示。

图15-1 录制并插入音频

2. 插入视频文件

插入视频文件的操作与插入音频文件十分相似，都是通过"插入"→"媒体"组来完成的，在PowerPoint 2016中可以插入联机视频或计算机中存在的视频文件。

- **插入联机视频**：在"插入"→"媒体"组中单击"视频"按钮🎞️，在弹出的下拉列表中选择"联机视频"选项，打开"在线视频"对话框，在其中输入或复制视频所在的网址，单击 插入(I) 按钮即可。

- **插入计算机中的视频文件**：在"插入"→"媒体"组中单击"视频"按钮🎞️，在弹出的下拉列表中选择"PC上的视频"选项，打开"插入视频文件"对话框，选择并插入需要的文件后，可以在"视频工具-格式"选项卡和"视频工具-播放"选项卡设置该文件的外观样式和播放参数。

🎓 **专家指导**

PowerPoint 2016支持大多数常用的音视频文件格式，能满足实际工作的需求。其中，音频格式包括mp3、wma、wav、midi等，视频格式包括mp4、wmv、mpeg、mov、mkv等。

15.1.2 交互对象的创建

演示文稿在放映时，为了方便幻灯片的切换和定位，往往会有目的地加入超链接或动作按钮进行控制。

- **创建超链接：** PowerPoint 2016可以为文本、文本框、占位符、图片、图形等各种对象创建超链接，其方法为，选择对象，在"插入"→"链接"组中单击"超链接"按钮🌐，打开"插入超链接"对话框，在左侧列表中选择"本文档中的位置"选项，然后定位到目标幻灯片即可。

- **插入动作按钮：** 在"插入"→"插图"组中单击"形状"按钮🔷，在弹出的下拉列表中选择"动作按钮"栏下的某种动作按钮选项，在幻灯片中单击鼠标或拖曳鼠标指针插入按钮，此后将自动打开"操作设置"对话框，在其中可设置单击鼠标时的动作或鼠标移过时的动作，如图15-2所示。

- **创建动作：** 此操作与插入动作按钮类似，只需选择对象后，在"插入"→"链接"组中单击"动作"按钮⭐，打开"操作设置"对话框，按需要设置相应的动作即可。

图15-2　设置动作

15.2　案例分析

在物流管理中，运输安全是公司不能忽视的管理内容，如何减少事故的发生，提高运输的安全性和可靠性，是管理者需要解决的问题。在管理过程中，可以定期或不定期地开展相关培训，此时就可以借助演示文稿向相关人员传达需要他们掌握的信息。

15.2.1　案例目标

本案例将制作某公司的危险品货物运输管理制度演示文稿，除了对部分幻灯片内容进行补充外，还需要建立超链接来辅助演讲人员定位幻灯片，同时还要为演示文稿插入背景音乐，优化演示文稿的放映效果。

15.2.2　制作思路

本案例首先借助PowerPoint 2016的图片、图表等功能创建更多的图形对象，以丰富演示文稿的内容，然后以目录页为中心，创建多个超链接来定位幻灯片。最后插入背景音乐，并通过设置为演示文稿添加音频对象。本案例的具体制作思路如图15-3所示。

图15-3　运输管理演示文稿的制作思路

15.3　案例制作

根据案例目标和制作思路，下面开始案例的制作。

15.3.1 丰富幻灯片内容

下面将首先利用图片、形状、图标、文本框、图表等多种对象来丰富幻灯片内容，其具体操作如下。

丰富幻灯片内容

STEP 01 ▶打开"运输管理.pptx"演示文稿（配套资源:\素材\第15章\运输管理.pptx），选择第5张幻灯片，在"插入"→"图像"组中单击"图片"按钮，如图15-4所示。

STEP 02 ▶打开"插入图片"对话框，按住【Ctrl】键的同时，依次选择"driver.png""parking.png""truck.png"图片（配套资源:\素材\第15章\driver.png、parking.png、truck.png），单击 插入(S) ▼按钮，如图15-5所示。

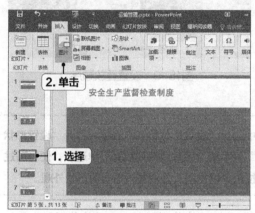

图15-4 插入图片

图15-5 选择多张图片

STEP 03 ▶在"图片工具-格式"→"大小"组中单击"展开"按钮，打开"设置图片格式"窗格，取消选中"锁定纵横比"复选框，将高度和宽度分别设置为"5.4厘米"和"8.1厘米"，如图15-6所示。

STEP 04 ▶拖曳3张图片，利用自动显示的智能参考线进行排列，保证3张图片上下居中且横向等距分布，如图15-7所示。

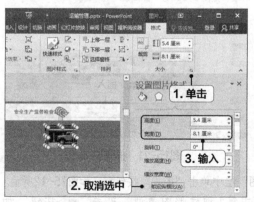

图15-6 设置图片大小

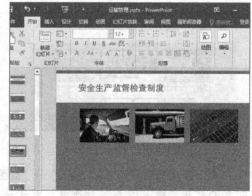

图15-7 排列图片

STEP 05 ▶创建矩形，轮廓色设置为"白色，背景1"，填充色设置为"无填充颜色"，大小与图片相同。将矩形放置在左侧图片下方，然后通过复制和修改颜色的方法制作其他两个矩形对象，如图15-8所示。

STEP 06 ▶选择3个图片对象，在图片上单击鼠标右键，在弹出的快捷菜单中选择"置于顶层"选项，如图15-9所示。

图15-8 创建矩形

图15-9 设置叠放顺序

🎓 专家指导

> 在矩形上单击鼠标右键，在弹出的快捷菜单中选择"设置形状格式"选项，打开"设置形状格式"窗格，单击"填充"按钮 🖌，选中"填充"栏下的"图片或纹理填充"单选项，便可通过"插入图片来自"栏设置矩形填充的背景。这种技巧可以使图片外观变为需要的形状外观。

STEP 07 ▶插入3个图标对象（配套资源：素材\第15章\运输管理01.png～运输管理03.png），根据所在矩形填充色将图标填充色设置为蓝色或白色，并使其上下居中，如图15-10所示。

STEP 08 ▶插入3个文本框对象，输入文本，根据所在矩形填充色将文本颜色设置为蓝色或白色，并使其顶端对齐，如图15-11所示。

图15-10 插入图标

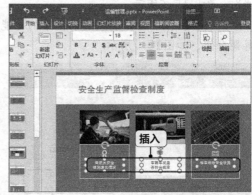

图15-11 插入文本框

STEP 09 ▶选择第7张幻灯片，在"插入"→"插图"组中单击"图表"按钮 ▮，如图15-12所示。

STEP 10 ▶打开"插入图表"对话框，默认选中第1种柱形图类型，单击 确定 按钮，如图15-13所示。

STEP 11 ▶插入柱形图同时打开Excel 2016窗口，修改A1:B5单元格区域中的数据，然后拖曳B2单元格的填充柄至B5单元格，调整图表引用的数据区域，如图15-14所示。

STEP 12 ▶关闭Excel 2016窗口后删除图表中的标题、图例和网格线，然后适当调整图表的位置和大小，如图15-15所示。

图15-12　插入图表

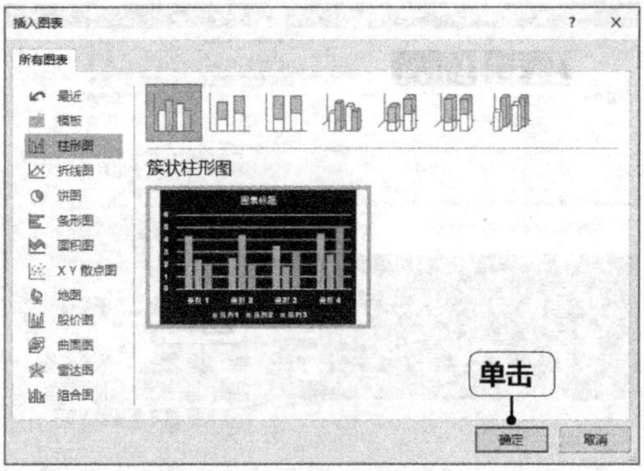

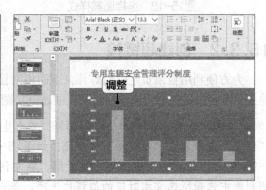

图15-13　选择图表类型

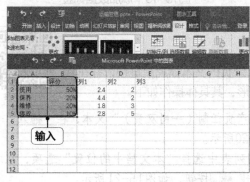

图15-14　修改数据内容

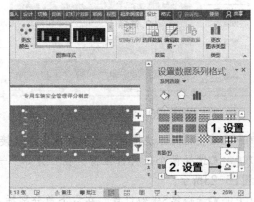

图15-15　调整图表布局

STEP 13 ▶双击数据系列打开"设置数据系列格式"窗格，单击"填充"按钮 ，选中"填充"栏下的"图案填充"单选项，如图15-16所示。

STEP 14 ▶在"图案"栏下将前景色和背景色分别设置为"白色，背景1"和"蓝色，背景2"，如图15-17所示。

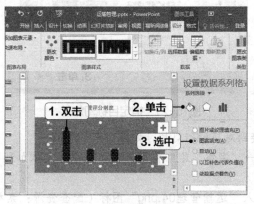

图15-16　设置图案填充

图15-17　设置前景色和背景色

STEP 15 ▶在"图案"栏下选择第4行第2列对应的图案样式，如图15-18所示。

STEP 16 ▶在"图表工具-设计"→"图表布局"组中单击"添加图表元素"按钮 ，在弹出的下拉列表中选择"数据标签"→"数据标签外"选项，为图表添加数据标签，如图15-19所示。

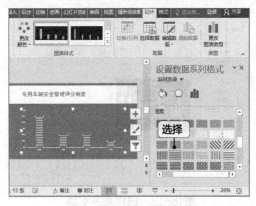

图15-18　选择图案样式

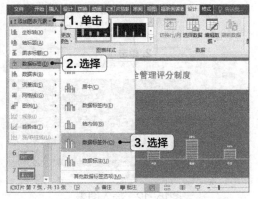

图15-19　添加数据标签

15.3.2　创建超链接

创建超链接

为方便利用目录页定位幻灯片，下面将为目录页的文本添加超链接，并在其他主要页面设置能够快速返回目录页的超链接图形，其具体操作如下。

STEP 01 ⊙选择第2张幻灯片，然后选择"安全生产责任制（一岗双责）"文本，在"插入"→"链接"组中单击"超链接"按钮，如图15-20所示。

STEP 02 ⊙打开"插入超链接"对话框，在左侧列表中选择"本文档中的位置"选项，在右侧列表中选择所选文本对应的幻灯片选项，单击 确定 按钮，如图15-21所示。

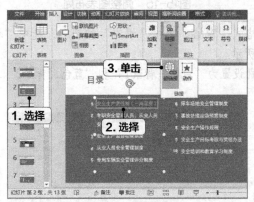

图15-20　添加超链接

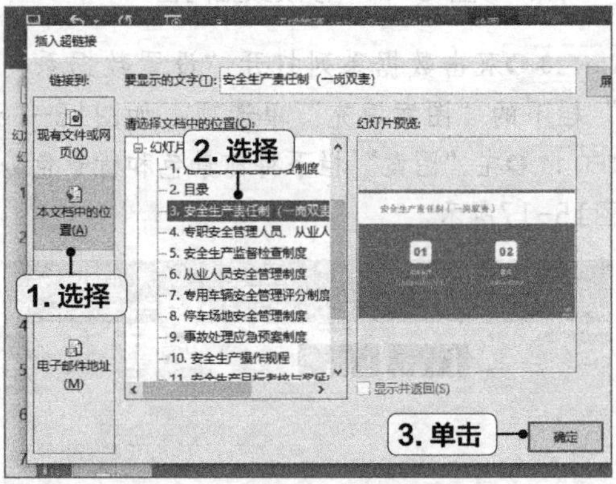

图15-21　指定目标幻灯片

STEP 03 ⊙按相同方法将目录页的其他文本链接到对应的幻灯片，如图15-22所示。

STEP 04 ⊙选择两个正文占位符，在"开始"→"字体"组中将所选占位符中的文本加粗，如图15-23所示。

STEP 05 ⊙选择第3张幻灯片，在右下角分别插入"运输管理04.png"图标（配套资源：素材\第15章\运输管理04.png）和文本框，文本框内容为"返回目录"，图标填充色和文本颜色均设置为"白色，背景1"，如图15-24所示。

STEP 06 ⊙为图标创建超链接，链接目标为"目录"幻灯片，如图15-25所示。

STEP 07 ⊙框选图标和文本框，按【Ctrl+G】组合键组合对象，如图15-26所示。

STEP 08 ⊙将组合的对象复制粘贴到第4张～第12张幻灯片中，如图15-27所示。

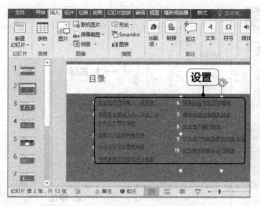

图15-22 添加多个超链接

图15-23 设置文本

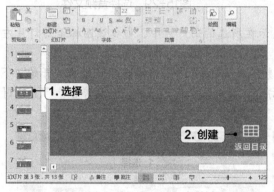

图15-24 插入图标和文本框

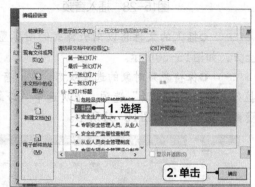

图15-25 创建超链接

图15-26 组合图形

图15-27 粘贴对象

15.3.3 插入背景音乐

插入背景音乐

为了进一步丰富演示文稿内容，下面将在其中插入背景音乐，并通过设置使放映演示文稿时能够自动且循环播放音乐内容，其具体操作如下。

STEP 01 ▶选择第1张幻灯片，在"插入"→"媒体"组中单击"音频"按钮🔊，在弹出的下拉列表中选择"PC上的音频"选项，如图15-28所示。

STEP 02 ▶打开"插入音频"对话框，选择"bgmusic.mp3"音频文件（配套资源:\素材\第15章\bgmusic.mp3），单击 插入(S) ▼按钮，如图15-29所示。

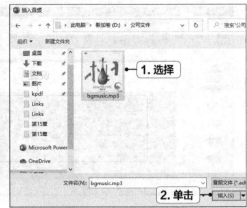

图15-28　插入音频　　　　　　　　　　图15-29　选择音频文件

STEP 03 ▶插入的文件将以喇叭样式的图标显示在所选的幻灯片中，拖曳该图标至幻灯片左上方，如图15-30所示。

STEP 04 ▶保持音频对象的选择状态，在"音频工具-播放"→"音频选项"组的"开始"下拉列表中选择"自动"选项，依次选中"跨幻灯片播放""循环播放，直到停止""放映时隐藏"复选框，如图15-31所示。

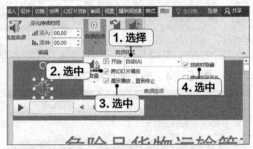

图15-30　调整对象位置　　　　　　　　图15-31　设置播放参数

STEP 05 ▶按【F5】键放映演示文稿，此时背景音乐将自动播放，如图15-32所示。

STEP 06 ▶切换到"目录"幻灯片，单击第8点对应的文本检查超链接是否正确，如图15-33所示。

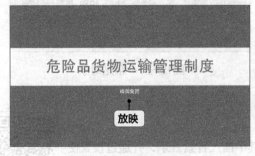

图15-32　放映演示文稿　　　　　　　　图15-33　切换幻灯片1

STEP 07 ▶此时将快速切换到"安全生产操作规程"幻灯片，单击右下角的"返回目录"对象，如图15-34所示。

STEP 08 ▶此时又将切换到"目录"幻灯片，依次单击其他超链接进行检查即可（配套资源:\效果\第15章\运输管理.pptx），如图15-35所示。

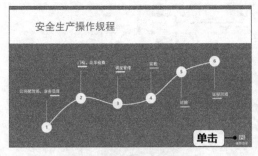

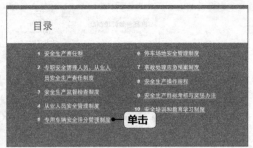

图15-34　切换幻灯片2　　　　　　图15-35　切换幻灯片3

15.4　强化训练

本章以运输管理演示文稿的制作为例，介绍了如何在PowerPoint 2016中插入多媒体对象和创建超链接对象的知识。下面将继续练习与包装管理和配送管理相关的演示文稿的制作，通过学习进一步巩固本章所学的知识。

15.4.1　制作包装管理演示文稿

包装管理涉及企业商品的包装环节，对成本的减少和销量的提高都有直接影响。下面将制作包装管理演示文稿，重点练习对图片、超链接、动作按钮、艺术字等对象的操作。

【制作效果与思路】

本例制作的包装管理演示文稿效果如图15-36所示（配套资源:\效果\第15章\包装管理.pptx），具体制作思路如下。

（1）打开"包装管理.pptx"演示文稿（配套资源:\素材\第15章\包装管理.pptx），在第9张幻灯片中创建对角圆角矩形，并在其中插入文本框，输入文本，将形状和文本框左右居中，并预留后面插入图片的区域。复制一组对象并修改文本框内容。

（2）在左侧对角圆角矩形中插入圆顶角矩形，为其填充"gift01.jpg"图片（配套资源:\素材\第15章\gift01.jpg），并将图片饱和度设置为"0"。复制该圆顶角矩形到右侧的对角圆角矩形中，为其填充"gift02.jpg"图片（配套资源:\素材\第15章\gift02.jpg），同样将图片饱和度设置为"0"。

（3）在第11张幻灯片中插入第1行第4列对应的艺术字，内容为"THANK YOU"，调整位置并设置字号。

（4）为目录页的编号对象创建超链接，链接位置为对应的幻灯片。

（5）在第3幻灯片中插入"后退或前一项"和"前进或下一项"动作按钮，链接目标保持默认设置。

（6）在第3张幻灯片中插入"转到开头"动作按钮，链接目标为"目录"幻灯片（在"操作设置"对话框的"超链接到"下拉列表中选择"幻灯片..."选项，在打开的对话框中指定幻灯片）。

（7）调整3个动作按钮的大小和格式，移至幻灯片右上角，并将其复制粘贴到第2张幻灯片，以及第4~10张幻灯片中。最后删除第2张幻灯片中的"目录"幻灯片动作按钮。

（8）放映幻灯片，依次检查各超链接和动作按钮是否正确。

图15-36 包装管理演示文稿

15.4.2 制作配送管理演示文稿

商品配送管理也是物流管理的重要环节，下面将要制作的配送管理演示文稿，会侧重于幻灯片母版、超链接、多媒体文件等对象的操作。

【制作效果与思路】

本例制作的配送管理演示文稿效果如图15-37所示（配套资源:\效果\第15章\配送管理.pptx），具体制作思路如下。

（1）打开"配送管理.pptx"演示文稿（配套资源:\素材\第15章\配送管理.pptx），在第1张幻灯片中插入"bgyy.mp3"音频文件（配套资源:\素材\第15章\bgyy.mp3），设置其自动、重复、跨幻灯片播放，并在播放时隐藏图标。

（2）进入母版视图，将"仅标题"版式的标题占位符中的文本对齐方式设置为"居中"，并在其中创建5个高"0.1厘米"、宽"0.9厘米"的矩形，分别填充从"金色，个性色1"开始的5个主题色。放置在标题占位符正下方。

（3）在"导航"幻灯片中为图标和圆形均创建超链接，每组对象的链接位置相同，即对应的幻灯片。

（4）在"导航"幻灯片将圆角矩形和V型箭头通过合并形状的"组合"功能创建按钮，然后复制并翻转按钮，为两个按钮分别设置"上一张幻灯片"和"下一张幻灯片"的动作。

（5）按相同方法利用圆角矩形和文本框在"导航"幻灯片创建"返回导航页"按钮，动作指定为链接到"导航"幻灯片。

（6）调整3个按钮的大小，将其放置到幻灯片右下角，并复制粘贴到第3~11张幻灯片中。

（7）放映幻灯片，查看音频文件、动作按钮、超链接等对象是否正确。

图15-37 配送管理演示文稿

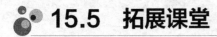

15.5 拓展课堂

本章拓展课堂将继续对超链接和多媒体对象的操作进行延伸讲解，通过学习可以更熟练地在幻灯片中应用这些对象。

15.5.1 超链接的管理

对创建了超链接的对象，可在该对象上单击鼠标右键，在弹出的快捷菜单中选择"编辑超链接"选项，打开"编辑超链接"对话框，在其中可对超链接进行管理，如图15-38所示。

图15-38 编辑超链接

- **删除超链接**：单击 删除链接(R) 按钮可删除对象上的超链接（也可直接在具有超链接的对象上单击鼠标右键，在弹出的快捷菜单中选择"取消超链接"选项）。

- **设置屏幕提示**：单击 屏幕提示(P)... 按钮，可在打开的对话框中设置提示文本。此后在放映演示文稿时，若鼠标指针移至超链接上，就会显示提示信息，帮助用户更好地理解单击此超链接的用途。

- **设置为动作效果**：在"请选择文档中的位置"列表中选择默认的动作效果选项，可使超链接具备动作按钮的效果。因此可以直接使用此功能为如"上一张""下一张"之类的文本设置相应动作的超链接，而无须借助形状对象。

15.5.2 多媒体对象的内容设置

插入了音视频对象后，可利用"音频工具"和"视频工具"选项卡对其内容进行设置。以音频对象为例，可在"音频工具-播放"选项卡的"音频选项"组和"编辑"组中设置音频内容，如图15-39所示。

图15-39 多媒体对象的设置参数

- **"音量"按钮** 🔊：单击该按钮后，可在弹出的下拉列表中设置音频的音量大小，有"低""中等""高""静音"4个选项可供选择。

- **"剪裁音频"按钮**：单击该按钮后可打开"剪裁音频"对话框，拖曳其中的绿色滑块和红色滑块可调整音频的起始位置和结束位置，从而实现对音频内容的剪裁操作。也可在对话框的数值框中输入具体的时间执行精确剪裁操作。

- **"淡化持续时间"栏**：在该栏的数值框中可设置音频的渐强时间和渐弱时间，从而得到播放时逐渐增强音量和结束时逐渐减弱音量的效果。

第16章 制作供应链管理演示文稿

本章导读

为演示文稿适当地添加动画效果和切换效果，可以更好地体现演示文稿生动活泼的特性。无论幻灯片内容多么精彩和吸引眼球，都应该利用恰当的动画效果进一步放大数据和内容的特征，使观看者可以更好地理解和吸收演示文稿要传达的信息。本章将要制作的供应链管理演示文稿，就会充分使用动画效果和切换效果进行设置。

案例效果

16.1 核心知识

PowerPoint 2016的动画效果是真正使演示文稿区别于其他文档、报告和表格等对象的灵魂，它能够有效地调动观看者的热情，吸引观看者的眼球，活跃现场的气氛。下面首先介绍PowerPoint 2016的动画类型和动画效果，以便制作案例时更好地使用这个工具。

16.1.1 动画类型

PowerPoint 2016有进入、强调、退出和动作路径等多种类型的动画类型可供选择，对幻灯片中的对象而言，可以为其设置一种或多种动画，以达到想要得到的放映效果。

- **进入动画**：进入动画具有从无到有的特性，在放映幻灯片时，开始并不会出现应用了进入动画的对象，用户需要在特定时间或特定操作下，如显示了指定的内容，或单击鼠标左键后，幻灯片中才会以动画方式显示出该对象。
- **强调动画**：强调动画的特点是放映时通过指定方式强调显示添加了动画的对象，如放大、变色等。无论动画放映前、放映中，还是放映后，应用了强调动画的对象始终是显示在幻灯片中的。
- **退出动画**：退出动画的特点与进入动画刚好相反，是通过动画使幻灯片中的某个对象消失。
- **动作路径动画**：动作路径动画的特点是能够使对象在放映动画时产生位置的变化，并能控制具体的变化路线。

16.1.2 动画效果

为对象添加了动画效果后，可以对动画效果进行设置，使其在放映时更加符合需求。不同的动画对应的效果选项参数会有所不同，但设置操作是相似的，其方法为：选择添加了动画的对象，在"动画"→"动画"组中单击右下角的"展开"按钮，此时将打开对应动画的效果设置对话框，在"效果"选项卡中可对动画的放映效果进行设置，如方向、开始与结束状态（平滑或弹跳），放映时是否有声音，放映后对象的状态等，如图16-1所示；在"计时"选项卡中则可设置动画的开始时间、延迟放映时间、持续时间、是否重复等参数。

图16-1 动画效果设置

🎓 **专家指导**

为对象添加了动画后，可直接在"动画"选项卡的"动画"组和"计时"组中设置该动画的方向、开始时间、持续时间、延迟时间等基础参数。

16.2 案例分析

一般而言，会在完成演示文稿内容的制作与美化后，才为幻灯片及其中的对象添加切换和动画效果，这样做的好处是可以专心于内容与动画的设置。本章将要制作的演示文稿，其内容基本上已经制作完成，只需对动画进行添加与设置。

16.2.1　案例目标

本案例需要提升演示文稿放映时的效果，因此需要为幻灯片和幻灯片中的文本、图片、图标、表格等各种对象添加合适的动画效果，使演示文稿的整个放映过程既不单调、乏味，也不会令人感觉眼花缭乱，避免引起视觉疲劳。

16.2.2　制作思路

本案例将首先对部分幻灯片进行制作，完善其中的内容，然后为幻灯片中的对象添加各种动画效果，最后为所有幻灯片应用并设置切换效果。本案例的制作思路如图16-2所示。

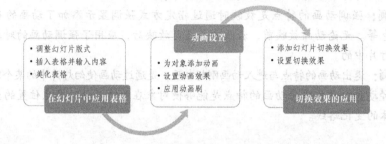

图16-2　供应链管理演示文稿的制作思路

🔅 16.3　案例制作

根据案例目标和制作思路，下面开始案例的制作。

16.3.1　在幻灯片中插入表格

在幻灯片中
插入表格

在PowerPoint 2016中也可以插入表格来编辑数据，使用起来也容易上手。下面通过在幻灯片中插入表格并进行美化为例做简单演示，其具体操作如下。

STEP 01 ○打开"供应链管理.pptx"演示文稿（配套资源:\素材\第16章\供应链管理.pptx），选择第9张幻灯片，在"开始"→"幻灯片"组中单击 版式·按钮，在弹出的下拉列表中选择"标题和内容"选项，如图16-3所示。

STEP 02 ○单击内容占位符中的"插入表格"按钮，打开"插入表格"对话框，将列数和行数分别设置为"3"和"5"，单击 确定 按钮，如图16-4所示。

STEP 03 ○在插入的表格中输入需要的内容，如图16-5所示。

STEP 04 ○拖曳列与列之间的分隔线，将各列宽度调整为可以完整显示一行内容的效果，如图16-6所示。

STEP 05 ○拖曳鼠标指针选择第1行单元格，在"表格工具-布局"→"单元格大小"组的"高度"数值框中输入"2.5厘米"，如图16-7所示。

STEP 06 ○选择第2~5行单元格，将高度设置为"2厘米"，如图16-8所示。

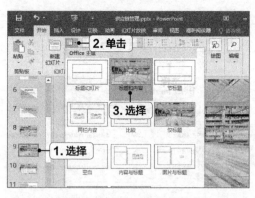

图16-3 更改幻灯片版式

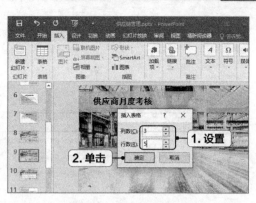

图16-4 插入表格

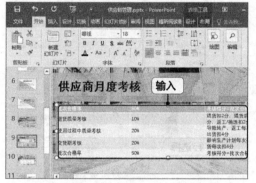

图16-5 输入表格内容

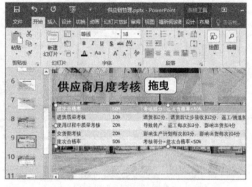

图16-6 调整列宽1

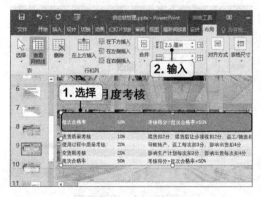

图16-7 设置行高1

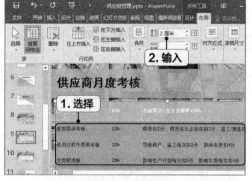

图16-8 设置行高2

STEP 07 ○ 重新选择第1行单元格，在"开始"→"段落"组中单击"居中"按钮三，如图16-9所示。

STEP 08 ○ 选择整个表格，在"表格工具-设计"→"表格样式"组中单击"其他"按钮，在弹出的下拉列表中选择中栏第1行第2列对应的样式选项，如图16-10所示。

STEP 09 ○ 拖曳表格边框，适当将表格向下移动，如图16-11所示。

STEP 10 ○ 按【Ctrl+C】组合键复制表格，选择第10张幻灯片，按【Ctrl+V】组合键粘贴表格，如图16-12所示。

STEP 11 ○ 选择中间一列，在"表格工具-布局"→"行和列"组中单击"在左侧插入"按钮，如图16-13所示。

STEP 12 ○ 修改表格中各单元格的内容，如图16-14所示。

图16-9　设置文本对齐方式

图16-10　应用表格样式

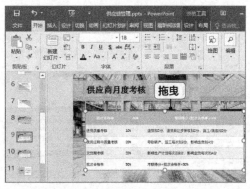

图16-11　移动表格位置

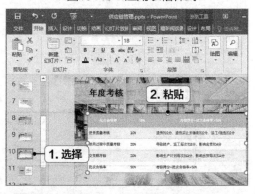

图16-12　粘贴表格

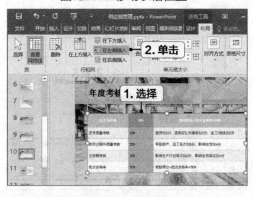

图16-13　插入列

图16-14　修改内容

STEP 13 ▷拖曳列与列之间的分隔线，调整各列列宽，使其内容能够在一行显示完整，如图16-15所示。

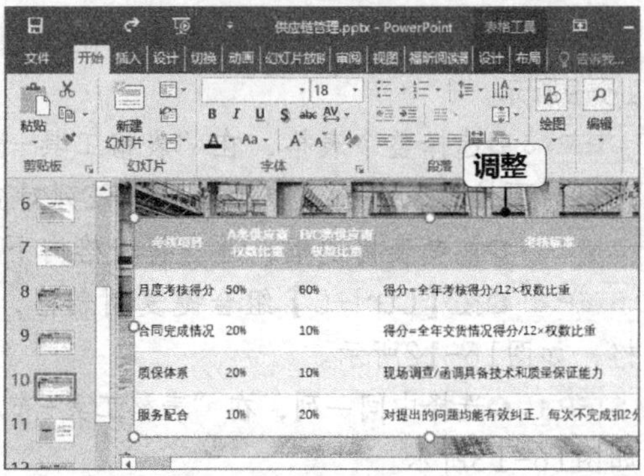

16.3.2　动画效果的应用

为幻灯片对象添加并设置动画效果时，可充分借助动画刷工具来操作，这样不仅能节省时间，同时也能使整个演示文稿的动画效果看上去更为统一，不至

动画效果的应用

图16-15　调整列宽2

于太过复杂和混乱。下面介绍为幻灯片对象添加动画的方法，其具体操作如下。

STEP 01 ▶选择第1张幻灯片中的图形对象，在"动画"→"动画"组的"动画样式"下拉列表中选择"进入"栏下的"淡出"选项，在"计时"组的"开始"下拉列表中选择"上一动画之后"选项，如图16-16所示。

STEP 02 ▶双击"高级动画"组中的 ★ 动画刷按钮，然后依次单击标题占位符和副标题占位符，为其设置相同的动画，如图16-17所示。

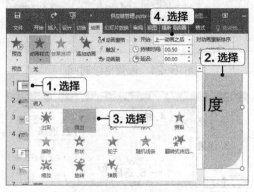

图16-16 添加动画1

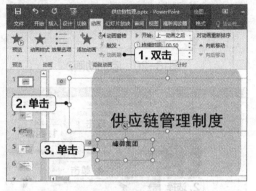

图16-17 使用动画刷1

STEP 03 ▶保持动画刷使用的状态，依次为其他幻灯片的标题占位符应用相同的动画效果。各对象应用的顺序依次为背景图形→标题占位符→图标（没有背景图形和图标对象的则只设置标题占位符），完成后按【Esc】键退出复制动画的状态，如图16-18所示。

STEP 04 ▶选择第2张幻灯片，框选左侧的对象，按【Ctrl+G】组合键组合，如图16-19所示。

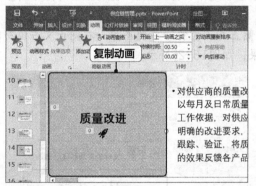

图16-18 使用动画刷2

图16-19 组合对象

STEP 05 ▶选择组合的对象，在"动画"→"动画"组中为其添加"进入"栏的"飞入"动画，单击该组右侧的"效果选项"按钮↑，在弹出的下拉列表中选择"自顶部"选项，如图16-20所示。

STEP 06 ▶在"计时"组的"持续时间"数值框中输入"00.30"，如图16-21所示。

STEP 07 ▶将幻灯片右侧的对象组合起来，利用动画刷将左侧对象的动画效果复制到右侧对象上，如图16-22所示。

STEP 08 ▶选择第3张幻灯片的正文占位符，为其添加"进入"栏的"浮入"动画，单击"动画"组右侧的"效果选项"按钮↑，在弹出的下拉列表中选择"下浮"选项，再次单击该按钮，并在弹出的下拉列表中选择"按段落"选项，如图16-23所示。

图16-20　添加动画2

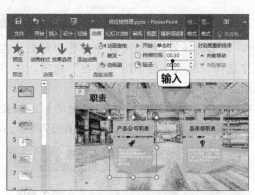
图16-21　设置持续时间

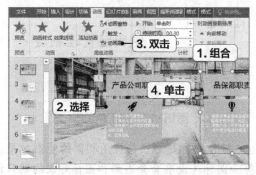
图16-22　应用动画刷1

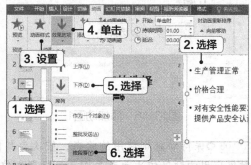
图16-23　添加动画3

STEP 09 ▶选择第4张幻灯片，将其中的3组对象组合起来，并为其应用第2张幻灯片中对象的动画效果，如图16-24所示。

STEP 10 ▶选择第5张幻灯片，按左侧图片→左侧正文占位符→右侧图片→右侧正文占位符的顺序，为这些对象添加"进入-淡出"动画效果，如图16-25所示。

图16-24　应用动画刷2

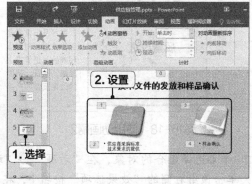
图16-25　添加动画4

STEP 11 ▶为第8张幻灯片的4组对象（先组合起来）应用第2张幻灯片中对象的动画效果，为第6、7、11~16张幻灯片的正文占位符应用第3张幻灯片正文占位符的动画效果，如图16-26所示。

STEP 12 ▶选择第9张幻灯片，为表格对象添加"进入-浮入-下浮"动画效果，将持续时间设置为"00.30"，如图16-27所示。

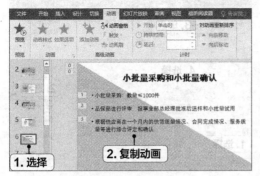

图16-26　应用动画刷3

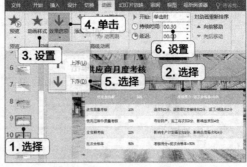

图16-27　添加动画5

STEP 13 ● 单击 "高级动画" 组中的 "添加动画" 按钮 ★，在弹出的下拉列表中选择 "强调" 栏下的 "跷跷板" 选项，如图16-28所示。

STEP 14 ● 在 "计时" 组的 "开始" 下拉列表中选择 "上一动画之后" 选项，在 "持续时间" 数值框中输入 "00.50"，如图16-29所示。

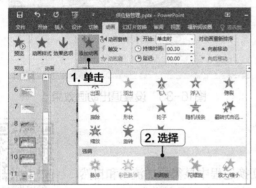

图16-28　添加强调动画

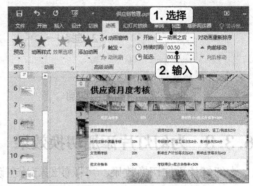

图16-29　设置强调动画效果

专家指导

当幻灯片中存在多个动画效果时，可在 "高级动画" 组中单击 动画窗格 按钮，在打开的窗格中管理各个动画选项。其中：拖曳动画选项可调整播放的先后顺序；单击某动画选项右侧的下拉按钮，可重新设置该动画的计时参数，如开始时间、持续时间、延迟时间等。

STEP 15 ● 使用动画刷将表格的动画效果快速应用到第10张幻灯片中的表格对象上，如图16-30所示。

STEP 16 ● 选择第16张幻灯片中的艺术字对象，为其添加 "进入-淡出" 动画效果，如图16-31所示。

STEP 17 ● 为艺术字对象添加 "退出-收缩并旋转" 动画效果，如图16-32所示。

STEP 18 ● 在 "计时" 组的 "开始" 下拉列表中选择 "上一动画之后" 选项，将 "持续时间" 设置为 "01.00"，如图16-33所示。

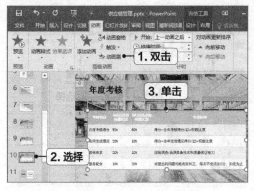

图16-30　应用动画刷4

图16-31　添加动画6

图16-32　添加退出动画

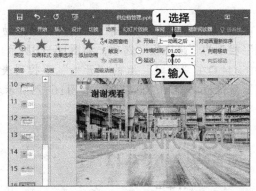

图16-33　设置退出动画效果

16.3.3　为幻灯片添加切换效果

为幻灯片添加切换效果，可以使幻灯片在切换过程中显得更加流畅和自然。
下面为演示文稿中的所有幻灯片添加统一的切换效果，其具体操作如下。

为幻灯片添加
切换效果

STEP 01 ● 在幻灯片窗格中按【Ctrl+A】组合键选择所有幻灯片，在"切换"→"切换到此幻
灯片"组的"切换效果"下拉列表中选择"细微型"栏下的"淡出"选项，如图16-34所示。

STEP 02 ● 在"计时"组的"声音"下拉列表中选择"wind.wav"选项，在"持续时间"
数值框中输入"01.00"，保存演示文稿进行放映即可（配套资源:\效果\第16章\供应链管
理.pptx），如图16-35所示。

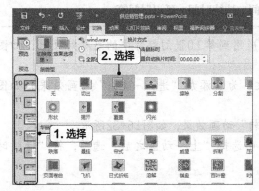

图16-34　添加切换效果

图16-35　设置切换效果

16.4 强化训练

本章以供应链管理演示文稿的制作为例，介绍了为幻灯片对象添加不同动画效果的操作，同时也介绍了表格在幻灯片中的使用方法以及幻灯片切换效果的设置方法。下面将继续通过案例的制作，进一步强化相关知识的应用能力。

16.4.1 制作退货管理演示文稿

退货管理演示文稿主要是针对公司退货范围、退货期限、退货流程、退货异常处理和换货等环节规定制作的文件。本次训练将在已提供素材的基础上，练习为幻灯片应用切换效果，并为其中的对象添加动画效果的操作。

【制作效果与思路】

本例制作的退货管理演示文稿的效果如图16-36所示（配套资源:\效果\第16章\退货管理.ppxt），具体制作思路如下。

（1）打开"退货管理.ppxt"演示文稿（配套资源:\素材\第16章\退货管理.ppxt），为所有幻灯片应用"华丽型-剥离"切换效果。

（2）在第1张幻灯片中为长矩形添加"进入-淡出"动画效果，开始时间为"上一动画之后"，然后利用动画刷依次为标题占位符、短矩形和副标题占位符应用相同的动画。

（3）在第2张幻灯片中，将目录内容的6组对象分别组合，然后为第1组对象添加"进入-飞入-自右侧"动画效果，开始时间为"上一动画之后"，然后利用动画刷按编号顺序为其他5组对象应用相同的动画。

（4）为第3~13张幻灯片的标题占位符添加"进入-浮入-下浮"动画效果。

（5）为第3~13张幻灯片的其他内容按先后顺序添加"进入-淡出"动画效果。其中，SmartArt图形采用"逐个"播放效果；有图片的幻灯片先设置图片，再设置图标，最后设置占位符或文本框。

（6）为第14张幻灯片的组合对象添加"强调-脉冲"动画效果，重复次数设置为"2"（提示：在"动画"→"动画"组中单击右下角的"展开"按钮，在打开的对话框中单击"计时"选项卡，设置重复次数）。

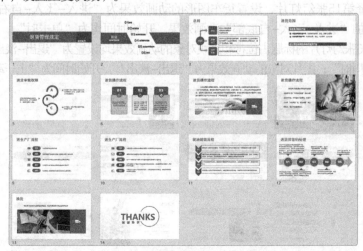

图16-36 退货管理演示文稿

16.4.2　制作装卸管理演示文稿

装卸管理演示文稿主要针对的是公司在货物装卸方面的问题，重点涉及操作规范、转运控制、吊装控制、高空作业控制和大件物料装卸控制等内容。下面需要为该演示文稿添加动画效果和切换效果，增加放映时的生动性。

【制作效果与思路】

本例制作的装卸管理演示文稿的部分效果如图16-37所示（配套资源:\效果\第16章\装卸管理.ppxt），具体制作思路如下。

（1）打开"装卸管理.ppxt"演示文稿（配套资源:\素材\第16章\装卸管理.ppxt），为所有幻灯片应用"细微型-显示-从右侧全黑"切换效果，切换声音为"chimes.wav"，持续时间为"03.00"。

（2）为第1张幻灯片的标题占位符和副标题占位符添加"进入-飞入-自左侧"动画效果，将开始时间设置为"上一动画之后"。

（3）将该动画效果复制粘贴到第3~6、8、10、11、13、15张幻灯片的标题占位符上。

（4）将第2页幻灯片右侧的5组对象分别组合，然后为其添加"进入-飞入-自右侧"动画效果，开始时间为"上一动画之后"。接着为第1组对象添加"强调-放大/缩小"动画效果，开始时间同样为"上一动画之后"。利用动画窗格将动画的放大比例设置为"120%"（提示：单击动画窗格该动画选项右侧的下拉按钮，在弹出的下拉列表中选择"效果选项"选项，在打开的对话框中设置尺寸即可）。

（5）按相同的思路制作其他目录页的动画效果。

（6）为第3张幻灯片的图片和正文占位符添加"进入-淡出"动画效果，其中正文占位符按段落播放动画。开始时间为"单击时"。

（7）组合第4张幻灯片的5组对象（包括下方的文本框），为其添加"进入-浮入-下浮"动画效果，开始时间为"单击时"。

（8）以第3张幻灯片的动画效果为模板，设置第5、8、10、11、13张幻灯片对象的动画效果。

（9）组合第6张幻灯片的4组对象，为其添加"进入-淡出"动画效果，开始时间为"单击时"。

（10）选择第15张幻灯片，设置货车图形的动画效果为"进入-飞入-自右侧"，组合车上7组对象，添加"进入-飞入-自底部"动画效果。开始时间均为"单击时"。

（11）第16张幻灯片的标题占位符和直线对象的动画效果均设置为"退出-淡出"，开始时间为"与上一动画同时"；图片对象的动画效果为"退出-淡出"，开始时间为"上一动画之后"。

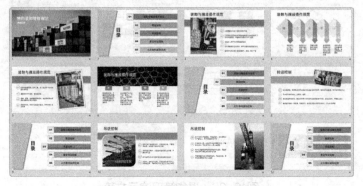

图16-37　装卸管理演示文稿

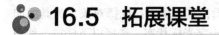

16.5 拓展课堂

PowerPoint 2016虽然不是专业的动画设计制作工具，但其动画功能也非常强大并且实用。读者在掌握了基本的动画制作能力后，就可以充分发挥想象来制作各种创意动画了。这里再拓展介绍关于图表动画和自定义动作路径动画的操作，它们也是PowerPoint 2016动画功能中使用率较高的操作。

16.5.1 图表动画

PowerPoint 2016中的图表是一个整体，除非利用形状和文本框等各种对象来制作图表，否则这种整体对象的动画效果一般是不容易制作的。因此需要制作图表动画时，可以采用以下简单的操作进行设置。

选择图表，为其添加一个动画效果，如"进入-飞入"动画，然后打开"飞入"对话框，单击"图表动画"选项卡，在"组合图表"下拉列表中选择某个选项后单击 确定 按钮，如图16-38所示。

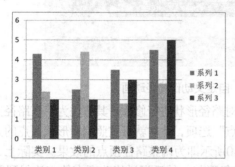

图16-38 设置图表动画

这种方法可以将图表识别为按系列、按分类或按元素组成的对象，从而更为生动地体现出动画效果。其中各选项对应的动画效果分别如下。

- **作为一个对象：** 将图表视作整体对象应用动画效果。
- **按系列：** 以图表数据系列为单位，首先显示图表背景，然后依次按系列1、系列2、系列3来显示内容，各系列数据同时显示。
- **按分类：** 以图表类别为单位，首先显示图表背景，然后依次按类别1、类别2、类别3和类别4来显示内容，各类别数据同时显示。
- **按系列中的元素：** 以图表数据系列为单位，首先显示图表背景，然后依次按系列1、系列2、系列3逐个显示内容。
- **按分类中的元素：** 以图表类别为单位，首先显示图表背景，然后依次按类别1、类别2、类别3和类别4逐个显示内容。

16.5.2 自定义动作路径动画

为对象添加自定义动作路径动画，可以控制对象按照需要的方向运动，并产生相应的动画效果。例如下雨、下雪、烟花、树叶飘落等看似精致的动画效果，都可以通过自定义动作路径动画来实现。

自定义动作路径动画的关键就在于路径的创建与编辑，其方法为：选择对象，为其添加"动作路径-自定义路径"动画，此时鼠标指针将显示为十字光标状态，选择以下任意一种操作均可创建路径。

- **单击**：单击鼠标左键确定起点，将鼠标指针移至目标位置，单击鼠标左键可创建一段路径，继续单击其他目标位置，便可创建连续的动作路径。这类路径由多条直线组成。
- **拖曳**：在起点位置按住鼠标左键不放，拖曳鼠标指针可绘制各种形状的路径。

完成后双击鼠标左键或按【Esc】键即可创建动作路径，图16-39所示即为以多个圆形形状创建的自定义动作路径动画效果。

图16-39　自定义动作路径动画

创建自定义路径后，还可以根据需要对路径形状进行修改，其方法为：在路径上单击鼠标右键，在弹出的快捷菜单中选择"编辑顶点"选项，此时就可按照编辑形状顶点的方法对路径进行调整，使其更符合动画需要。图16-40所示即为调整路径顶点的效果。实际上，在使用动作路径时，也可以直接应用已有的某种路径形状，然后通过修改顶点的方法得到需要的路径效果。

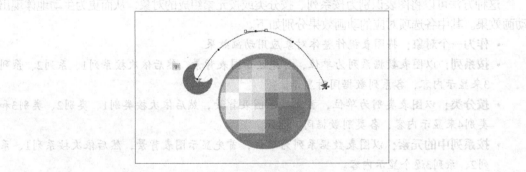

图16-40　编辑路径顶点

第5篇 财务会计篇

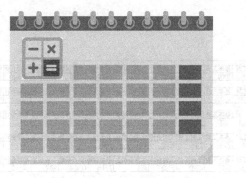

第 17 章

制作员工工资表

本章导读

　　员工工资表是每个公司都会制作的一种表格，也是最常见的财务类表格之一。本章将利用Excel 2016制作工资表，并将数据以工资条的形式打印输出，使读者通过学习掌握利用Excel 2016制作工资表和工资条的同时，熟悉数据透视表和数据透视图等交互分析工具的应用。

案例效果

工号	姓名	级别	工时	基本工资	工时工资	工资合计	住房公积金	养老保险	医疗保险	失业保险	扣除合计	计段工资	应纳税所得额	所得税	实发工资
FY013	李雪莹	中级	166	5000	4980	9980	499	798.4	209.6	99.8	1606.8	8373.2	1766.4	52.992	8320.208

工号	姓名	级别	工时	基本工资	工时工资	工资合计	住房公积金	养老保险	医疗保险	失业保险	扣除合计	计段工资	应纳税所得额	所得税	实发工资
FY001	张敏	初级	149	3500	4470	7970	398.5	637.6	169.4	79.7	1285.2	6684.8	399.6	11.988	6672.812

工号	姓名	级别	工时	基本工资	工时工资	工资合计	住房公积金	养老保险	医疗保险	失业保险	扣除合计	计段工资	应纳税所得额	所得税	实发工资
FY002	宋子丹	初级	124	3500	3720	7220	361	577.6	154.4	72.2	1165.2	6054.8	-	0	6054.8

工号	姓名	级别	工时	基本工资	工时工资	工资合计	住房公积金	养老保险	医疗保险	失业保险	扣除合计	计段工资	应纳税所得额	所得税	实发工资
FY003	黄晓霞	高级	86	7000	2580	9580	479	766.4	201.6	95.8	1542.8	8037.2	1494.4	44.832	7992.368

工号	姓名	级别	工时	基本工资	工时工资	工资合计	住房公积金	养老保险	医疗保险	失业保险	扣除合计	计段工资	应纳税所得额	所得税	实发工资
FY004	刘伟	中级	134	5000	4020	9020	451	721.6	190.4	90.2	1453.2	7566.8	1113.6	33.408	7533.392

工号	姓名	级别	工时	基本工资	工时工资	工资合计	住房公积金	养老保险	医疗保险	失业保险	扣除合计	计段工资	应纳税所得额	所得税	实发工资
FY005	郭建军	初级	127	3500	3810	7310	365.5	584.8	156.2	73.1	1179.6	6130.4	-	0	6130.4

工号	姓名	级别	工时	基本工资	工时工资	工资合计	住房公积金	养老保险	医疗保险	失业保险	扣除合计	计段工资	应纳税所得额	所得税	实发工资
FY006	郑荣芳	初级	159	3500	4770	8270	413.5	661.6	175.4	82.7	1333.2	6936.8	603.6	18.108	6918.692

工号	姓名	级别	工时	基本工资	工时工资	工资合计	住房公积金	养老保险	医疗保险	失业保险	扣除合计	计段工资	应纳税所得额	所得税	实发工资
FY007	孙莉	高级	125	7000	3750	10750	537.5	860	225	107.5	1730	9020	2290	68.7	8951.3

工号	姓名	级别	工时	基本工资	工时工资	工资合计	住房公积金	养老保险	医疗保险	失业保险	扣除合计	计段工资	应纳税所得额	所得税	实发工资
FY008	黄俊	初级	120	3500	3600	7100	355	568	152	71	1146	5954	-	0	5954

工号	姓名	级别	工时	基本工资	工时工资	工资合计	住房公积金	养老保险	医疗保险	失业保险	扣除合计	计段工资	应纳税所得额	所得税	实发工资
FY009	陈子豪	中级	141	5000	4230	9230	461.5	738.4	194.6	92.3	1486.8	7743.2	1256.4	37.692	7705.508

工号	姓名	级别	工时	基本工资	工时工资	工资合计	住房公积金	养老保险	医疗保险	失业保险	扣除合计	计段工资	应纳税所得额	所得税	实发工资
FY010	蒋科	初级	136	3500	4080	7580	379	606.4	161.6	75.8	1222.8	6357.2	134.4	4.032	6353.168

工号	姓名	级别	工时	基本工资	工时工资	工资合计	住房公积金	养老保险	医疗保险	失业保险	扣除合计	计段工资	应纳税所得额	所得税	实发工资
FY011	万涛	中级	88	5000	2640	7640	382	611.2	162.8	76.4	1232.4	6407.6	175.2	5.256	6402.344

工号	姓名	级别	工时	基本工资	工时工资	工资合计	住房公积金	养老保险	医疗保险	失业保险	扣除合计	计段工资	应纳税所得额	所得税	实发工资
FY012	李强	初级	154	3500	4620	8120	406	649.6	172.4	81.2	1309.2	6810.8	501.6	15.048	6795.752

17.1 核心知识

制作本案例时，工资项目的计算不算复杂，其中的操作重点在于数据透视表和数据透视图的使用，以及如何利用函数把现有的工资数据转换为工资条。

17.1.1 数据透视表与数据透视图

数据透视表和数据透视图可以对数据快速汇总并建立交叉列表或图表，从而清晰地反映并分析数据信息，且不会对数据源造成影响。

1. 数据透视表

创建数据透视表的方法为：选择数据源所在的单元格区域，在"插入"→"表格"组中单击"数据透视表"按钮 📊，打开"创建数据透视表"对话框，在其中指定数据透视表的放置位置，如新工作表或现有工作表的某个单元格，然后单击 确定 按钮即可。

此时将自动打开"数据透视表字段"窗格，利用该窗格即可对数据透视表进行设置，如图17-1所示。

图17-1 "数据透视表字段"窗格

- **"字段"列表**：该列表中的字段复选框对应的即为数据源中的各项目数据。拖曳字段复选框至下方的区域，即可创建数据透视表的内容。
- **"筛选器"区域**：此区域的字段会建立为筛选条件，可通过筛选数据透视表来创建符合条件的内容。
- **"列"区域**：此区域的字段会建立为数据透视表的项目数据。
- **"行"区域**：此区域的字段会建立为数据透视表的数据记录（首列数据）。
- **"值"区域**：此区域的字段会建立为数据透视表的数据记录。

2. 数据透视图

数据透视图兼具数据透视表和图表的功能，创建数据透视图的方法与创建数据透视表的方法类似，只需选择数据源所在的单元格区域，在"插入"→"图表"组中单击"数据透视图"按钮 📊，在打开的对话框中指定创建位置，单击 确定 按钮。然后利用打开的"数据透视图字段"窗格创建图表数据即可。

17.1.2 制作工资条涉及的函数

工资条是交付于员工手中的文件，在Excel 2016中创建了工资数据后，便可使用CHOOSE函数、MOD函数、ROW函数和OFFSET函数来制作工资条。

1. CHOOSE函数

CHOOSE函数的语法格式为"=CHOOSE(index_num,value1,value2,...)"，其中，index_num参数为1~254之间的数字，或引用的包含1~254之间的某个数字的单元格。如果index_num为1，则返回value1；如果index_num为2，则返回value2。以此类推。

例如，"=AVERAGE(CHOOSE(3,A1:A4,B1:B4,C1:C4))"的意义为计算C1:C4单元格

区域的平均值。

2. MOD函数

MOD函数的语法格式为"=MOD(number,divisor)"，其中，number为被除数，divisor为除数。MOD函数将返回这两个参数做除法运算后的余数。

例如，"=MOD(3,2)"将返回"1"，"=MOD(5,3)"将返回"2"。

3. ROW函数

ROW函数本书前面有过介绍，其语法格式为"=ROW(reference)"，将返回所引用单元格对应的行号。

例如，"=ROW(B2)"将返回"2"，"=ROW(C10)"将返回"10"。

4. OFFSET函数

OFFSET函数的语法格式为"=OFFSET(reference,rows,cols,height,width)"，其中：reference表示引用的参照单元格，后面的偏移都以此单元格为基准；rows表示参照单元格需要向上（负数）或向下偏移的行数，如使用5作为rows参数的值，则表示将以参照单元格为准，向下移动5行；cols表示参照单元格需要向左（负数）或向右偏移的列数，如使用5作为cols参数的值，则表示将以参照单元格为准，向右移动5列；height表示需要返回的引用的行高；width表示需要返回的引用的列宽。

例如，"=OFFSET(D3,3,-2,1,1)"表示从D3单元格开始下移3行，再左移2列的单元格的值，因此返回的将是B6单元格的值。

🔅 17.2　案例分析

员工工资表中涉及的工资项目，除了基本工资、提成、奖金之外，还应该反映社保、住房公积金和所得税等数据。本章将要制作的员工工资表，便将计算这些相关的项目。

17.2.1　案例目标

本次制作的员工工资表，不仅能够显示每位员工的工资构成及实发工资数据，还需要建立数据透视表和数据透视图，在不同条件下交互分析各种工资数据，最后还需要将工资数据以工资条的方式打印出来。

17.2.2　制作思路

制作员工工资表将分为3个环节，首先是工资数据的计算，然后是工资数据的管理和分析，最后是工资条的制作。本案例的具体制作思路如图17-2所示。

图17-2　员工工资表的制作思路

17.3 案例制作

根据案例目标和制作思路，下面开始案例的制作。

17.3.1 输入并计算工资

下面首先输入工资表的基础数据，然后利用公式和IF函数计算各个工资项目的数据，其具体操作如下。

输入并计算工资

STEP 01 ▶新建并保存"员工工资.xlsx"工作簿，将工作表重命名为"工资汇总"，然后输入各项目数据以及员工的工号、姓名、级别和工时等基础数据，如图17-3所示。

STEP 02 ▶选择E2:E21单元格区域，在编辑框中输入"=IF(C2="初级",3500,IF(C2="中级",5000,7000))"文本，表示根据员工级别返回对应的基本工资，按【Ctrl+Enter】组合键返回结果，如图17-4所示。

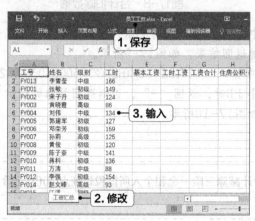

图17-3 输入数据

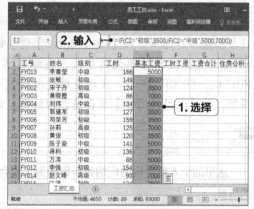

图17-4 计算基本工资

STEP 03 ▶选择F2:F21单元格区域，在编辑框中输入"=D2*30"文本，表示工时工资为工时与每工时30元的乘积，按【Ctrl+Enter】组合键返回结果，如图17-5所示。

STEP 04 ▶选择G2:G21单元格区域，在编辑框中输入"=E2+F2"文本，表示工资合计项目为基本工资与工时工资之和，按【Ctrl+Enter】组合键返回结果，如图17-6所示。

图17-5 计算工时工资

图17-6 合计工资

STEP 05 ▶计算住房公积金、养老保险、医疗保险和失业保险项目，其中住房公积金为工资合计的5%，养老保险为工资合计的8%，医疗保险为工资合计的2%再加上10，失业保险为工资合计的1%，如图17-7所示。

STEP 06 ●选择L2:L21单元格区域，在编辑框中输入"=SUM(H2:K2)"文本，计算三险一金的扣除总额，按【Ctrl+Enter】组合键返回结果，如图17-8所示。

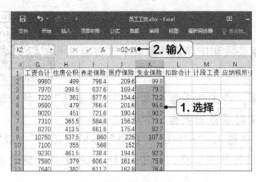
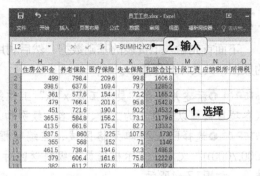

图17-7　计算三险一金　　　　　　　　　图17-8　合计扣除数据

STEP 07 ●选择M2:M21单元格区域，在编辑框中输入"=G2-L2"文本，表示计段工资为工资合计与扣除合计之差，按【Ctrl+Enter】组合键返回结果，如图17-9所示。

STEP 08 ●选择N2:N21单元格区域，在编辑框中输入"=IF(G2-SUM(H2:K2)-5000<0,"-",G2-SUM(H2:K2)-5000)"文本，表示应纳税所得额小于0时，返回"-"，否则返回具体的应纳税所得额，按【Ctrl+Enter】组合键返回结果，如图17-10所示。

专家指导

这里的个人所得税的应纳税所得额为工资合计减除三险一金和个人所得税起征点5000元后的结果。

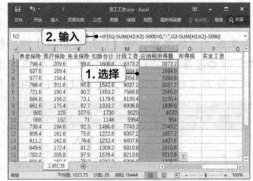

图17-9　计算计段工资　　　　　　　　　图17-10　计算应纳税所得额

STEP 09 ●选择O2:O21单元格区域，在编辑框中输入"=IF(N2="-",0,N2*3%)"文本，表示应纳税所得额为"-"时，返回"0"，否则返回应纳税所得额与3%的乘积，按【Ctrl+Enter】组合键返回结果，如图17-11所示。

STEP 10 ●选择P2:P21单元格区域，在编辑框中输入"=M2-O2"文本，表示实发工资为计段工资与所得税之差，按【Ctrl+Enter】组合键返回结果，如图17-12所示。

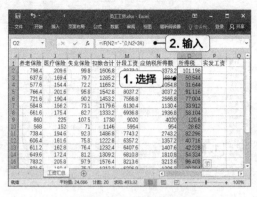

图17-11 计算所得税

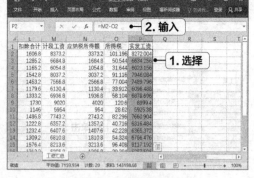

图17-12 计算实发工资

STEP 11 ▶将所有数据的对齐方式设置为"垂直居中、左对齐",加粗项目数据,适当调整行高与列宽,然后将E~P列的工资数据设置为2位小数,如图17-13所示。

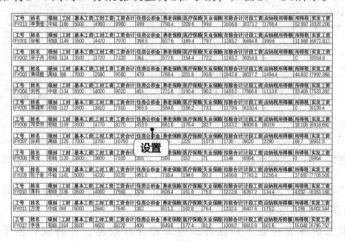

图17-13 美化数据

17.3.2 使用透视工具分析工资数据

下面通过工资表数据创建数据透视表和数据透视图,查看不同级别员工的实发工资、工时工资、工资合计,以及实发工资排名前8位的数据,其具体操作如下。

使用透视工具
分析工资数据

STEP 01 ▶在"插入"→"表格"组中单击"数据透视表"按钮 ，打开"创建数据透视表"对话框,在"表/区域"文本框中引用A1:P21单元格区域地址,选中"新工作表"单选项,单击 确定 按钮,如图17-14所示。

STEP 02 ▶将新工作表重命名为"透视分析",然后依次将"级别""姓名""实发工资"字段分别拖曳到"列"区域、"行"区域和"值"区域中,此时即可查看各员工不同级别下的实发工资数据,如图17-15所示。

STEP 03 ▶将"值"区域中的"实发工资"字段拖曳到数据透视表字段窗格以外删除,重新在其中添加"工时工资"字段,此时数据透视表中将同步显示各员工不同级别下的工时工资数据,如图17-16所示。

STEP 04 ▶将"值"区域中的"工时工资"字段更改为"工资合计"字段,单击该字段右侧的下拉按钮,在弹出的下拉列表中选择"值字段设置"选项,如图17-17所示。

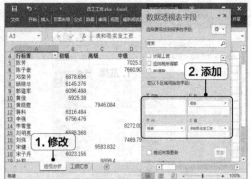

图17-14　创建数据透视表　　　　　　　图17-15　添加字段

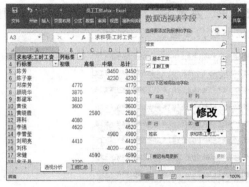

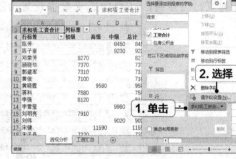

图17-16　调整字段1　　　　　　　图17-17　设置字段

STEP 05 ▶打开"值字段设置"对话框，在"计算类型"列表中选择"平均值"选项，单击 确定 按钮，如图17-18所示。

STEP 06 ▶此时数据透视表将显示每位员工的工资合计数据，并将统计出不同级别的员工工资合计的平均值，如图17-19所示。

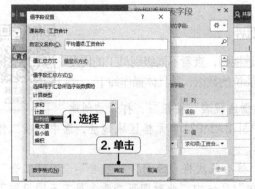

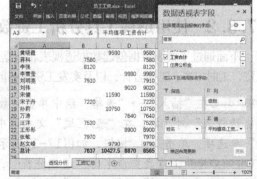

图17-18　选择汇总方式　　　　　　　图17-19　查看结果1

STEP 07 ▶在"数据透视表工具-分析"→"工具"组中单击"数据透视图"按钮，如图17-20所示。

STEP 08 ▶选择默认图表类型后，将根据现有数据透视表的数据创建数据透视图，将数据透视图字段中"值"区域的字段调整为"实发工资"，如图17-21所示。

图17-20 创建数据透视图

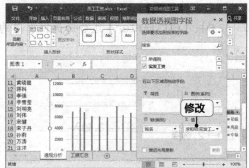

图17-21 调整字段2

STEP 09 ▶ 单击数据透视图上的"姓名"字段右侧的下拉按钮,在弹出的下拉列表中选择"值筛选"→"前10项"选项,如图17-22所示。

STEP 10 ▶ 打开"前10个筛选(姓名)"对话框,将数值修改为"8",单击 确定 按钮,如图17-23所示。

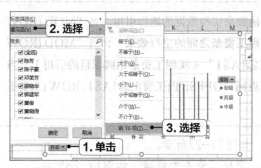

图17-22 筛选字段

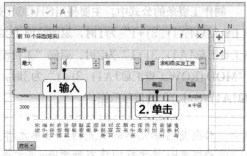

图17-23 设置筛选条件

STEP 11 ▶ 此时数据透视图中将显示实发工资排名前8的员工数据,如图17-24所示。

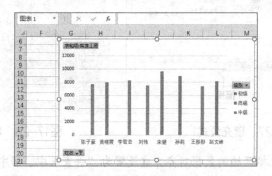

图17-24 查看结果2

17.3.3 打印工资条

接下来将新建工作表,然后利用函数创建工资条数据,并进行美化和打印,其具体操作如下。

打印工资条

STEP 01 ▶ 新建"工资条"工作表,选择A1单元格,在编辑框中输入"=CHOOSE(MOD(ROW(工资汇总!A1),3)+1,"",工资汇总!A$1,OFFSET(工资汇总!A$1,ROW(工资汇总!A1)/

3+1,))"文本，如图17-25所示。

STEP 02 ●按【Ctrl+Enter】组合键返回引用的数据，如图17-26所示。

图17-25　输入公式　　　　　　　　　　　图17-26　返回结果

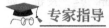 专家指导

制作工资条的公式中，主要利用CHOOSE函数来实现数据的选择引用。当"MOD(ROW(工资汇总!A1),3)+1"为1时，返回空值（实现工资条之间的空行效果）；当"MOD(ROW(工资汇总!A1),3)+1"为2时，返回"工资汇总!A$1"（实现工资条相同项目的引用）；当"MOD(ROW工资汇总!A1),3)+1"为3时，返回"OFFSET(工资汇总!A$1,ROW(工资汇总!A1)/3+1,)"的偏移数据。

STEP 03 ●拖曳A1单元格的填充柄至P1单元格，如图17-27所示。

STEP 04 ●拖曳P1单元格的填充柄至P59单元格，完成工资条的创建，如图17-28所示。

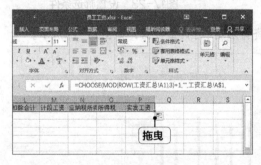 

图17-27　填充公式1　　　　　　　　　　图17-28　填充公式2

STEP 05 ●将A1:P59单元格区域的数据对齐方式设置为"垂直居中、居中"，如图17-29所示。

STEP 06 ●保持单元格区域的选择状态，在"开始"→"样式"组中单击"条件格式"按钮，在弹出的下拉列表中选择"新建规则"选项，为其添加条件格式，在打开的"新建格式规则"对话框中选择"使用公式确定要设置格式的单元格"选项，在下方的文本框中输入"=$P1="实发工资""，然后利用 格式(F)... 按钮将字体加粗，完成后单击 确定 按钮，如图17-30所示。

STEP 07 ●为该单元格区域添加以公式为条件的格式，其中公式内容为"=$P1<>"""，格式为添加外边框，完成后单击 确定 按钮，如图17-31所示。

STEP 08 ●在"页面布局"→"页面设置"组中单击"纸张方向"按钮，在弹出的下拉列表中选择"横向"选项，如图17-32所示。

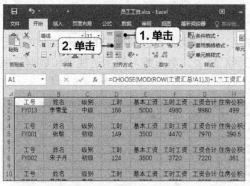

图17-29 设置对齐方式

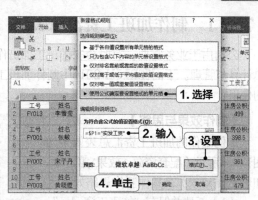

图17-30 设置条件格式1

图17-31 设置条件格式2

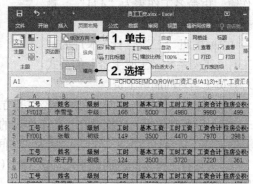

图17-32 更改纸张方向

STEP 09 单击"文件"选项卡，选择左侧的"打印"选项，查看工作表内容是否完整显示，这里并没有显示完所有的项目数据，如图17-33所示。

STEP 10 返回工作表操作界面，重新调整各列的列宽，使所有项目都位于虚线左侧即可，如图17-34所示，完成后将该工作表打印输出（配套资源:\效果\第17章\员工工资.xlsx）。

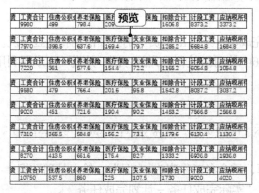

图17-33 预览打印效果

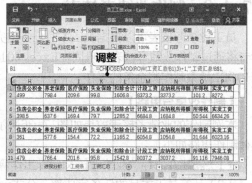

图17-34 调整列宽

17.4 强化训练

本章通过员工工资表的制作，介绍了数据透视表、数据透视图的使用，并讲解了如何利用多种函数制作工资条的技巧。下面读者将通过制作加班工资汇总表和绩效考核表，进一步巩固本章所学到的知识。

17.4.1 制作加班工资汇总表

公司由于业务需要，有时会安排员工加班作业。此时就需要记录员工的加班数据并进行汇总计算与管理。下面在Excel 2016中制作加班工资汇总表，重点练习数据透视表和数据透视图的使用。

【制作效果与思路】

本例制作的加班工资汇总表效果如图17-35所示（配套资源:\效果\第17章\加班工资.xlsx），具体制作思路如下。

（1）新建并保存“加班工资.xlsx”工作簿，重命名工作表为“4月”，输入基础数据。

（2）按照“工资合计=本月加班总工时×工资系数×工时工资”的公式汇总各员工当月的加班工资。

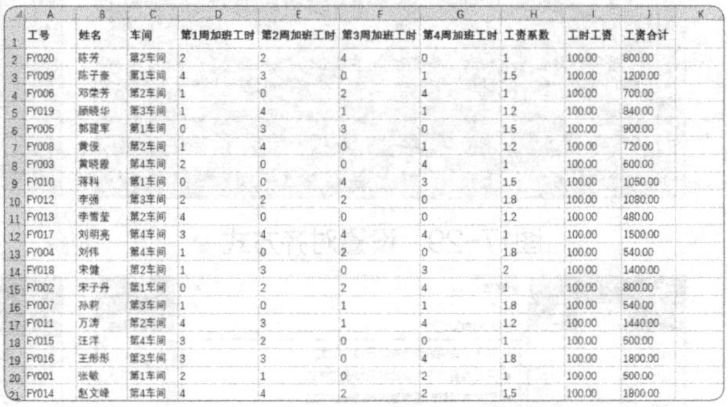

工号	姓名	车间	第1周加班工时	第2周加班工时	第3周加班工时	第4周加班工时	工资系数	工时工资	工资合计
FY020	陈芳	第2车间	2	2	4	0	1	100.00	800.00
FY009	陈子豪	第1车间	4	3	0	1	1.5	100.00	1200.00
FY006	邓荣芳	第2车间	1	0	2	4	1	100.00	700.00
FY019	顾晓华	第3车间	1	4	1	1	1.2	100.00	840.00
FY005	郭建军	第1车间	0	3	3	0	1.5	100.00	900.00
FY008	黄俊	第2车间	1	4	0	1	1.2	100.00	720.00
FY003	黄晓霞	第4车间	2	0	0	4	1	100.00	600.00
FY010	蒋科	第1车间	0	0	4	3	1.5	100.00	1050.00
FY012	李强	第3车间	2	2	2	0	1.8	100.00	1080.00
FY013	李雪莹	第2车间	4	0	0	0	1.2	100.00	480.00
FY017	刘明亮	第4车间	3	4	4	4	1	100.00	1500.00
FY004	刘伟	第4车间	1	0	2	0	1.8	100.00	540.00
FY018	宋健	第2车间	1	3	0	3	2	100.00	1400.00
FY002	宋子丹	第1车间	0	2	2	4	1	100.00	800.00
FY007	孙莉	第3车间	1	0	1	1	1.8	100.00	540.00
FY011	万涛	第2车间	4	3	1	4	1.2	100.00	1440.00
FY015	汪洋	第4车间	3	2	0	0	1	100.00	500.00
FY016	王彤彤	第3车间	3	3	0	4	1.8	100.00	1800.00
FY001	张敏	第1车间	2	1	0	2	1	100.00	500.00
FY014	赵文峰	第4车间	4	4	2	2	1.5	100.00	1800.00

图17-35 加班工资汇总表

（3）适当美化表格数据，包括调整对齐方式、行高与列宽、数据类型等。

（4）以所有数据为数据源在当前工作表的L2单元格处创建数据透视表，首先查看各车间本月的加班工资合计情况（“行”区域为“车间”字段，“值”区域为“工资合计”字段）。

（5）查看所有车间每周的平均加班工时（将“值”区域字段替换为各周加班工时对应的字段，并设置字段汇总方式为“平均值”）。

（6）在新工作表中创建数据透视图，图表类型为默认的柱形图。

（7）查看各员工本月加班工资情况。然后依次筛选各个车间的员工本月加班工资数据（“轴”区域为“姓名”字段，“图例”区域为“车间”字段，“值”区域为“工资合计”字段，然后利用图表中的“车间”字段右侧的下拉按钮进行筛选查看）。

17.4.2 制作业绩考核表

员工业绩考核表可以根据员工本月任务的完成率，统计出该员工的业绩情况和奖金情况。读者将通过制作业绩考核表，巩固在Excel 2016中使用函数和公式的方法，并进一步掌握利用CHOOSE函数制作奖金条的操作。

【制作效果与思路】

本例制作的业绩考核表效果如图17-36所示（配套资源:\效果\第17章\业绩考核.xlsx），具体制作思路如下。

（1）新建并保存“业绩考核.xlsx”工作簿，重命名工作表为“4月”，输入基础数据。

（2）计算员工本月的任务完成率，公式为“实际完成任务÷计划完成任务”。

（3）判断每位员工的业绩评语，条件为：如果任务完成率超过100%，则评语为“超额完成”；如果任务完成率低于75%，则评语为“尚未完成”；如果任务完成率在75%~100%之间，则评语为“基本完成”。

（4）判断每位员工的奖金基数，条件为：如果经理评语为“超额完成”，则奖金基数为0.3；如果经理评语为“基本完成”，则奖金基数为0.2；如果经理评语为“尚未完成”，则奖金基数为0.1。

（5）计算每位员工的绩效奖金，公式为“实际完成任务×奖金基数”。

（6）利用RANK函数对每位员工的绩效奖金进行排名。

（7）新建"奖金条"工作表，利用CHOOSE函数、MOD函数、ROW函数和OFFSET函数创建每位员工的奖金条。

（8）利用条件格式为奖金条的数据添加边框，然后调整数据对齐方式后打印表格。

工号	姓名	计划完成任务	实际完成任务	任务完成率	经理评语	奖金基数	绩效奖金	排名
FY020	陈芳	8500	6490	76%	基本完成	0.2	1298	14
FY009	陈子豪	12240	15130	124%	超额完成	0.3	4539	3
FY006	邓荣芳	14450	9350	65%	尚未完成	0.1	935	19
FY019	顾晓华	11050	12410	112%	超额完成	0.3	3723	6
FY005	郭建军	8670	10200	118%	超额完成	0.3	3060	8
FY008	黄俊	12070	9350	77%	基本完成	0.2	1870	13
FY003	黄晓霞	15130	10030	66%	尚未完成	0.1	1003	15
FY010	蒋科	10540	11050	105%	超额完成	0.3	3315	7
FY012	李强	15980	16490	103%	超额完成	0.3	4947	2

图17-36 业绩考核表

17.5 拓展课堂

本章拓展课堂将针对数据透视表和数据透视图以及工作表的打印操作进行延伸介绍。通过学习，读者可以掌握更多相关的实用操作。

17.5.1 切片器的使用

切片器相当于一种快捷的筛选条件控制器，在数据透视表或数据透视图中，单击"数据透视表（或数据透视图）工具-分析"→"筛选"组的"插入切片器"按钮即可选择需要插入的切片器。插入切片器后，便可通过在切片器中选择相应的选项快速实现对数据透视表或数据透视图的筛选操作（按【Ctrl】键或【Shift】键可同时选择切片器中的多个选项）。图17-37所示即为插入"级别"切片器后，筛选出"高级"级别对应数据的数据透视图效果。

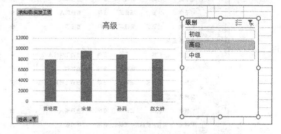

17.5.2 工作表的打印

图17-37 在数据透视图中插入切片器

Excel 2016的工作表可以按照在Word 2016中设置页面大小、方向和页边距等方式进行页面设置，也可在打印预览界面设置打印顺序和打印页数。但与Word 2016不同的是，Excel 2016可以指定打印区域或打印标题，前者将只会打印出选择的单元格区域，后者则会在每一页中打印相同的标题。设置方法为：在"页面布局"→"页面设置"组中单击"打印标题"按钮，打开"页面设置"对话框，在其中引用打印区域和顶端标题行即可，如图17-38所示。需要注意的是，设置了打印区域后，需要在打印预览界面设置打印范围时选择"打印选定区域"选项。

图17-38 指定打印区域和标题行

第18章

制作固定资产管理表

本章导读

加强固定资产的管理，有利于公司掌握固定资产的使用情况，提高资产的使用效率。本章将使用Excel 2016制作固定资产管理表，计算并汇总公司相关固定资产的折旧情况。

案例效果

		B 资产类别	C 资产名称	D 使用部门	E 使用状况	F 增加方式	G 减少方式	H 单位	I 数量	J 初始购置成本	K 合计金额	L 预计使用年限	M 预计净残值率	N 预计净残值
	2	电子类	空调	管理部	在用	直接购入		台	2	¥ 6,880.00	¥ 13,760.00	5	0.50%	¥ 68.80
	3	电子类	打印机	管理部	在用	直接购入		台	2	¥ 3,688.00	¥ 7,376.00	5	0.50%	¥ 36.88
	4	电子类	计算机	销售部	在用	直接购入		台	5	¥ 5,999.00	¥ 29,995.00	5	0.50%	¥ 149.98
	5	电子类	传真机	管理部	在用	直接购入		台	2	¥ 1,299.00	¥ 2,598.00	10	0.50%	¥ 12.99
	6	电子类 汇总												
	7	房屋类	厂房	一车间	在用	在建工程转入		间	1	¥ 385,000.00	¥ 385,000.00	20	0.50%	¥ 1,925.00
	8	房屋类	仓库	销售部	在用	直接购入		间	1	¥ 200,000.00	¥ 200,000.00	20	0.50%	¥ 1,000.00
	9	房屋类	办公楼	销售部	在用	在建工程转入		栋	1	¥ 5,200,000.00	¥ 5,200,000.00	20	0.50%	¥ 26,000.00
	10	房屋类 汇总												
	11	机械类	机床	二车间	在用	直接购入		台	2	¥ 85,650.00	¥ 171,300.00	10	0.50%	¥ 856.50
	12	机械类	包装机器	一车间	在用	投资投入		台	3	¥ 5,500.00	¥ 16,500.00	8	0.50%	¥ 82.50
	13	机械类 汇总												
	14	其他设备类	办公桌椅	销售部	在用	直接购入		套	6	¥ 650.00	¥ 3,900.00	3	0.50%	¥ 19.50
	15	其他设备类 汇总												
	16	运输类	轿车	管理部	大修待用		报废	辆	1	¥ 158,000.00	¥ 158,000.00	10	0.50%	¥ 790.00
	17	运输类	货车	销售部	在用		部门调拨	辆	1	¥ 98,000.00	¥ 98,000.00	10	0.50%	¥ 490.00
	18	运输类	轿车	管理部	在用	直接购入		辆	1	¥ 260,000.00	¥ 260,000.00	10	0.50%	¥ 1,300.00
	19	运输类 汇总												
	20	总计												
	21													

18.1 核心知识

利用Excel 2016进行固定资产的数据管理时，读者会经常使用到折旧类函数和其他一些函数，如日期函数、取整函数等，下面重点介绍几种函数的使用方法。

18.1.1 折旧函数

虽然固定资产的折旧数据可以利用公式计算出来，但建立的公式过于复杂，容易造成计算出错。实际上完全可以利用Excel 2016提供的折旧函数快速计算出固定资产的折旧值。下面介绍5种常用的折旧函数的使用方法。

1. DB函数

DB函数使用的是固定余额递减法（计算固定利率下的资产折旧值）来计算指定期间内固定资产的折旧值，其语法格式为"=DB(cost,salvage,life,period,month)"，各参数的作用如下。

- **cost**：cost表示资产原值。
- **salvage**：salvage表示资产在折旧期末的价值，即残值。
- **life**：life表示资产的折旧期数，即使用年限。
- **period**：period表示需要计算折旧值的期间，使用时period与life的单位必须相同。
- **month**：month表示第1年的月份数，如果省略该参数，则默认为"12"。

2. DDB函数

DDB函数使用的是双倍余额递减法计算固定资产在指定期间内的折旧值。双倍余额递减法，是指以加速的比率计算折旧，折旧在第一阶段是最高的，在后续阶段会逐渐减少。DDB函数的语法格式为"=DDB(cost,salvage,life,period,factor)"，其中，cost、salvage、life和period参数的作用与DB函数中的参数作用相同，factor参数表示余额递减速率（折旧因子），如果省略该参数，则默认递减速率为"2"。

3. SLN函数

SLN函数使用的是年限平均法计算固定资产在一个期间内的线性折旧值，年限平均法是计算折旧额最简单的一种方法，所需的参数也最少。SLN函数的语法格式为"=SLN(cost,salvage,life)"，其中cost、salvage和life参数的作用与DB函数中的参数作用相同。

4. SYD函数

SYD函数使用的是年限总和折旧法计算固定资产在指定期间的折旧值，其语法格式为"=SYD(cost,salvage,life,per)"，其参数的作用与DB函数中的参数作用相同（参数per即参数period）。

5. VDB函数

VDB函数使用的是双倍余额递减法计算指定的任何期间内（包括部分期间）的固定资产折旧值，其语法格式为"=VDB(cost,salvage,life,start_period,end_period,factor,no_switch)"，其中，除cost、salvage、life和factor参数以外，其他参数的作用如下。

- **start_period**：start_period表示进行折旧计算的起始期间，start_period必须与life的单位相同。
- **end_period**：end_period表示进行折旧计算的截止期间，end_period必须与life的单位相同。

- **no_switch**：no_switch表示逻辑值，指定当折旧值大于双倍余额递减法计算值时，是否转用年限平均法。如果no_switch为TRUE，即使折旧值大于双倍余额递减法计算值，Excel 2016也不转用年限平均法；如果no_switch为FALSE或被忽略，且折旧值大于双倍余额递减法计算值时，Excel 2016将转用年限平均法。

18.1.2　日期与取整函数

除折旧函数外，本章制作的固定资产管理表还将使用到TODAY函数、DAYS360函数和INT函数，它们的作用分别如下。

- **TODAY函数**：此函数没有参数，即语法格式为"=TODAY( )"，可以返回当前系统中的日期数据。
- **DAYS360函数**：此函数将按照一年 360 天的算法，返回两个日期间相差的天数，其语法格式为"=DAYS360(start_date,end_date,method)"。例如"=DAYS360(2020-1-30,2020-2-1)"将返回"1"。
- **INT函数**：此函数为取整函数，语法格式为"=INT(number)"，可以返回number参数向下舍入后的最接近的整数。例如"=INT(8.9)"将返回"8"，"=INT(-8.9)"将返回"-9"。

18.2　案例分析

固定资产日常的核算与管理较为麻烦，在管理过程中还需要定期计提折旧，所以为了真实地反映和监督固定资产使用情况，公司应该建立健全各项固定资产管理规章制度，而固定资产管理表就是其中非常重要的组成部分。

18.2.1　案例目标

本章要求制作的固定资产管理表，需要记录公司每一项固定资产的明细情况，即固定资产从开始使用到不再使用的整个生命周期所发生的全部情况都要在表格中反映出来，才能轻松实现对固定资产的筛选、查询，以及汇总工作。

18.2.2　制作思路

本例将首先输入固定资产的基础数据，利用筛选功能实现查询操作。然后将对各项固定资产进行折旧计算，完成后通过分类汇总功能汇总各类别固定资产的折旧情况。本案例的具体制作思路如图18-1所示。

图18-1　固定资产管理表的制作思路

18.3 案例制作

根据案例目标和制作思路，下面开始案例的制作。

18.3.1 建立固定资产明细数据

建立固定资产
明细数据

在输入固定资产的各项明细数据时，应充分借助数据验证功能实现选择输入，完成后再根据需要对数据进行筛选，其具体操作如下。

STEP 01 ▶新建并保存"固定资产.xlsx"工作簿，将工作表重命名为"明细"，然后在第1行单元格中依次输入固定资产的基本项目：购置日期、资产类别、资产名称、使用部门、使用状况、增加方式、减少方式、单位、数量、初始购置成本、合计金额、预计使用年限、预计净残值率、预计净残值，然后输入购置日期，如图18-2所示。

STEP 02 ▶选择B2:B14单元格区域，利用数据验证功能将其设置为序列输入方式，序列内容为"房屋类,机械类,电子类,运输类,其他设备类"，然后通过选择输入数据，如图18-3所示。

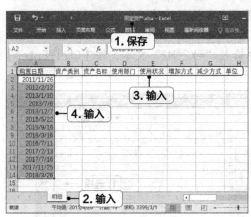

图18-2 输入项目和购置日期

图18-3 选择输入资产类别

STEP 03 ▶在C2:C14单元格区域中依次输入各固定资产的名称，如图18-4所示。

STEP 04 ▶用相同的方法设置"使用部门"项目的验证序列为"一车间,二车间,管理部,销售部"；"使用状况"项目的验证序列为"在用,季节性停用,大修停用"；"增加方式"项目的验证序列为"直接购入,投资投入,捐赠,在建工程转入"；"减少方式"项目的验证序列为"出售,报废,部门调拨,投资输出"，并依次通过选择输入方式录入数据，如图18-5所示。

图18-4 输入资产名称

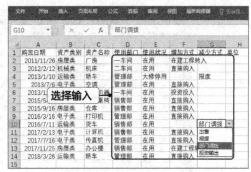

图18-5 选择输入各项目数据

STEP 05 ○在H2:J14单元格区域中依次输入各固定资产的单位、数量和初始购置成本数据，如图18-6所示。

STEP 06 ○选择K2:K14单元格区域，在编辑框中输入"=I2*J2"文本，按【Ctrl+Enter】组合键返回结果，如图18-7所示。

图18-6 输入单位、数量和初始购置成本

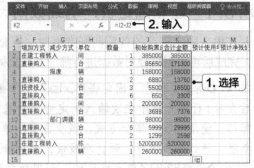

图18-7 计算合计金额

STEP 07 ○在L2:M14单元格区域中依次输入各固定资产的预计使用年限和预计净残值率，如图18-8所示。

STEP 08 ○选择N2:N14单元格区域，在编辑框中输入"=K2*M2"文本，按【Ctrl+Enter】组合键返回结果，如图18-9所示。

图18-8 输入预计使用年限和预计净残值率

图18-9 计算预计净残值

STEP 09 ○调整所有数据的对齐方式为"垂直居中、左对齐"，加粗第1行单元格的数据，调整各行行高与各列列宽，最后将J列、K列和N列下的数据类型设置为"会计专用"格式，如图18-10所示。

图18-10 美化表格和数据

STEP 10 ▶选择A1:N14单元格区域，在"数据"→"排序和筛选"组中单击"筛选"按钮▼，单击A1单元格出现的下拉按钮，在弹出的下拉列表中选择"日期筛选"→"之前"选项，如图18-11所示。

STEP 11 ▶打开"自定义自动筛选方式"对话框，在右上方的文本框中输入"2015-1-1"，单击 确定 按钮，如图18-12所示。

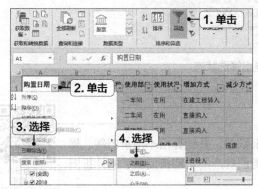

图18-11 筛选购置日期   图18-12 设置筛选条件

专家指导

> "自定义自动筛选方式"对话框中只能设置上下两个筛选条件。如果要求同时满足这两个条件，则需要选中"与"单选项；如果要求只需满足其中一个条件时，则需要选中"或"单选项。

STEP 12 ▶此时工作表中将仅显示购置日期在2015年1月1日之前的固定资产记录，查看结果后单击"排序和筛选"组中的▼清除按钮即可取消筛选，如图18-13所示。

STEP 13 ▶单击F1单元格中出现的下拉按钮，在弹出的下拉列表中仅选中"直接购入"复选框，单击 确定 按钮，如图18-14所示。

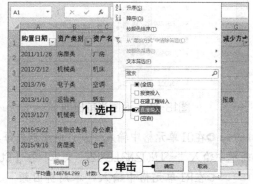

图18-13 查看筛选结果   图18-14 筛选增加方式

STEP 14 ▶此时工作表将仅显示增加方式为"直接购入"的固定资产数据记录，查看结果后单击"筛选"按钮▼退出筛选状态即可，如图18-15所示。

图18-15　退出筛选状态

18.3.2　计提折旧并汇总结果

下面使用年限平均法计提各固定资产的折旧数据，并计算出本期折旧额、累计折旧额和净值等相关项目，完成后汇总出各类别资产的本期折旧额、累计折旧额和净值，其具体操作如下。

计提折旧并
汇总结果

STEP 01 ▶在O1单元格中输入"当前日期"文本，然后选择O2:O14单元格区域，在编辑框中输入"=TODAY()"文本，按【Ctrl+Enter】组合键返回当前日期，利用格式刷复制项目格式和数据格式，并适当调整列宽，如图18-16所示。

STEP 02 ▶在P1单元格中输入"已计提折旧月数"文本，然后选择P2:P14单元格区域，在编辑框中输入"=IF(INT(DAYS360(A2,O2)/30)<=L2*12,INT(DAYS360(A2,O2)/30),L2*12)"文本，表示如果固定资产目前使用的月份数未超过使用期限，则返回计算出的月份数，否则返回使用期限对应的月份数，按【Ctrl+Enter】组合键返回结果，然后按相同方法设置格式（下同），如图18-17所示。

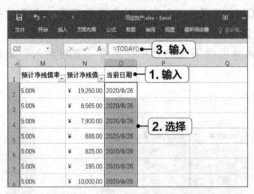

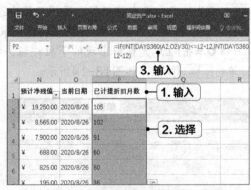

图18-16　返回当前日期　　　　图18-17　计算已计提折旧月数

STEP 03 ▶在Q1单元格中输入"预计使用期内每期折旧"文本，然后选择Q2:Q14单元格区域，在编辑框中输入"=SLN(J2,N2,L2*I2)"文本，按【Ctrl+Enter】组合键返回结果，如图18-18所示。

STEP 04 ▶在R1单元格中输入"本期折旧额"文本，然后选择R2:R14单元格区域，在编辑框中输入"=IF(INT(DAYS360(A2,O2)/30)>L2*12,0,Q2)"文本，表示如果固定资产的使用期间超过了预计的使用年限，则返回"0"，否则返回预计的每期折旧额，按【Ctrl+Enter】组合键返回结果，如图18-19所示。

STEP 05 ▶在S1单元格中输入"累计折旧额"文本，然后选择S2:S14单元格区域，在编辑框中输入"=R2*P2"文本，按【Ctrl+Enter】组合键返回结果，如图18-20所示。

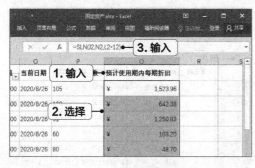

图18-18 计算折旧额

图18-19 计算本期折旧额

STEP 06 ◐在T1单元格中输入"净值"文本，然后选择T2:T14单元格区域，在编辑框中输入
"=J2-S2"文本，按【Ctrl+Enter】组合键返回结果，如图18-21所示。

图18-20 计算累计折旧额

图18-21 计算净值

STEP 07 ◐选择B2单元格，在"数据"→"排序和筛选"组中单击"升序"按钮 ，如图
18-22所示。

STEP 08 ◐选择A1:T14单元格区域，在"数据"→"分级显示"组中单击"分类汇总"按钮
，打开"分类汇总"对话框，在"分类字段"下拉列表中选择"资产类别"选项，在"选
定汇总项"列表中选中"本期折旧额""累计折旧额""净值"复选框，单击 按钮，
如图18-23所示。

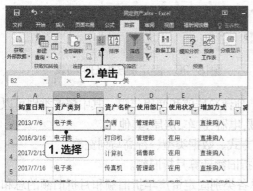

图18-22 排列数据

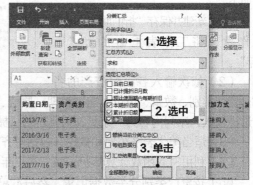

图18-23 设置分类汇总参数

STEP 09 ◐拖曳鼠标指针选择C列至Q列列标，在其上单击鼠标右键，在弹出的快捷菜单中选
择"隐藏"选项，如图18-24所示。

STEP 10 ◐单击左侧2级内容对应的分级显示按钮，此时工作表将显示各类别固定资产的本
期折旧额、累计折旧额和净值的合计结果（配套资源:\效果\第18章\固定资产.xlsx），如图
18-25所示。

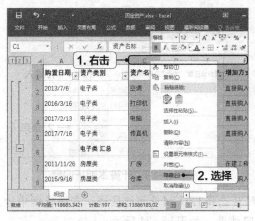 

图18-24　隐藏数据　　　　　　　　图18-25　显示分级内容

18.4　强化训练

在Excel 2016中管理固定资产，免不了使用折旧函数，为了熟悉这类函数的使用，下面将通过两种折旧表格的制作，巩固本章所学的知识。

18.4.1　制作固定资产折旧明细表

固定资产折旧明细表登记了公司各种固定资产的基础数据，并计算了对应的年折旧额和月折旧额，能够有效地帮助相关人员对固定资产进行管理。

【制作效果与思路】

本例制作的固定资产折旧明细表效果如图18-26所示（配套资源:\效果\第18章\折旧明细.xlsx），具体制作思路如下。

（1）新建并保存"折旧明细.xlsx"工作簿，将工作表重命名为"第1年"。

（2）依次输入各固定资产的名

图18-26　固定资产折旧明细表

称、资产类别、数量、单位、购置日期、原值、预计净残值和使用年限，其中资产类别可以通过选择输入，序列内容为"家具,办公设备,机械,电器,汽车,房屋,其他"。

（3）适当美化表格布局和数据，包括对齐方式、数据类型、行高与列宽等。

（4）利用SLN函数计算年折旧额，利用年折旧额计算月折旧额。

（5）按资产类别分类数据记录，然后汇总各类别固定资产年折旧额和月折旧额的总和与平均值。

18.4.2　制作固定资产折旧统计表

本例制作的固定资产折旧统计表，将采用5种不同的折旧方法计提折旧，通过对比找到适合公司的折旧方法。通过本次练习，可以进一步掌握各种折旧函数的使用。

【制作效果与思路】

本例制作的固定资产折旧统计表效果如图18-27所示（配套资源:\效果\第18章\折旧统计.xlsx），具体制作思路如下。

（1）新建并保存“折旧统计.xlsx”工作簿，将工作表重命名为“统计”。

（2）依次输入各固定资产的名称、类别、原值、购置日期、使用年限、净残值。然后适当美化表格和数据。

（3）建立5种折旧函数对应的第1年折旧额项目，分别计算对应的折旧额（VDB可变余额递减计算的折旧系数假设为2.36）。

固定资产名称	类别	原值	购置日期	使用年限	净残值	第1年折旧额				
						DB固定余额递减	DDB双倍余额递减	VDB可变余额递减	SYD年限总和折旧	SLN年限平均法折旧
高压厂用变压器	设备	¥ 1,000,000.00	2016/5/1	10	¥ 500,000.00	¥ 63,000.00	¥ 200,000.00	¥ 236,000.00	¥ 76,363.64	¥ 42,000.00
零序电流互感器	设备	¥ 102,039.90	2016/5/1	10	¥ 5,102.00	¥ 26,428.33	¥ 20,407.98	¥ 24,081.42	¥ 17,625.07	¥ 9,693.79
UPS改造	设备	¥ 60,355.80	2017/10/1	10	¥ 3,017.79	¥ 15,632.15	¥ 12,071.16	¥ 14,243.97	¥ 10,425.09	¥ 5,733.80
稳压源	设备	¥ 100,593.00	2017/10/1	10	¥ 5,029.65	¥ 26,053.59	¥ 20,118.60	¥ 23,739.95	¥ 17,376.15	¥ 9,556.34
地网仪	设备	¥ 101,202.20	2017/10/1	10	¥ 5,060.11	¥ 26,211.37	¥ 20,240.44	¥ 23,883.72	¥ 17,480.38	¥ 9,614.21
叶轮给煤机输电导线改为滑线	零部件	¥ 75,302.80	2015/11/1	3	¥ 3,765.14	¥ 47,591.37	¥ 50,201.87	¥ 59,238.20	¥ 35,768.83	¥ 23,845.89
工业水泵改造频调速	设备	¥ 84,704.40	2015/10/1	10	¥ 4,235.22	¥ 21,938.44	¥ 16,940.88	¥ 19,990.24	¥ 14,630.76	¥ 8,046.92
螺旋板冷却器及阀门更换	零部件	¥ 60,002.70	2016/10/1	3	¥ 3,000.14	¥ 37,921.71	¥ 40,001.80	¥ 47,202.12	¥ 28,501.28	¥ 19,000.86
盘车装置更换	设备	¥ 75,302.80	2015/10/1	10	¥ 3,765.14	¥ 19,503.43	¥ 15,060.56	¥ 17,771.46	¥ 13,006.85	¥ 7,153.77
翻板水位计	仪器	¥ 65,091.20	2014/11/1	5	¥ 3,254.56	¥ 29,356.13	¥ 26,036.48	¥ 30,723.05	¥ 20,612.21	¥ 12,367.33
凝汽器	设备	¥ 109,406.10	2018/5/1	10	¥ 5,470.31	¥ 28,336.18	¥ 21,881.22	¥ 25,819.84	¥ 18,897.42	¥ 10,393.58
汽轮发电机	设备	¥ 95,303.70	2017/5/1	10	¥ 4,765.19	¥ 24,683.66	¥ 19,060.74	¥ 22,491.67	¥ 16,461.55	¥ 9,053.85
变送器芯等设备	设备	¥ 67,008.90	2017/5/1	10	¥ 3,350.45	¥ 17,355.31	¥ 13,401.78	¥ 15,814.10	¥ 11,574.26	¥ 6,365.85
测振仪	仪器	¥ 94,016.00	2014/10/1	5	¥ 4,700.80	¥ 42,401.22	¥ 37,606.40	¥ 44,375.55	¥ 29,771.73	¥ 17,863.04
继电器	设备	¥ 11,181.50	2015/5/1	10	¥ 559.08	¥ 2,896.01	¥ 2,236.30	¥ 2,638.83	¥ 1,931.35	¥ 1,062.24
交流阻抗仪	仪器	¥ 7,297.40	2019/10/1	5	¥ 364.87	¥ 3,291.13	¥ 2,918.96	¥ 3,444.37	¥ 2,310.84	¥ 1,386.51
母线桥	零部件	¥ 8,474.40	2015/5/1	3	¥ 423.72	¥ 5,355.82	¥ 5,849.60	¥ 6,666.63	¥ 4,025.34	¥ 2,683.56
逆变焊机	设备	¥ 83,506.70	2015/10/1	10	¥ 4,175.34	¥ 21,628.24	¥ 16,701.34	¥ 19,707.58	¥ 14,423.88	¥ 7,933.14
镍母线间隔垫	零部件	¥ 6,002.70	2018/5/1	3	¥ 300.14	¥ 3,793.71	¥ 4,001.80	¥ 4,722.12	¥ 2,851.28	¥ 1,900.86
汽轮机测振装置	设备	¥ 85,092.10	2017/10/1	10	¥ 4,254.61	¥ 22,036.85	¥ 17,018.42	¥ 20,081.74	¥ 14,697.73	¥ 8,083.75

图18-27　固定资产折旧统计表

18.5 拓展课堂

鉴于新手使用折旧函数时相对容易出错，这里介绍两种检查公式的方法。在需要的时候可以利用这两种方法对公式内容的正确性进行检查确认。

- **通过“Excel选项”对话框设置错误检查：** 单击“文件”选项卡，选择界面左下角的“选项”选项，在打开的“Excel选项”对话框中单击“公式”选项卡，在“错误检查”栏中选中“允许后台错误检查”复选框，并单击“使用此颜色标识错误”按钮，在弹出的下拉列表中选择所需的颜色来标记错误公式所在位置的三角形颜色；在“错误检查规则”栏中可设置错误检查规则，完成后单击“确定”按钮即可，如图18-28所示。

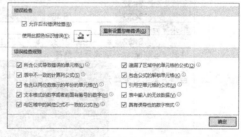

图18-28　Excel选项错误检查

- **通过“公式”选项卡设置错误检查：** 在“公式”→“公式审核”组中单击“错误检查”按钮，当工作表中存在错误时，将打开“错误检查”对话框。单击“有关此错误的帮助”按钮即可了解当前错误的相关帮助；单击“显示计算步骤”按钮可显示当前错误的计算步骤；单击“忽略错误”按钮可忽略当前错误；单击“在编辑栏中编辑(F)”按钮可切换到工作簿的编辑栏重新编辑公式；单击“下一个(N)”按钮可继续检查下一个错误，直到错误检查完成，如图18-29所示。另外，单击“选项(O)...”按钮也可打开“Excel选项”对话框，在“公式”选项卡中，可以按上面所说的方法，在“错误检查”栏中单击“重新设置忽略错误(G)”按钮重置以前忽略的所有错误。

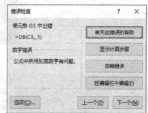

图18-29　公式错误检查

第19章

制作投资评估表

本章导读

实际工作中，公司往往会对一些重大事项做预测分析，以测试结果是否能符合预期目标。根据预测分析的结果，决策者便可以调整参数，最终制定出最优的决策方案。Excel 2016具备强大的预测分析功能，本章将重点介绍利用该软件的方案管理和模拟预算工具完成投资评估表的制作。

案例效果

方案摘要		当前值	A银行	B银行	C银行	D银行
可变单元格:						
$A$2		¥ 1,000,000.00	¥ 1,200,000.00	¥ 800,000.00	¥ 1,100,000.00	¥ 900,000.00
$B$2		5	5	5	5	5
$C$2		6.40%	6.38%	6.55%	6.45%	6.55%
结果单元格:						
$F$2		¥ 199,927.32	¥ 239,134.41	¥ 163,837.38	¥ 221,704.51	¥ 184,317.05

注释: "当前值"这一列表示的是在
建立方案汇总时, 可
每组方案的可变单元

不同年利率下的每月还款额

¥17,993.00
¥17,992.00
¥17,991.00
¥17,990.00
¥17,989.00
¥17,988.00
¥17,987.00
¥17,986.00
¥17,985.00
¥17,984.00

6.382% 6.379% 6.380% 6.384% 6.381% 6.378% 6.385% 6.386% 6.377% 6.376%

19.1 核心知识

通过方案管理器和模拟运算表，我们可以对投资方案进行评估、比较，预测投资还款数额。下面介绍这两种工具的使用方法。

19.1.1 方案管理器的应用

方案管理器可以从多个方案中比较出最优方案，其使用方法为：在"数据"→"预测"组中单击"模拟分析"按钮，在弹出的下拉列表中选择"方案管理器"选项，打开"方案管理器"对话框，单击 添加(A)... 按钮，打开"添加方案"对话框，在其中设置方案名称和可变单元格，单击 确定 按钮，然后在打开的"方案变量值"对话框中设置该方案的具体数据，单击 确定 按钮完成方案的添加，如图19-1所示。

图19-1 添加方案

继续按相同的方法添加其他方案，完成后在"方案管理器"对话框中单击 确定 按钮，在"方案摘要"对话框的"结果单元格"文本框中引用单元格地址，再单击 确定 按钮即可生成方案摘要，通过摘要数据便能比较方案的优劣情况。

19.1.2 模拟运算表的应用

模拟运算表可根据一个或两个变量，计算出依托于这些变量的数据结果，其使用方法为：选择需要进行模拟运算的单元格区域，在"数据"→"预测"组中单击"模拟分析"按钮，在弹出的下拉列表中选择"模拟运算表"选项，打开"模拟运算表"对话框，在其中指定变量所在的单元格，单击 确定 按钮即可，如图19-2所示。

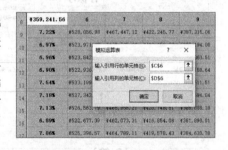

图19-2 双变量模拟运算

19.2 案例分析

公司需要投资某些业务时，可能需要通过贷款来运作。选择哪个银行提供的贷款方案，还款要求是否符合公司预期，这些都可以利用Excel 2016进行预测和分析。

19.2.1 案例目标

本章制作的投资评估表需要比较出各银行提供的多个贷款方案中的最优方案，然后以最优方案为标准，预测在年利率变动的情况下每月的还款额变化情况。

19.2.2　制作思路

本案例将首先利用PMT函数计算还款额，然后利用方案管理器比较出最优方案，接着计算年利率发生变动时最优方案下的每月还款额数据，最后将数据以图表的方式表现出来进行分析。本案例的制作思路如图19-3所示。

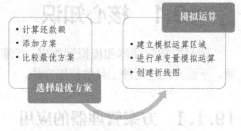

图19-3　投资评估表的制作思路

🔖 19.3　案例制作

根据案例目标和制作思路，下面开始案例的制作。

19.3.1　使用方案管理器比较不同贷款方案

下面首先计算出公司预期的贷款方案的还款额，然后添加各家银行提供的贷款方案，通过计算和对比找到与公司预期最相近的一种，其具体操作如下。

使用方案管理器
比较不同贷款方案

STEP 01 ▶新建并保存"投资评估.xlsx"工作簿，将工作表重命名为"贷款方案"，输入相关项目和数据。将单元格对齐方式设置为"垂直居中、左对齐"，加粗第1行单元格内容，然后将存放金额的单元格数据类型设置为"会计专用"，如图19-4所示。

STEP 02 ▶选择D2单元格，在编辑框中输入"=PMT(C2,B2,-A2)"文本，按【Ctrl+Enter】组合键返回结果，如图19-5所示。

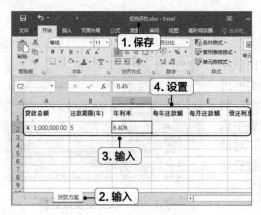

图19-4　输入基础数据

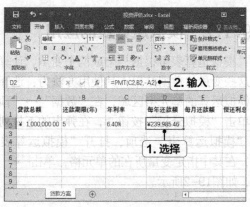

图19-5　计算每年还款额

🎓 专家指导

PMT函数可以计算固定利率下贷款的还款额，其语法格式为"=PMT（rate，nper，pv，fv，type）"。其中，rate表示贷款利率，nper表示付款期数，pv表示贷款总额。PMT函数由于返回的是负数，因此这里将公式中的贷款总额处理为负数，才能使得结果显示为正数。

STEP 03 ▶选择E2单元格，在编辑框中输入"=D2/12"文本，按【Ctrl+Enter】组合键返回结果，如图19-6所示。

STEP 04 ▶选择F2单元格，在编辑框中输入"=D2*B2-A2"文本，按【Ctrl+Enter】组合键返回结果，如图19-7所示。

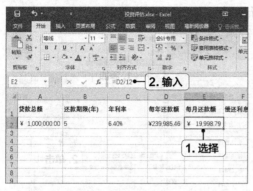

图19-6 计算每月还款额

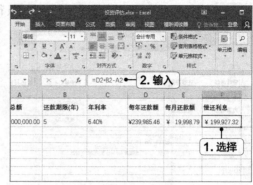

图19-7 计算利息

STEP 05 ▶在A3:D7单元格区域中输入各银行提供的贷款方案，并按上方数据的格式做相同设置和处理，如图19-8所示。

STEP 06 ▶在"数据"→"预测"组中单击"模拟分析"按钮，在弹出的下拉列表中选择"方案管理器"选项，打开"方案管理器"对话框，单击 添加(A)... 按钮，如图19-9所示。

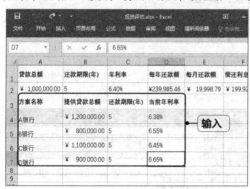

图19-8 输入各贷款方案

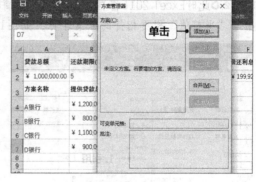

图19-9 添加方案

STEP 07 ▶打开"添加方案"对话框，在"方案名"文本框中输入"A银行"，在"可变单元格"文本框中引用A2:C2单元格区域的地址，单击 确定 按钮，如图19-10所示。

STEP 08 ▶打开"方案变量值"对话框，在下方的文本框中输入A银行提供的贷款方案，包括贷款总额、还款期限和当前年利率，单击 确定 按钮，如图19-11所示。

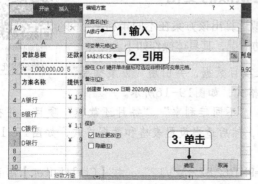

图19-10 编辑方案

图19-11 设置变量值

STEP 09 ▶返回"方案管理器"对话框，此时"方案"列表中将显示添加的"A银行"方案，继续单击 添加(A)... 按钮添加其他银行提供的方案，如图19-12所示。

STEP 10 ▶按相同方法添加B银行、C银行和D银行方案，单击 摘要(U)... 按钮，如图19-13所示。

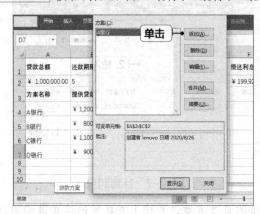

图19-12　完成添加

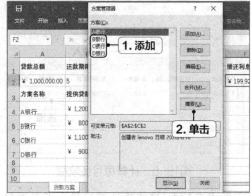

图19-13　添加其他方案

STEP 11 ▶打开"方案摘要"对话框，在"结果单元格"文本框中引用F2单元格的地址，表示各方案需要计算出偿还的利息，单击 确定 按钮，如图19-14所示。

STEP 12 ▶此时Excel 2016将自动创建"方案摘要"工作表，其中显示了各方案的结果，从中找出与"当前值"栏更相符的方案即可，如图19-15所示。

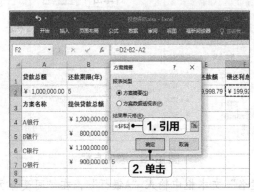

图19-14　设置方案摘要

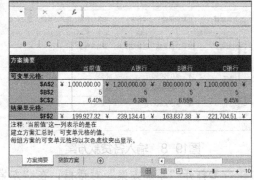

图19-15　生成方案结果

19.3.2　预测不同年利率下每月还款额的变化

下面以D银行提供的贷款方案为基础，模拟运算出该方案在不同年利率下每月还款额的数据，并建立折线图显示还款额变动情况，其具体操作如下。

STEP 01 ▶新建"D银行"工作表，在其中输入项目数据，并引用"方案摘要"工作表中对应的数据，并适当设置表格和数据格式，如图19-16所示。

STEP 02 ▶在A3:C3单元格区域中输入"序号""不同年利率""每月还款额"项目，并在A5:B14单元格区域中输入不同的序号和年利率，然后适当设置表格和数据格式，如图19-17所示。

STEP 03 ▶选择C4单元格，在编辑框中输入"=PMT(C2,B2,-A2)/12"，按【Ctrl+Enter】组合键返回结果，如图19-18所示。

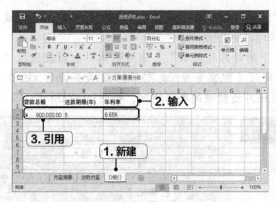

图19-16　引用数据　　　　　　　　图19-17　输入年利率

STEP 04 ▶选择B4:C14单元格区域，在"数据"→"预测"组中单击"模拟分析"按钮，在弹出的下拉列表中选择"模拟运算表"选项，打开"模拟运算表"对话框，在"输入引用列的单元格"文本框中引用C2单元格的地址，单击 确定 按钮，如图19-19所示。

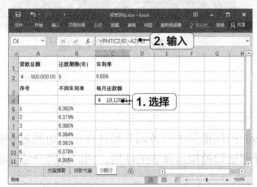
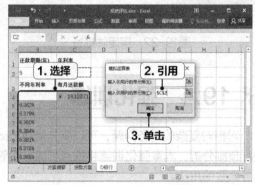

图19-18　计算每月还款额　　　　　图19-19　指定模拟变量

STEP 05 ▶选择B5:C14单元格区域，在"插入"→"图表"组中单击"插入折线图或面积图"按钮，在弹出的下拉列表中选择第1种图表类型，创建折线图，如图19-20所示。

STEP 06 ▶在折线图上单击鼠标右键，在弹出的快捷菜单中选择"选择数据"选项，打开"选择数据源"对话框，选择"系列1"选项，单击 删除(R) 按钮，然后单击"水平（分类）轴标签"栏的 编辑(T) 按钮，如图19-21所示。

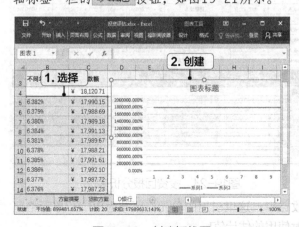
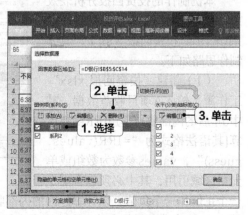

图19-20　创建折线图　　　　　　　图19-21　编辑数据

STEP 07 ◎在打开的“轴标签”对话框的“轴标签区域”文本框中引用B5:B14单元格区域，依次单击 确定 按钮完成图表数据的设置，如图19-22所示。

STEP 08 ◎将图表标题设置为“不同年利率下的每月还款额”，删除图例，为图表应用“样式3”图表样式，适当调整图表大小和位置即可（配套资源:\效果\第19章\投资评估.xlsx），此时便可通过图表直观地对比不同年利率下每月还款额的变动情况，如图19-23所示。

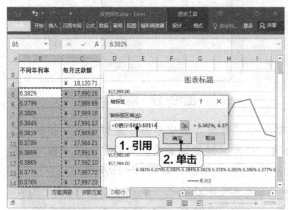

图19-22　指定轴标签

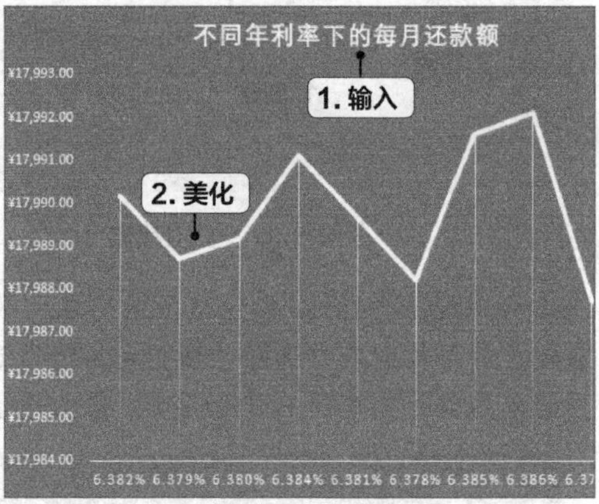

图19-23　美化表格

19.4 强化训练

对相对复杂的财务问题，可以充分借助Excel 2016提供的财务函数和各种预测功能对业务进行预测分析。本章强化训练将重点巩固方案管理器和模拟运算表的使用，同时还将介绍其他财务函数的用法。

19.4.1 制作投资回报分析表

投资回报是公司投资项目必须关注的问题。假设公司在投资了A项目后，还需要从其他几个项目中择优选择投资的项目，就可以利用方案管理器来辅助分析。

【制作效果与思路】

本例制作的投资回报分析表效果如图19-24所示（配套资源:\效果\第19章\投资回报.xlsx），具体制作思路如下。

	A	B	C	D	E	F	G	H
1	A项目收益			其他项目				
2	期初成本	¥ -800,000.00		项目名称	B项目	C项目	D项目	E项目
3	第1年净收入	¥ 150,000.00		期初成本	¥ -800,000.00	¥ -600,000.00	¥ -750,000.00	¥ -1,000,000.00
4	第2年净收入	¥ 160,000.00		第1年净收入	¥ 150,000.00	¥ 90,000.00	¥ 110,000.00	¥ 200,000.00
5	第3年净收入	¥ 200,000.00		第2年净收入	¥ 160,000.00	¥ 150,000.00	¥ 150,000.00	¥ 250,000.00
6	第4年净收入	¥ 250,000.00		第3年净收入	¥ 200,000.00	¥ 160,000.00	¥ 180,000.00	¥ 280,000.00
7	第5年净收入	¥ 280,000.00		第4年净收入	¥ 250,000.00	¥ 180,000.00	¥ 190,000.00	¥ 290,000.00
8	5年后的内部收益率	8.39%		第5年净收入	¥ 280,000.00	¥ 200,000.00	¥ 200,000.00	¥ 300,000.00

方案摘要	当前值	B项目	C项目	D项目	E项目
可变单元格:					
$B$2	¥ -800,000.00	¥ -800,000.00	¥ -600,000.00	¥ -750,000.00	¥ -1,000,000.00
$B$3	¥ 150,000.00	¥ 150,000.00	¥ 90,000.00	¥ 110,000.00	¥ 200,000.00
$B$4	¥ 160,000.00	¥ 160,000.00	¥ 150,000.00	¥ 150,000.00	¥ 250,000.00
$B$5	¥ 200,000.00	¥ 200,000.00	¥ 160,000.00	¥ 180,000.00	¥ 280,000.00
$B$6	¥ 250,000.00	¥ 250,000.00	¥ 180,000.00	¥ 190,000.00	¥ 290,000.00
$B$7	¥ 280,000.00	¥ 280,000.00	¥ 200,000.00	¥ 200,000.00	¥ 300,000.00
结果单元格:					
$B$8	8.39%	8.39%	8.42%	3.18%	9.38%

图19-24　投资回报分析表

（1）新建“投资回报.xlsx”工作簿，输入A项目收益数据，其中5年后的内部收益率用IRR函数计算[其语法格式为“=IRR(values, guess)”，values参数为数组或单元格区域引用，其中必须包含至少一个正值和一个负值，以计算返回的内部收益率，这里引用的单元格区域为B2:B7单元格区域；guess为非必需的参数，为计算收益率时使用的估计值]。

（2）输入其他几个项目的期初成本和前5年净收入。

（3）利用方案管理器建立其他几个投资项目的方案，其中可变单元格为B2:B7单元格区域，将结果单元格设置为B8单元格，生成摘要查看结果。

19.4.2　制作投资收益表

公司产生投资行为后，其投资收益是不可控制的，但可以利用现有的约束条件，模拟运算出不同情况下的收益数值。下面制作的投资收益表便将使用双变量模拟运算来预测投资收益。

【制作效果与思路】

本例制作的投资收益表效果如图19-25所示（配套资源:\效果\第19章\投资收益.xlsx），具体制作思路如下。

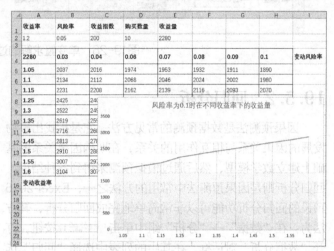

（1）新建"投资收益.xlsx"工作簿，输入收益率、风险率、收益指数、购买数量和收益量项目，以及各项目对应的数据，其中"收益量=收益指数×购买数量×收益率-收益指数×购买数量×收益率×风险率"。

图19-25　投资收益表

（2）在B4:H4单元格区域中输入不同的风险率；在A5:A15单元格区域中输入不同的收益率；在A4单元格中计算当前的收益量。

（3）利用模拟运算表在A4:H15单元格区域中进行模拟运算，其中引用行的单元格为B2单元格，引用列的单元格为A2单元格。

（4）创建风险率为0.1的收益量折线图，横坐标轴的轴区域指定为A5:A15单元格区域。

（5）图表类型为折线图下的第1种图表类型，图表样式为"样式3"效果，删除图例并修改图表标题。

📊 19.5　拓展课堂

除方案管理器和模拟运算表外，还可利用Excel 2016的单变量求解和回归分析功能进行预测和分析，本章拓展课堂便将介绍它们的使用方法。

19.5.1　单变量求解

单变量求解可以解决当需要得到某个目标值时，变量应该如何取值的问题。例如，假设某员工的年终奖金是其全年销售额的10%，在前三个季度的销售额已知的情况下，该员工想知道第四季度的销售额为多少，才能保证年终奖金为15 000元。此时便可利用单变量求解工具进行计算，其方法为：建立表格数据，输入前三季度该员工的销售额，并建立年终奖金的计算公式。在"数据"→"预测"组中单击"模拟分析"按钮，在弹出的下拉列表中选择"单变量求解"选项，打开"单变量求解"对话框，依次设置目标单元格、目标值以及可变单元格，单击 确定 按钮即可求解变量值，如图19-26所示。

图19-26　单变量求解的过程

19.5.2　回归分析

因果预测法是数据预测的常见方法，它是指找出事物发展的因果关系与相互作用的关系，在明确因果关系的基础上建立数学模型，然后通过模拟预测来得到各种结论。回归分析则是因果预测法中常用的方法之一，Excel 2016预设的回归分析功能可以非常简单地完成回归分析，其方法为：在"数据"→"分析"组中单击 数据分析 按钮，打开"数据分析"对话框，在其中的列表中选择"回归"选项，单击 确定 按钮。此时将打开"回归"对话框，在其中设置回归参数后，单击"确定"按钮即可，如图19-27所示。其中部分参数的作用如下。

图19-27　设置回归参数

- **"Y值输入区域"文本框**："Y值输入区域"文本框可指定因变量区域。
- **"X值输入区域"文本框**："X值输入区域"文本框可指定自变量区域。
- **"输出选项"栏**："输出选项"栏可设置回归分析的结果的位置，如当前工作表、新工作表组、新工作簿。
- **"残差"复选框**：显示实际值与预测值之差。
- **"残差图"复选框**：通过图表显示残差结果。
- **"标准残差"复选框**：显示残差除以标准差之后的结果。
- **"线性拟合图"复选框**：显示回归计算的线性拟合图，用于评价模型是否准确。
- **"正态概率图"复选框**：以图表显示数据结果是否呈正态分布。

专家指导

Excel 2016默认状态下并未显示 数据分析 按钮，使用之前需要将其添加到功能区，其方法为：单击"文件"选项卡，选择左下角的"选项"选项，打开"Excel选项"对话框，单击"加载项"选项卡，单击 转到(G)... 按钮，此时将打开"加载宏"对话框，选中其中的"分析工具库"复选框，单击 确定 按钮即可。

第20章 制作财务分析演示文稿

本章导读

我们在实际工作中制作演示文稿时，往往会借助Word、Excel和PowerPoint等软件，通过协同办公提高效率。本章将综合利用这三大软件，完成财务分析演示文稿的制作。读者通过学习，不仅可以掌握软件协同工作的方法，还能学会更多Office 2016软件办公技巧。

案例效果

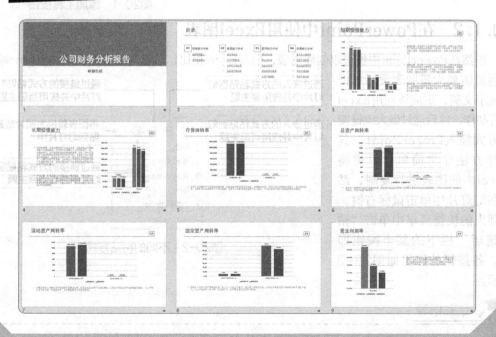

20.1 核心知识

本案例将制作PowerPoint演示文稿，还需要辅助使用Word 2016和Excel 2016，因此涉及的核心操作主要是如何将Word 2016和Excel 2016中的内容发送到PowerPoint 2016中。

20.1.1 将Word内容发送给PowerPoint

Word文档中的内容，可以直接创建为PowerPoint演示文稿中的各张幻灯片，其方法为：在Word中输入幻灯片内容，设置不同的大纲级别后，单击快速访问工具栏中的"发送到Microsoft PowerPoint"按钮即可，此后将自动启动PowerPoint 2016并根据Word内容不同的大纲级别，创建相应的幻灯片。

需要注意的是，"发送到Microsoft PowerPoint"按钮需要手动添加到快速访问工具栏中，添加的方法为：单击"文件"选项卡，选择"选项"选项，打开"Word选项"对话框，单击"快速访问工具栏"选项卡，然后在"从下列位置选择命令"下拉列表中选择"不在功能区中的命令"选项，在下方的列表中选择"发送到Microsoft PowerPoint"选项，单击 添加(A) >> 按钮即可，如图20-1所示。

图20-1 添加工具按钮

20.1.2 在PowerPoint中使用Excel图表

虽然在PowerPoint中也可以创建图表，但与Excel相比，后者对图表的操控性更胜一筹，特别是需要大量图表展示数据的演示文稿，更应该利用Excel进行制作，然后通过嵌入或链接的方式插入PowerPoint。其操作方法非常简单，只需将Excel中的图表进行复制，然后在幻灯片中单击鼠标右键，在弹出的快捷菜单中单击"粘贴选项"栏下的某个按钮即可，各按钮的作用如图20-2所示。

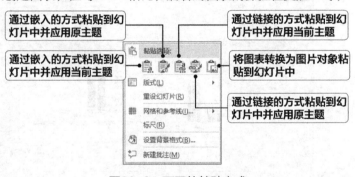

图20-2 不同的粘贴方式

🎓 专家指导

"嵌入"方式是指图表在幻灯片中属于独立存在的状态，无论对幻灯片中的图片或Excel中的图表进行任何修改，都不会产生相互影响；"链接"方式是指将图片从Excel中链接到PowerPoint中，修改Excel中的图表数据，会影响PowerPoint中的图表对象。

20.2 案例分析

公司财务分析的内容较为广泛，本案例重点分析各种财务指标，通过分析指标，展现公司在偿债、周转、盈利和发展等方面的能力。

20.2.1 案例目标

本案例将使用演示文稿反映公司主要财务指标的发展变化，进而说明公司在财务方面的现状和能力。

20.2.2 制作思路

本次制作的演示文稿，将首先利用Word 2016建立大纲内容，然后将其发送到PowerPoint 2016中快速生成各张幻灯片，接着在Excel 2016中制作各种指标对比图表，最后整理演示文稿内容，将图表嵌入幻灯片。本案例的具体制作思路如图20-3所示。

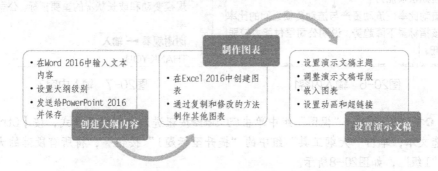

图20-3 财务分析演示文稿的制作思路

20.3 案例制作

根据案例目标和制作思路，下面开始案例的制作。

20.3.1 利用Word 2016建立幻灯片内容

首先新建Word文档，在其中输入演示文稿中需要的文本内容，然后通过设置1级和2级大纲级别，让演示文稿可以识别标题和文本对象，进而快速创建各张幻灯片，其具体操作如下。

利用Word 2016
建立幻灯片内容

STEP 01 ▶ 新建"大纲内容.docx"文档，在其中分段输入演示文稿的标题和副标题内容，如图20-4所示。

STEP 02 ▶ 分段输入目录页的标题和文本内容，如图20-5所示。

STEP 03 ▶ 分段输入幻灯片内容页的标题和文本内容，如图20-6所示。

STEP 04 ▶ 按相同方法依次输入其他内容页的标题和文本内容，以及结束页的标题与副标题，如图20-7所示。

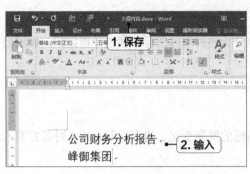

图20-4　输入标题和副标题

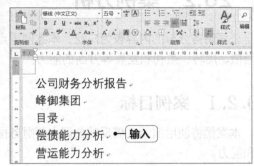

图20-5　输入目录页标题和文本内容

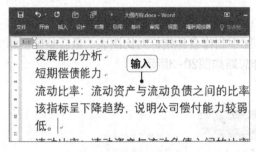

图20-6　输入内容1

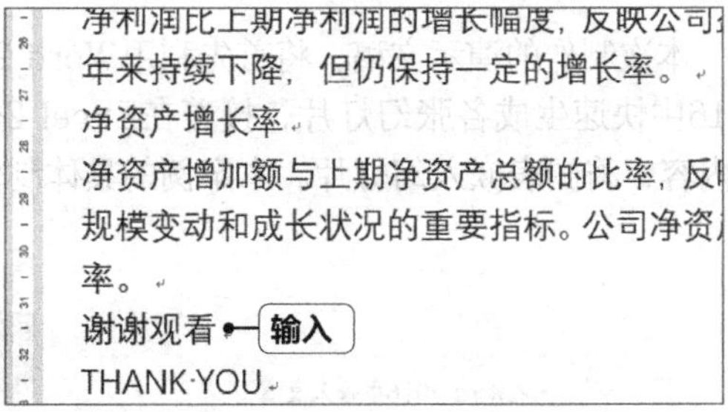

图20-7　输入内容2

STEP 05 ❂在"视图"→"视图"组中单击▣ 大纲视图按钮进入大纲视图模式，按【Ctrl+A】组合键全选文本，单击"大纲工具"组中的"提升至标题1"按钮 «，将所有段落的大纲级别设置为"1级"，如图20-8所示。

STEP 06 ❂将光标定位到"峰御集团"文本段落，单击"降级"按钮 →，将段落的大纲级别降至"2级"，如图20-9所示。

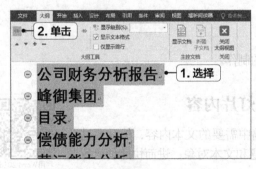

图20-8　设置1级大纲级别

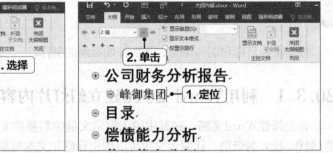

图20-9　降级1

STEP 07 ❂将目录页、内容页和结束页的文本内容降至"2级"，单击快速访问工具栏中的"发送到Microsoft PowerPoint"按钮 ，如图20-10所示。

STEP 08 ❂自动启动PowerPoint 2016并建立各张幻灯片，将演示文稿保存为"财务分析.pptx"，如图20-11所示。

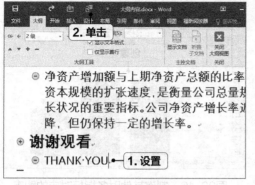

图20-10 降级2

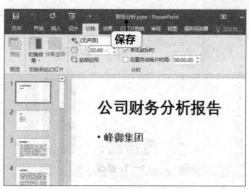

图20-11 发送到PowerPoint

20.3.2 在Excel 2016中创建图表

在Excel 2016中创建图表

由于本案例的演示文稿需要用到大量的图表对象，因此这里可以利用Excel 2016创建并编辑图表，然后在后期将其嵌入幻灯片，其具体操作如下。

STEP 01 ▶新建"指标图表.xlsx"工作簿，将工作表重命名为"短期偿债"，然后输入不同时期下各指标的数值，如图20-12所示。

STEP 02 ▶以A1:D4单元格区域为数据源创建柱形图，删除图表标题后，在数据系列外侧添加数据标签，如图20-13所示。

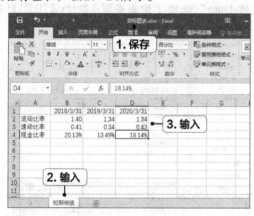

图20-12 输入数据

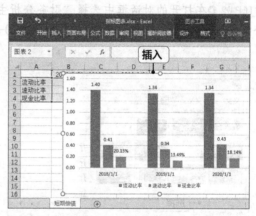

图20-13 创建图表

STEP 03 ▶保持图表的选择状态，在"图表工具-设计"→"数据"组中单击"切换行/列"按钮，更改数据系列的显示结果，如图20-14所示。

STEP 04 ▶复制"短期偿债"工作表，修改新工作表名称为"长期偿债"，然后修改表格数据，并删除多余的第4行数据，如图20-15所示。

STEP 05 ▶按相同方法复制工作表，然后修改工作表名称和表格数据，得到其他财务指标对应的图表，如图20-16所示。

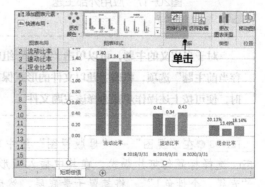

图20-14 切换行列数据

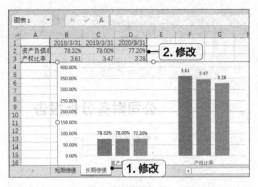

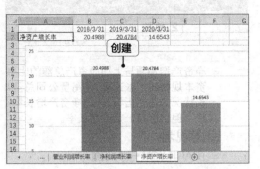

图20-15　复制工作表　　　　　　　　图20-16　制作其他财务指标对应的图表

20.3.3　制作并设置幻灯片

制作演示文稿时，需要通过应用主题、设置母版、添加动画、嵌入图表、创建超链接等操作完善其内容。

应用主题
并设置母版

1．应用主题并设置母版

下面利用外部主题美化演示文稿，并对幻灯片母版进行设置，其具体操作如下。

STEP 01 ▶打开前面保存的"财务分析.pptx"演示文稿，在"设计"→"主题"组中单击"其他"按钮，在弹出的下拉列表中选择"浏览主题"选项，如图20-17所示。

STEP 02 ▶在打开的对话框中选择"财务分析主题.thmx"选项（配套资源:\素材\第20章\财务分析主题.thmx），单击 应用(P) 按钮，如图20-18所示。

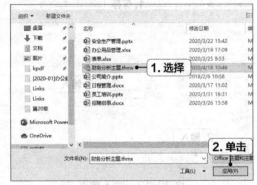

图20-17　应用外部主题　　　　　　　　图20-18　选择主题文件

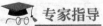 专家指导

　　对于自定义的主题，可以单击"主题"组中的"其他"按钮，在弹出的下拉列表中选择"保存当前主题"选项，将该主题以文件的形式保存在计算机中，当以后需要为演示文稿应用该主题时，便可按上述操作步骤选择该主题文件。

STEP 03 ▶在"视图"→"母版视图"组中单击"幻灯片母版"按钮，进入母版编辑状态，选择标题幻灯片版式，在其中插入矩形，并设置形状轮廓为"无轮廓"，形状填充为"青绿，个性色1"，将其置于最底层，然后将标题占位符的字体颜色设置为"白色，背景1"，副标题占位符的字体颜色设置为"蓝-灰，文字2"，如图20-19所示。

STEP 04 ▶为标题占位符添加"进入-向内溶解、上一动画之后"效果,为副标题占位符应用相同的动画效果,并设置延迟时间为"00.50",如图20-20所示。

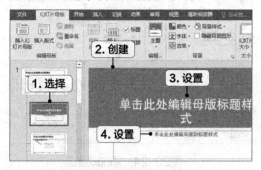

图20-19 添加形状并设置字体

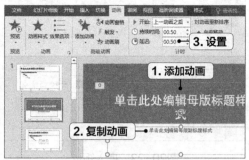

图20-20 添加动画1

🎓 **专家指导**

如果"动画"组的"动画样式"下拉列表中没有显示"向内溶解"进入动画效果,则可在该下拉列表中选择"更多进入效果"选项,在打开的对话框中进行选择。另外,强调动画和退出动画也可按相似的操作应用更加丰富的动画效果。

STEP 05 ▶选择标题和文本版式,将标题占位符的字号设置为"32",字体颜色设置为"蓝-灰,文字2",适当向上移动占位符,然后在标题占位符下方插入直线,将轮廓设置为"青绿,个性色1、0.5磅",如图20-21所示。

STEP 06 ▶删除正文占位符中从第2级开始的所有文本,将剩余文本的字号设置为"14",字体颜色设置为"蓝-灰,文字2",如图20-22所示。

图20-21 设置标题占位符并插入形状

图20-22 设置正文占位符

STEP 07 ▶插入矩形,将轮廓设置为"青绿,个性色1、0.5磅",无填充色。在其边框上单击鼠标右键,在弹出的快捷菜单中选择"编辑文字"选项,输入"目录"文本,将字符格式设置为"12、蓝-灰,文字2",如图20-23所示。

STEP 08 ▶为标题占位符添加"进入-向内溶解、上一动画之后"效果,如图20-24所示。

STEP 09 ▶为直线添加"进入-擦除-自左侧、上一动画之后"效果,如图20-25所示。

STEP 10 ▶为矩形添加"进入-向内溶解、上一动画之后"效果,如图20-26所示。

STEP 11 ▶选择矩形对象,在"插入"→"链接"组中单击"超链接"按钮🌐,在打开的对话框中选择本文档中的"目录"幻灯片,单击 确定 按钮,如图20-27所示。

图20-23　插入矩形

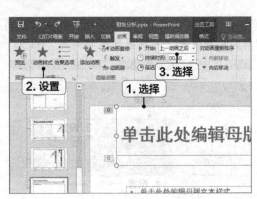

图20-24　添加动画2

图20-25　添加动画3

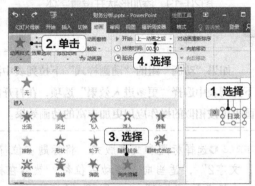

图20-26　添加动画4

STEP 12 ●按住【Shift】键的同时选择标题占位符和直线，按【Ctrl+C】组合键复制。切换到空白版式母版幻灯片，按【Ctrl+V】组合键粘贴，完成母版的设置，在"幻灯片母版"→"关闭"组中单击"关闭母版视图"按钮⊠，退出母版编辑状态，如图20-28所示。

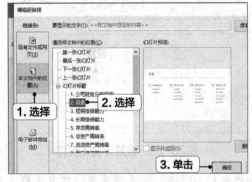

图20-27　链接幻灯片

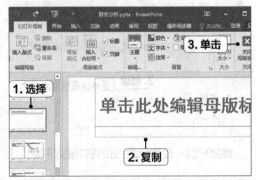

图20-28　复制对象

2. 制作标题页和目录页

接下来为标题页和目录页应用不同的版式，并制作目录页的内容，其具体操作如下。

制作标题页
和目录页

STEP 01 ●选择第1张和最后1张幻灯片，为其应用"标题幻灯片"版式，如图20-29所示。

STEP 02 ●为第2张幻灯片应用"空白"版式，如图20-30所示。

图20-29 应用幻灯片版式1

图20-30 应用幻灯片版式2

STEP 03 ▶ 创建无填充色的矩形,并在其中输入"01",设置矩形轮廓为"青绿,个性色1、1磅"、字符格式为"18号、蓝-灰,文字2",如图20-31所示。

STEP 04 ▶ 将正文占位符中第一段文本拖曳到占位符以外,设置新建的文本框的字符格式为"方正黑体简体、18、蓝-灰,文字2",并与矩形放置在一起,如图20-32所示。

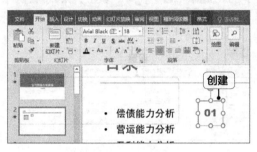

图20-31 创建矩形

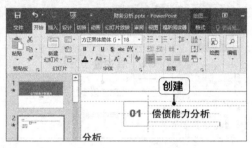

图20-32 设置文本

STEP 05 ▶ 重新创建文本框,输入文本,添加项目符号,设置字符格式为"14号、蓝-灰,文字2、1.5倍行距",使文本框上边框与矩形下边框重合,左边框位于矩形中央,如图20-33所示。

STEP 06 ▶ 按相同方法制作其他3组对象,然后将4组对象分别组合后横向分布,如图20-34所示。

图20-33 创建文本框

图20-34 组合并分布对象

STEP 07 ▶ 为第1组对象添加"进入-擦除-自顶部、上一动画之后"效果,如图20-35所示。

STEP 08 ▶ 同时选择另外3组对象,为其添加"进入-擦除-自顶部、与上一动画同时"效果,如图20-36所示。

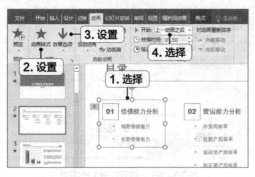

图20-35 添加动画1

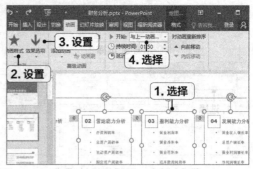

图20-36 添加动画2

STEP 09 ▶将"短期偿债能力"文本链接到"短期偿债能力"幻灯片，如图20-37所示。

STEP 10 ▶使用相同的方法为其他文本创建幻灯片链接，如图20-38所示。

图20-37 创建超链接

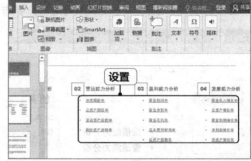

图20-38 创建多个超链接

3. 制作内容页

此演示文稿的内容页均由标题占位符、正文占位符和Excel图表组成，制作方法相似，其具体操作如下。

制作内容页

STEP 01 ▶选择第3张幻灯片，选择正文占位符中的所有文本，在"开始"→"段落"组中单击"展开"按钮，打开"段落"对话框，将"段前"和"段后"距离设置为"10磅"和"50磅"，将"行距"设置为"多倍行距−0.9"，单击 确定 按钮，如图20-39所示。

STEP 02 ▶调整占位符大小，将其移至幻灯片右侧，然后仅保留各段文本中"："及其左侧文本的加粗状态，如图20-40所示。

图20-39 设置段落间距

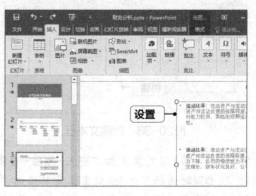

图20-40 调整占位符及文本

STEP 03 ●打开"指标图表.xlsx"工作簿，切换到"短期偿债"工作表，选择其中的图表对象，按【Ctrl+C】组合键复制，如图20-41所示。

STEP 04 ●切换到"财务分析.pptx"演示文稿的第3张幻灯片，在空白区域单击鼠标右键，在弹出的快捷菜单中单击第1个按钮，如图20-42所示。

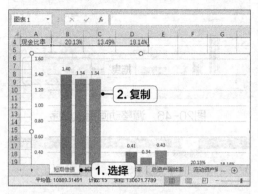

图20-41　复制图表

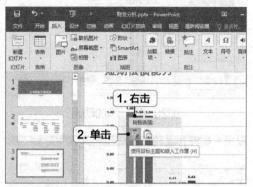

图20-42　嵌入图表1

🎓 专家指导

如果需要将Excel 2016的图表直接嵌入幻灯片并应用演示文稿的主题样式，则可在复制图表后，直接按【Ctrl+V】组合键快速粘贴。

STEP 05 ●调整图表的大小和位置，如图20-43所示。

STEP 06 ●为图表添加"进入-擦除-自底部-按类别"效果，如图20-44所示。

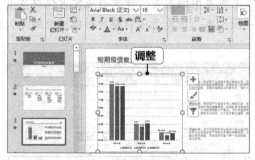

图20-43　调整图表的大小和位置

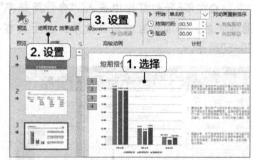

图20-44　添加动画1

STEP 07 ●为正文占位符添加"进入-向内溶解-按段落、单击时"效果，然后单击"高级动画"组中的动画窗格按钮，如图20-45所示。

STEP 08 ●在"动画窗格"窗格中将"流动比率"段落的动画选项拖曳至图表"分类1"的动画选项下方，将"速动比率"段落的动画选项拖曳至图表"分类2"的动画选项下方，如图20-46所示。

STEP 09 ●在第4张幻灯片中按相同方法处理正文占位符并嵌入"长期偿债"工作表中的图表，位置与第3张幻灯片相反，如图20-47所示。

STEP 10 ●为2个对象添加与第3张幻灯片相同的动画效果，并利用"动画窗格"窗格调整动画的播放顺序，如图20-48所示。

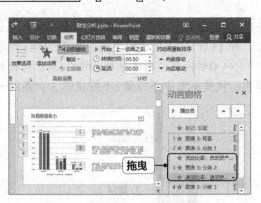

图20-45　添加动画2　　　　　　图20-46　调整动画播放顺序

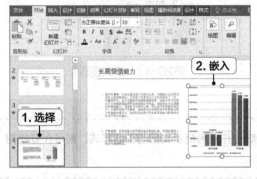

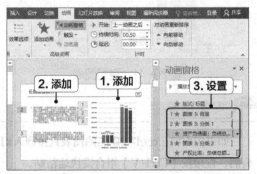

图20-47　嵌入图表2　　　　　　图20-48　添加并设置动画

STEP 11 ❍拖曳图表上出现位置重叠的数据标签，使其显示的内容互不影响，如图20-49所示。

STEP 12 ❍在第5张幻灯片中嵌入"存货周转率"工作表中的图表，使其与正文占位符呈上下布局的关系，添加相应的动画效果，由于只有一段文本，因此无须调整动画的播放顺序，如图20-50所示。

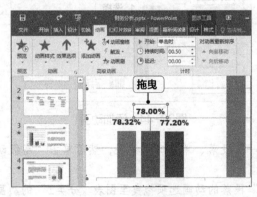

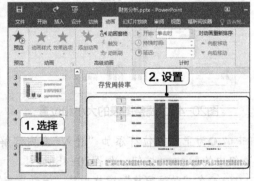

图20-49　调整数据标签　　　　　　图20-50　嵌入图表3

STEP 13 ❍在第6～18张幻灯片中依次嵌入"指标图表.xlsx"工作簿中相应工作表的图表，灵活调整其余正文占位符的位置关系，如图20-51所示。

STEP 14 ❍利用动画刷快速为各张幻灯片的图表应用第5张幻灯片中图表的动画，再利用动画刷为各张幻灯片的正文占位符应用第5张幻灯片中正文占位符的动画，保存并放映演示文稿即可（配套资源:\效果\第20章\大纲内容.docx、指标图表.xlsx、财务分析.pptx），如图20-52所示。

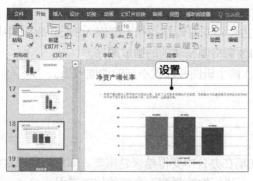

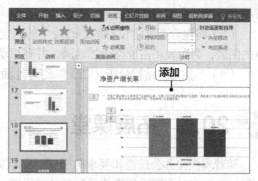

图20-51　嵌入图表4　　　　　　　　　　　图20-52　复制动画

20.4　强化训练——制作会计报表分析演示文稿

　　协同使用Word 2016、Excel 2016和PowerPoint 2016，充分利用软件自身的优势，即可极大地提高工作效率。下面继续通过Word 2016、Excel 2016辅助PowerPoint 2016制作会计报表分析演示文稿，通过训练进一步强化相关操作。

【制作效果与思路】

　　本例制作的会计报表分析演示文稿的部分效果如图20-53所示（配套资源:\效果\第20章\大纲.docx、会计报表.xlsx、会计报表分析.pptx），具体制作思路如下。

　　（1）建立"大纲.docx"文档，在其中输入演示文稿大纲内容，并根据标题和正文设置相应的大纲级别（标题为1级、正文为2级），然后发送到PowerPoint 2016中，将演示文稿保存为"会计报表分析.pptx"。

图20-53　会计报表分析演示文稿

　　（2）建立"会计报表.xlsx"工作簿，在不同的工作表中建立相应会计报表的数据和图表。

　　（3）为"会计报表分析.pptx"演示文稿应用"红利"主题，将主题颜色设置为"绿色"，主题字体设置为"标题字体-Source Han Sans Bold、正文字体-Source Han Sans Light"。

　　（4）更改第1张和最后1张幻灯片版式为标题幻灯片，调整标题和副标题的字体颜色，为标题占位符和副标题占位符添加动画效果。

　　（5）将"目录"幻灯片版式设置为"仅标题"，在其中创建矩形和文本框对象制作目录内容，包括"01 资产负债表分析""02 利润表分析""03 现金流量表分析"。为所有幻灯片的标题占位符添加相同的动画效果，然后为目录的3组内容添加相同的动画效果。

　　（6）插入空白版式的幻灯片，复制矩形和文本框，建立过渡页，然后插入文本框，输入该会计报表作用的介绍文字。复制并修改其他两个过渡页，为对象添加动画。

　　（7）将仅有标题内容的幻灯片版式改为"仅标题"，然后复制Excel表格数据区域并进行格式设置，为表格添加动画。

（8）将包含正文占位符的幻灯片中的正文占位符向右调整，在左侧嵌入Excel 2016中相应的图表，为图表和占位符添加动画，并利用动画窗格调整动画的播放顺序。

（9）单独为"结构分析（二）"幻灯片插入两个饼图并设置不同的动画效果。

20.5　拓展课堂

随着现代化办公技能和要求的提高，演示文稿在办公中变得越来越重要。本章拓展课堂将介绍如何对演示文稿进行排练计时和放映设置，以更好地控制演示文稿的放映过程。

20.5.1　演示文稿的排练计时

排练计时是指将演示文稿中每一张幻灯片的放映时间保存下来，在正式放映时使其自动放映，此时演讲者就可专心进行演讲，无须执行幻灯片的切换操作，当然，这就需要演讲者进行多次演讲排练，根据每次排练花费的时间对幻灯片进行计时。

实现排练计时的方法为：在"幻灯片放映"→"设置"组中单击"排练计时"按钮，进入排练计时状态，打开的"录制"工具栏开始计时。根据实际需要的时间，单击鼠标左键完成下一个动画的播放和下一张幻灯片的切换即可。当所有内容播放完成后，便将打开提示对话框，单击 是(Y) 按钮即可保留排练计时。

20.5.2　演示文稿的放映设置

单击"幻灯片放映"→"设置"组中的"设置幻灯片放映"按钮，打开"设置放映方式"对话框，在其中可对幻灯片的放映类型、放映幻灯片、放映选项、换片方式和多监视器进行设置，如图20-54所示。其中，部分参数的作用如下。

图20-54　设置放映方式

- **放映类型**：幻灯片的放映类型分为演讲者放映（全屏幕）、观众自行浏览（窗口）和在展台浏览（全屏幕）3种类型。其中，"演讲者放映（全屏幕）"类型适合演讲者手动播放并控制整个放映过程；"观众自行浏览（窗口）"类型则允许观众对演示文稿的放映进行简单控制；"在展台浏览（全屏幕）"类型可以让演示文稿在无人控制的情况下自动循环放映。

- **放映选项**：在其中可以对放映过程中所使用的绘图笔颜色、激光笔颜色、是否循环放映以及在放映过程中是否添加旁白或动画等进行设置（放映状态中单击鼠标右键，选择快捷菜单中的"指针选项"选项即可选择笔的种类和颜色）。

- **放映幻灯片**：放映幻灯片分为全部、指定具体张数和自定义放映3种方式，选中相应的单选项后即可应用。需要注意的是，只有当演示文稿中创建了自定义幻灯片放映模式后（在"幻灯片放映"→"开始放映幻灯片"组中单击"自定义幻灯片放映"按钮新建需要放映的幻灯片），"放映幻灯片"栏中的"自定义放映"单选项才能被激活。

- **换片方式**：当演示文稿中创建了"排练计时"方式时，可以选中"换片方式"栏中的"如果存在排练时间，则使用它"单选项，否则为默认的手动换片方式。